普通高等教育材料类系列教材

"十三五"江苏省高等学校重点教材（2020-2-242）

材料工程传输原理

邹友生　侯怀宇　杨　森　曾海波　编著

机械工业出版社

本书是"十三五"江苏省高等学校重点教材,以新时代全国高等学校本科教育工作会议精神为指引,结合近年来教学改革成果编写而成。

本书注重知识基础的夯实、深度难度的有机拓展及传输理论在材料制备、材料加工及冶金工程等实践中的应用。全书共三篇13章,即动量传输篇、热量传输篇、质量传输篇,包含流体的概念及性质、流体静力学、动量传输基础、流体流动基本方程、边界层理论、热量传输的基本概念、导热、对流传热、辐射换热、质量传输的基本概念、扩散传质、对流传质、相间传质。全书典型例题剖析深刻,每章均有思维导图和习题,利于读者抓住重点,深入系统学习,方便读者查看和学习。

本书可作为普通高等学校材料类、冶金类、化工类、能源动力类、机械类等专业的教材或教学参考书,也可供其他专业选用和相关科技人员参考。

图书在版编目(CIP)数据

材料工程传输原理/邹友生等编著.—北京:机械工业出版社,2021.12(2024.8重印)

"十三五"江苏省高等学校重点教材 普通高等教育材料类系列教材

ISBN 978-7-111-69775-6

Ⅰ.①材… Ⅱ.①邹… Ⅲ.①材料科学–热工学–高等学校–教材 Ⅳ.①TB3

中国版本图书馆CIP数据核字(2021)第248337号

机械工业出版社(北京市百万庄大街22号 邮政编码100037)

策划编辑:赵亚敏 责任编辑:赵亚敏

责任校对:潘 蕊 刘雅娜 封面设计:张 静

责任印制:常天培

北京机工印刷厂有限公司印刷

2024年8月第1版第2次印刷

184mm×260mm·15.75印张·384千字

标准书号:ISBN 978-7-111-69775-6

定价:49.80元

电话服务 网络服务

客服电话:010-88361066 机 工 官 网:www.cmpbook.com

010-88379833 机 工 官 博:weibo.com/cmp1952

010-68326294 金 书 网:www.golden-book.com

封底无防伪标均为盗版 机工教育服务网:www.cmpedu.com

前　言

　　材料制备和加工的组成单元变化无穷，但各种单元涉及的基本理论却有其共性。与化工、冶金等工程学科一样，材料工程涉及的基础工程知识也主要是动量的传递（力学）、能量的传递（热学）、质量的传递（传质学），但这些基础知识在不同学科中的应用又各有侧重。

　　从20世纪中叶以来，传输原理已成为一门独立学科并广泛应用于冶金、材料、机械、化工、能源等工程领域。随着科学技术的发展，传输原理在认识冶金过程与材料制备过程及材料加工过程的本质，发展冶金、材料制备及加工新理论、新技术、新工艺、新方法、新流程等方面发挥了重要的支柱作用，已经成为现代冶金、材料制备及加工工程的理论基础。

　　南京理工大学自2003年起面向材料科学与工程专业和材料加工工程专业的本科生开设了"传输原理"课程，受到了学生的普遍欢迎。为满足材料类（材料科学与工程、材料加工工程、材料成型及控制工程）专业学生有针对性地学习动量传输、热量传输、质量传输的基本知识及其在材料工程中的应用，培养材料类专业学生综合应用动量传输、热量传输和质量传输理论去定量或定性地分析材料成形/加工中的理论和工程问题的能力，同时也满足南京理工大学"传输原理"课程教学的需要，推进课程建设与教材建设融合，课程教学团队经过十几年的教学，积累了丰富的教学经验，对课程知识点和内容理解深刻、把握精准，规划编写了适合材料类专业有关传输原理课程教学的专业教材《材料工程传输原理》。

　　本书包含动量传输、热量传输、质量传输（简称三传）三篇，共13章，以三传为主线，注重从三种传输具有类似性的角度阐述流体流动过程、传热过程以及传质过程的传输基础理论，并力求将这些基础理论应用于材料制备、材料加工及冶金工程实践中。其中动量传输篇包括流体的概念及性质、流体静力学、动量传输基础、流体流动基本方程、边界层理论等内容；热量传输篇包括热量传输的基本概念、导热、对流换热、辐射换热等内容；质量传输篇包括质量传输的基本概念、扩散传质、对流传质、相间传质等内容。各章均设有例题和习题，书末附有常用数据表。

　　本书可作为普通高等学校材料类、冶金类、化工类、能源动力类、机械类等专业的教材或教学参考书，也可供其他专业选用或相关科技人员参考。

　　本书内容系统丰富、知识点具有逻辑关系和针对性，叙述简明扼要，在教材编写过程中突出了以下特色：

　　1）知识点系统性强，内容体系完整，各篇章之间逻辑层次清晰，衔接合理。

　　2）内容叙述简明扼要，重点突出，重视基础，强调三传过程规律的相似之处，揭示三传现象相似性的深刻内涵，示范如何运用数学等基础知识分析实际问题。

IV

3) 内容梯度和广度适中，强调传输理论在材料制备、材料成形与材料加工等方面的应用，突出动量传输、热量传输、质量传输的理论知识在材料工程中的应用实例，以提高读者分析和解决材料工程复杂问题的能力。

4) 吸收国内外同类教材优点和长处，丰富每章的例题和习题，便于读者自学、总结与提高。

5) 适应时代特色和材料科学与技术的发展，体现三传过程的原理在现代材料科学与先进材料工程技术中的应用，展现教材内容的现代化。

6) 为全面贯彻党的教育方针，落实立德树人根本任务，书中引入了"'两弹一星'功勋科学家：钱学森""熔盐塔式热发电站""青藏铁路精神"等拓展视频，以培养学生的科技自立自强意识，助力培养德才兼备的拔尖创新人才。

本书是在多年教学实践的基础上，参考国内外有关文献编写而成的，由南京理工大学邹友生教授、侯怀宇副教授、杨森教授、曾海波教授编著。第1~4章由侯怀宇副教授编写，第5章由杨森教授编写，第6~12章由邹友生教授编写，第13章由曾海波教授编写，全书由邹友生统稿，秦渊主审。

本书的编写得到了陆星宇、邹济匡、刘云泽、何泽人、刘贤浩等研究生的协助和支持，在此对他们及所有为本书提供资料和建议的同志表示衷心的感谢！

由于编者水平有限，书中难免会有不足之处，恳请读者批评指正。

编　者

目　　录

第1篇　动量传输

第2篇　热量传输

第3篇　质量传输

绪论

所谓传输，是指动量、热量、质量等物理量从非平衡状态向平衡状态转变的过程和现象。非平衡状态指的是物系中的温度、压力、物质浓度等物理量分布不均或存在梯度的状态，此时会发生物理量的传输，直至这些物理量分布均匀、梯度消失。此类现象在自然界和工程技术领域普遍存在。例如，空气和水的流动、热量从高温物体向低温物体的传递等，都是人们在生活中经常遇到的传输现象。在材料、冶金、化工、能源、动力等各类工程技术领域中，也涉及各类传输现象，动量传输、热量传输和质量传输统称三传过程，对于相关的工艺过程有着重要的影响，需要对传输过程的规律进行研究。

在材料制备和加工成形等过程中，总是伴随着动量、热量、质量的传输。例如，铸造过程中金属液的流动和冷却，热处理过程中温度和各元素的再分布等，这些传输现象对于材料制备和加工过程有着决定性的影响，只有对这些现象有了深入的了解和掌握，才能有目的地调节工艺参数、控制工艺过程。因此材料科学与工程类专业的学生需要掌握有关动量传输、热量传输和质量传输的基础原理和应用知识，具备相关分析和解决问题的能力。

动量传输、热量传输和质量传输是不同的物理过程，各有其相应的专门学科。三种传输现象的理论基础分别是流体力学、传热学和传质学，而这三门学科的知识能够合在一门课程中，不仅仅是因为它们在实际过程中往往是共同存在并且相互影响的，更是因为它们都是探讨关于过程速率的问题。它们在唯象理论中有很多相似之处，其方程的形式相似，研究和求解的方法也有很多共通之处。学习这门课程，不但要了解三种传输现象各自的规律，更重要的是要理解三者规律和研究方法之间的相似性。

历史上，动量、热量与质量传输现象的规律是在不同的时期由不同的科学家总结出来的，其基本定律分别是牛顿黏性定律、傅里叶热传导定律和菲克扩散定律。其数学形式分别如下。

0.1 三种传输基本定律

1. 牛顿黏性定律

牛顿于 1686 年对于流体流动现象提出，流体在作层状运动时，流体层间存在剪切应力，切应力与垂直于运动方向的速度变化率（即速度梯度）成正比关系。设流体流动方向为 x 方向，速度沿 y 方向变化，则有

$$\tau = -\eta \frac{dv_x}{dy} \tag{0-1}$$

式中，τ 为切应力，单位为 Pa 或 N/m²；v_x 为 x 方向上的流体流动速度，单位为 m/s；η 为动力黏度，单位为 Pa·s，是流体的一种性质。

2. 傅里叶热传导定律

法国数学家傅里叶在 1822 年指出，在各向均匀同性的物体内的导热过程中，单位时间内通过单位面积截面的导热量，正比于垂直于该截面方向上的温度变化率（即温度梯度）。设温度沿 y 方向发生变化，则傅里叶定律的数学形式为

$$q = -\lambda \frac{dT}{dy} \tag{0-2}$$

式中，q 为物体中单位时间内通过单位面积截面的导热量，单位为 J/(m²·s) 或 W/m²；T 为温度，单位为 K；λ 为物体的导热系数，单位为 W/(m·K)。

3. 菲克扩散定律

1855 年，菲克对于物质扩散问题提出，单位时间内通过垂直于扩散方向的单位截面积的扩散物质流量与该截面处的浓度梯度成正比。相应数学形式为

$$j_A = -D \frac{dc_A}{dy} \tag{0-3}$$

此公式称为菲克第一定律。式中的 j_A、D 和 c_A 分别为组分 A 在单位时间内通过单位面积的截面所扩散的物质的量 [mol/(m²·s)]、扩散系数（m²/s）和组分 A 的浓度（mol/m³）。

0.2 三种传输现象类比

从 0.1 节三式不难看出，动量传输、热量传输和质量传输的基本规律在数学形式上具有高度的相似性。称式（0-1）左面的 τ 为流体中的层间切应力，实际上这种流体层间的切应力 τ 也可以理解成单位时间通过单位面积截面的动量，其单位为 N/m²。把单位时间通过单位面积截面的物理量称为通量，以上三式左边的物理量则可分别称为动量通量、热通量和质量通量，于是动量、热量和质量传输的基本规律均可总结为"通量＝系数×变量梯度"的形式，这体现了传输现象的唯象规律的一致性。

此外，关于上述公式中的系数，即动力黏度、导热系数和扩散系数，它们是不同的物理量，反映了物质系统不同方面的性质，也具有不同的单位。而另一方面，对于均质不可压缩流体，可将上面的式（0-1）改写为如下形式

$$\tau = -\frac{\eta}{\rho} \cdot \frac{d(\rho v)}{dy} = -\nu \frac{d(\rho v)}{dy} \tag{0-4}$$

式中，系数 ν 称为运动黏度，是流体的动力黏度与密度之比，也是流体的固有性质之一。经过这样的改写，式（0-4）中的梯度就成了单位体积流体的动量变化率或动量梯度，而比例系数即运动黏度 ν，则具有与式（0-3）中的扩散系数相同的量纲，其国际单位制下的单位也为 m²/s。

类似地，对于傅里叶热传导定律式（0-2）进行改写，可得到

$$q = -\frac{\lambda}{\rho c_p} \cdot \frac{\mathrm{d}(\rho c_p T)}{\mathrm{d}y} = -a \frac{\mathrm{d}(\rho c_p T)}{\mathrm{d}y} \tag{0-5}$$

式（0-5）中的 ρ 和 c_p 为物体的密度（kg/m³）和比定压热容 [J/(kg·K)]，系数 a 称为热扩散率。不难发现，式（0-5）中的梯度可理解成单位体积中的热量变化率，而热扩散率 a 与式（0-3）中的扩散系数 D 以及式（0-4）中的 ν 都具有同样的量纲和单位。这进一步反映了动量传输、热量传输和质量传输基本规律的相似性。对于一个物理量，观察其单位和量纲是非常必要的。事实上自然科学中有一种重要的研究方法叫作量纲分析，通过量纲分析不仅可以检查从实验观察和数学推导中得到的物理方程在计量方面是否正确，而且还能够从中找到探究物理现象规律的线索，帮助建立数学模型。在本教材中，读者将会初步体会到量纲分析方法的应用。

传输原理是关于三传现象的速率过程的理论，这些理论是建立在一些经验的唯象方程基础之上，并不涉及过程中的具体机理。而过程的速率在广义上总是取决于过程的驱动力与阻力之比，这是三种传输现象规律具有相似性的根本原因，只是它们各自有着不同的驱动力和阻力。基本方程的相似性产生了求解的相似性。传输过程的相似性是相似理论的重要内容之一，在相似理论的指导下还发展了一种重要的科学研究手段，即相似模拟方法。因此读者在学习基础理论时要特别注意三者的统一性，注意它们之间的类似关系，这对于理解传输现象的内涵，掌握和运用传输现象的规律都非常重要。

对于传输现象的研究已有很长时间的历史，其中的一些经典问题，如不可压缩流体动量平衡方程的求解等，至今仍是数学物理中的前沿问题。当前随着现代科学和工程技术的发展及学科之间的交叉融合，也不断出现一些新的传输现象，并且产生了很多与传输现象相关的新问题、新技术、新方法和新材料。例如，纳米流体的流动与传热、微尺度下的热力学局域非平衡传热及相关非傅里叶导热与非菲克扩散效应、金属超快速凝固、各类传输现象的计算机数值模拟、磁（电）流体材料、新型热敏材料、热电材料等，与这些相关的理论和应用的发展，都是建立在经典传输理论的基础之上。

传输理论及其应用的内容十分广泛丰富，根据专业的需要和教学时数限制，本教材主要针对材料类专业，介绍相关的动量、热量和质量传输的基础知识及其在材料制备及材料加工等过程中的应用。

第 1 篇

动 量 传 输

动量传输是指流体（气体和液体）中由于动量分布不均匀所导致的具有不同动量的流体质点或集团之间的动量交换和传递过程。传输原理中的动量传输部分就是研究流体中动量传输过程基本规律的学问，内容主要是流体力学的基础知识。

流体流动及动量传输是自然界存在的非常普遍的现象，如空气的流动、河水与洋流的流动等，对于这些现象规律的理解和掌握离不开流体力学。航空、能源动力、材料、冶金、化工、机械等各类工程领域中，流体力学都是广泛应用的重要基础理论，这些领域通常以流体为研究对象，而且许多工程设备也多采用空气、水、蒸汽、油等流体作为工作介质，只有了解流体运动的基本规律才能掌握设备性能和运行规律，从而进行有效设计和调控管理。

在材料科学与工程领域，流体流动和动量传输也是经常遇到的问题。例如，金属材料成形中应用广泛的铸造工艺，即将金属加热至液态并使其具有足够的流动性，而后在重力、压力、离心力等条件下将金属液浇入铸型的型腔中并使其冷却而凝固成具有型腔形状的工件。在此过程中，金属液体在通过浇注系统充填型腔时的流动、型腔内的金属液与铸型壁之间的作用、金属液中渣和气泡的浮动等，都涉及不同条件下的流体流动，只有把握这些流动现象的规律，才能精确控制铸造过程，提高产品质量。在材料制备与热态成形加工设备中也有很多流体流动问题，例如，液压、气动传动系统中作为工作介质的流体流动、金属加热和熔炼炉中的炉气流动、烟道中的烟气流动、各类燃料通过喷嘴的流动等，这些流体流动过程都是设备设计和运行管理中必须考虑的问题。

现代材料制备工艺、液态成形工艺以及晶体生长等都涉及液体和固液相变过程的工艺技术的发展，还为流体流动的研究不断带来新的问题，例如，微纳流体的流动、各类外场（离心力、电磁力、微重力条件）作用下的流体流动与动量传输规律、急速冷却过程中的强对流控制等，形成了材料科学与流体力学的交叉融合。

应当注意的是，材料工程中的流体流动过程往往伴随着热量传递和质量传递过程。动量传输过程常对热量和质量传输有着重要影响，显而易见，搅拌会加速组分扩散，加快其均匀分布，而物体的冷却和加热速度则在很大程度上取决于上方流体的流动速度。因此流体流动现象与同一过程中的其他现象是相互关联的，为了掌握其他传输现象的规律，也往往必须先了解动量传输现象。

动量传输内容主要包括对流体基本性质的认识、流体静力学、各种条件下流动流体中的流动速度随空间和时间的分布和变化规律、动量传递规律等。从动量传输的观点来研究和讨论流体流动，是为了揭示流体流动现象与热量传输和质量传输现象的类似性，使学生在了解流体流动规律的同时，为理解其他传输现象和学习整体传输理论打下基础。

第 1 章
流体的概念及性质

本章知识结构图：

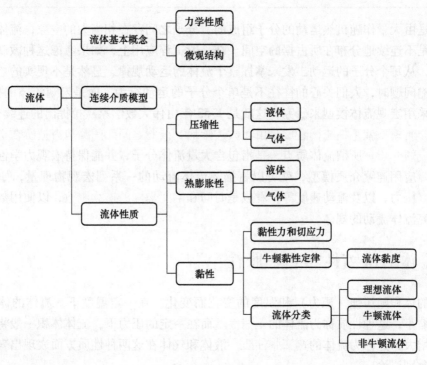

第 1 章知识结构图

1.1　流体和连续介质模型

1.1.1　流体的概念

视频 1

动量传输主要研究流体的性质和运动特性。流体是指容易流动的物质，一般来讲，流体主要包括液体和气体。与固体相比，流体不能承受和传递拉力，但可以承受压力，传递压力和剪切力，并且在压力和剪切力作用下发生流动。从微观上看，固体中分子之间联系较为紧密，分子被束缚在平衡位置，分子间距离和相对位置都很难改变，因而可以承受和传递拉力、压力和剪切力，并且可以在一定的作用力范围内保持自身体积和形状不变。然而，液体和气体分子间引力很小，分子很容易发生相对移动，使分子间距离和相对位置发生较大改变，因此无法承受和传递拉力，并且不易保持一定的形状，很容易在剪切力作用下发生流动。

至于液体和气体之间的区别主要在于：液体分子间距离比气体小，分子间引力作用可以使液体保持一定体积，所以液体在重力作用下有自由表面，有比较固定的体积。由于分子之间距离进一步减小时会产生很大的斥力，因此液体体积不容易被压缩。气体的分子间距离很大，引力很弱，既不能保持一定形状，也无法保持一定体积，总是完全充满容器空间，没有自由表面，并且容易被压缩。

1.1.2　连续介质模型

流体是由大量作随机热运动的分子组成的，分子之间存在相当大的空隙，流体分子在任一时刻总是不连续地分布在所占据的空间。在一般工程应用上，如果考虑这种微观上的物质不连续性，从每个分子的运动出发来掌握整个流体的运动规律，显然是不现实的。在研究流体动量传输问题时，人们关心的往往不是单个分子的运动行为，而是宏观流体的机械运动，因而通常采用宏观流体模型来研究，这就是1753年由伟大数学家欧拉提出的连续介质模型。

连续介质模型就是把流体看成是由无数连续地、彼此之间无间隙地占据所在空间的流体质点所组成的介质。所谓流体质点，是指包含大量流体分子，并能保持宏观力学性能的微小体积单元。应用连续介质模型，就可以将描述流体流动的一系列宏观物理量，如流体的密度、温度、压力，以及流动速度等，看成是时间和空间坐标的连续函数，以便用数学方法来描述和研究流体流动的规律。

1.2　流体的压缩性和热膨胀性

流体的体积随压强（压力）和温度的变化而变化。在一定温度下，流体的体积随压力的增大而缩小，这种性质称为流体的压缩性。而在一定的压力下，流体体积一般将随着温度的升高而增大，这称为流体的热膨胀性质。液体和气体在这两种性质方面表现出来的差别很大，需要分别讨论。

1.2.1　液体的压缩性和热膨胀性

液体的压缩性，通常用等温压缩率（也称体积压缩系数）κ_T 表示。其意义是温度不变时，由压力变化所引起的液体体积的相对变化量，即

$$\kappa_T = -\frac{1}{V}\left(\frac{\mathrm{d}V}{\mathrm{d}p}\right)_T$$

(1-1)

式中，κ_T、V 和 p 分别表示体积压缩率（Pa^{-1}）、体积（m^3）和压力（Pa）。由于液体体积随压力的增大而变小，所以公式中有个负号，从而保证 κ_T 为正值。0℃时水的 κ_T 值见表 1-1。

表 1-1　0℃时水在不同压力下的等温压缩率

压力/（10^5Pa）	0.5	1.0	2.0	4.0	8.0
κ_T/（10^{-9}Pa^{-1}）	5.39	5.37	5.32	5.24	5.15

如前文所说，液体体积实际上是很难被压缩的。例如，水在 0~20℃ 及 0.1~50MPa 的温度和压力范围内，κ_T 值大约为 5×10^{-10} Pa^{-1} 左右，由式（1-1）可知，压力每增大 0.1MPa，水的体积只被压缩 0.005%。其他液体的情况也与此类似。所以除一些特殊情况外，在工程上一般可以把液体看成是不可压缩的。

液体的热膨胀性可以用体胀系数（也称等压热膨胀系数、温度膨胀系数）α_V 来表示。其意义是压力不变时，由温度变化所引起的液体体积的相对变化量，即

$$\alpha_V = \frac{1}{V}\left(\frac{dV}{dT}\right)_p \tag{1-2}$$

式中，α_V、V 和 T 分别表示体胀系数（K^{-1}）、体积（m^3）和温度（K）。

水的体胀系数见表 1-2。实验表明，在标准大气压下，水在 0~20℃ 时，体胀系数只有 1.5×10^{-4} K^{-1} 左右，即温度增加 1℃，体积仅增加 0.0015%。即使在较高的温度（90~100℃）下，水的 α_V 值也只有 7×10^{-4} K^{-1} 左右。其他液体情况也类似。故在工程上一般不考虑液体的热膨胀性。

表 1-2　水的体胀系数 α_V　（单位：K^{-1}）

压力 /10^5Pa	温度/K				
	274~283	283~293	313~323	333~343	363~373
0.981	0.14×10^{-4}	1.50×10^{-4}	4.22×10^{-4}	5.56×10^{-4}	7.19×10^{-4}
98.1	0.43×10^{-4}	1.65×10^{-4}	4.22×10^{-4}	5.48×10^{-4}	7.04×10^{-4}
196.2	0.72×10^{-4}	1.83×10^{-4}	4.26×10^{-4}	5.39×10^{-4}	—

1.2.2　气体的压缩性和热膨胀性

气体的压缩性和热膨胀性与液体有较大差别，压力或温度对气体体积变化影响很大。众所周知，当气体的压力不太大和温度不太高时，气体的性质与理想气体偏差不大，在工程计算中，可以用理想气体状态方程来描述气体的压力、温度与体积的关系。从理想气体状态方程很容易得知，对于一定量的气体，当温度不变时，其体积与压力成反比，即压力增大一倍，密度也增大一倍，体积则减小为原来的一半，即

$$pV = nRT \tag{1-3}$$

温度不变时，由式（1-3）可导得波义耳定律的数学表示式

$$\frac{p}{\rho} = R'T = \text{const} \tag{1-4}$$

式中，n 为气体的摩尔数；ρ 为气体的密度；R 和 R' 是气体常数。$R = 8.314 \text{J}/(\text{mol} \cdot \text{K})$，对于空气，$R' = 287 \text{J}/(\text{kg} \cdot \text{K})$。如果是绝热膨胀或绝热压缩，则过程中温度要发生改变，由理想气体绝热方程可知，此时压力与密度的 γ 次方成正比，即

$$pV^\gamma = \text{const} \tag{1-5}$$

$$\frac{p}{\rho^\gamma} = \text{const} \tag{1-6}$$

式中，γ 称为等熵指数，其定义为理想气体比定压热容 C_p 与比定容热容 C_V 之比，即 $\gamma = C_p/C_V$。

此外，以 1atm（约 101.325kPa）、0℃（273K）作为标准态，则易知压力不变时温度每上升 1℃，体积的相对增大量为标态体积的 1/273，即气体的体胀系数为 $\alpha_V = 1/273 \text{K}^{-1}$。此结论可由式（1-4）导出，即当压力不变时有

$$T\rho = \text{const} = T_0 \rho_0 \tag{1-7}$$

式（1-7）为盖·吕萨克定律的数学表达。取压力为标准压力（约 101.325kPa）、$T_0 = 0$℃（273K），ρ_0 为标准压力下温度为 0℃时气体的密度。令 $T = T_0 + t$，则有

$$\rho = \frac{\rho_0 T_0}{T_0 + t} = \frac{\rho_0}{1 + t/T_0} \tag{1-8}$$

令 $\beta = 1/T_0 = 1/273$，则有

$$\rho = \frac{\rho_0}{1 + \beta t} \tag{1-9}$$

另一方面，等压下，温度从 T_0 变化到 T_1，温度的变化为 $\Delta T = t$，相应的体积变化为 $\Delta V = V_1 - V_0 = (T_1 - T_0)R/p = tR/p$，可得气体的体胀系数为

$$\alpha_V = \frac{1}{V_0} \cdot \frac{\Delta V}{\Delta T} = \frac{R}{pV_0} = \frac{1}{T_0} = \beta \tag{1-10}$$

由上述分析可见，气体具有明显的压缩性和热膨胀性。但是在工程应用中，多数情况下气体流速并不很快（$v < 50 \text{m/s}$），压力变化也不太大（相对压力变化小于 10^5Pa），这时可以忽略气体的压缩性，把气体密度视为常数。当然，如果气体流速很快或压力很大，就必须考虑气体压缩性。另外在有些过程中气体进出要受到压缩或产生膨胀，则温度也可能发生变化，但温度波动范围不大，一般把这些过程作为等温过程，不考虑热膨胀产生的体积和密度变化。

1.2.3　不可压缩流体

由以上讨论可知，实际流体都有一定程度的可压缩性，就是流体密度实际受压力的影响，但是在一般的工程应用中常可忽略流体的可压缩性。首先液体密度只是在很高的压力下才会有一些微小的变化，而对于气体来说，尽管它的密度很容易随压力而发生变化，但对于流速较小、压力变化不大的气体，也可以不考虑其可压缩性。这类可忽略其密度随压力变化的流体，称为不可压缩流体，相应的流体流动过程称之为不可压缩流动。用公式形式表示则有

$$\frac{\mathrm{d}\rho}{\mathrm{d}t} = 0 \tag{1-11}$$

如果流体在其充斥的空间内密度均匀，即有

$$\frac{\partial \rho}{\partial x} = \frac{\partial \rho}{\partial y} = \frac{\partial \rho}{\partial z} = 0 \tag{1-12}$$

这时的不可压缩流体称之为匀质不可压缩流体。在本书中如果不特别说明，所涉及的流体都是指均质不可压缩流体。

1.3　流体的黏性

1.3.1　流体中的黏性力

观察两块长度和宽度都很大、平行放置的平板之间的流体流动现象，如图 1-1 所示。当上平板以速度 v_0 沿 x 方向运动时，紧贴上平板的流体质点将随之以速度 v_0 向同一方向运动，而下平板固定不动，速度为零，则紧贴于其上的流体质点速度也为零。如此可见在上下平板之间的各层流体以不同的速度沿 x 方向运动，在 y 方向上形成一个速度分布，也就是说各层流体的运动速度 v_x 是关于高度 y 的函数。

在图 1-1 所示的流体流动中，可以把其中的运动看成是很多无限薄的流体薄层做相对运动，上层流体的运动带动了相邻的下层流体，可见两相邻层流体之间存在相互作用，这称之为流体的内摩擦力。一方面，内摩擦

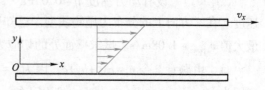

图 1-1　平行平板间的流体流速分布

力使上层流体带动相邻的下层流体运动，对下层流体起加速作用，另一方面，对上层流体来说，它受到的来自下层流体的内摩擦力又对它的运动起减速作用。因此，内摩擦力对两个相邻层的流体来说是大小相等而方向相反的一对作用力。它的根源来自流体中分子间相互吸引的内聚力，以及分子热运动过程中的相互碰撞和动量交换。这种流体在流动时内部流层之间产生内摩擦力的性质，称为流体的黏性，是流体的固有物理性质之一。

内摩擦力又称黏性力，或者黏性阻力，其方向平行于流动方向，是一种切向力。这种流体内部的切向黏性力（内摩擦力）只有在流体流动过程中才会呈现出来，静止的流体内部不会出现黏性力。

1.3.2　牛顿黏性定律和流体黏度

牛顿于 1686 年指出，当流体的流层之间出现相对位移时，不同流动速度的流层之间所产生的切向黏性力（内摩擦力）大小与沿接触面法线方向上的速度梯度以及接触面的面积成正比，而与接触面上的压力无关，这就是牛顿黏性定律。假设流体流动方向（速度方向）为 x 方向，流体速度变化的方向（即垂直于流层接触面的方向）为 y 方向，则牛顿黏性定律可表示为

$$F = \pm \eta A \frac{\mathrm{d}v_x}{\mathrm{d}y} \tag{1-13}$$

式中，F 为流体层间的黏性力，单位为 N；A 为流体层间的接触面积，单位为 m^2，正负号是为了保证所得的黏性力只取正值，也即当速度梯度为正值时取正号，当速度梯度为负值时取负号；η 是比例系数。在实际应用中，流体内部的黏性力一般表示为黏性切应力 τ_{yx}，即流体内部单位面积流层上的黏性力，由式（1-13）可以得到

$$\tau_{yx} = \frac{F}{A} = \pm \eta \frac{\mathrm{d}v_x}{\mathrm{d}y} \tag{1-14}$$

上式中切应力 τ_{yx} 有两个角标。第一个角标 y 表示切应力的法线方向，第二个角标 x 表示切应力的方向，即流体流动方向。正负号仍是为了保证所得的切应力只取正值。

式（1-13）和式（1-14）中的比例系数 η 反映了不同流体的流层间黏性力特性的不同，也即表达了流体的黏性，称为流体的动力黏度系数，简称动力黏度，在国际单位制（SI）下其单位为 $\mathrm{Pa \cdot s}$。流体动力黏度 η 与流体密度 ρ 之比，称为流体的运动黏度，以 ν 表示，即

$$\nu = \frac{\eta}{\rho} \tag{1-15}$$

要注意，运动黏度 ν 的 SI 单位为 m^2/s。

12

【例 1-1】 设有动力黏度 $\eta = 0.05\mathrm{Pa \cdot s}$ 的流体，沿壁面流动，速度方向为 x 方向，速度 v_x 在 y 方向上的分布为抛物线型。已知壁面处流速 v_x 为零，且在 $y = 60\mathrm{mm}$ 处 v_x 达到最大值 $v_{x,\max} = 1.08\mathrm{m/s}$。试求壁面处的切应力及 $y = 20\mathrm{mm}$ 处的流速和切应力。

解：由题意，令 $v_x = ay^2 + by + c$，因为 $y = 0$ 时 $v_x = 0$，得 $c = 0$。

又因为
$$y = 0.06 \text{ 时}, v_x = v_{x,\max} = 1.08$$

得
$$\frac{-b}{2a} = 0.06, \text{且 } 0.06^2 a + 0.06b = 1.08$$

解之可得，$a = -300$，$b = 36$。故抛物线方程为

$$v_x = -300y^2 + 36y$$

或者写作

$$v_x = -300(0.06 - y)^2 + 1.08$$

由式（1-14）

$$\tau_{yx} = \pm \eta \frac{\mathrm{d}v_x}{\mathrm{d}y} = \pm 0.05(-600y + 36)$$

将 $y = 0$ 和 $y = 0.02\mathrm{m}$ 分别代入上述结果，注意切应力只取正值，最后可得：当 $y = 0$ 时，$\tau_{yx} = 1.8\mathrm{Pa}$；当 $y = 0.02\mathrm{m}$ 时，$v_x = 0.6\mathrm{m/s}$，$\tau_{yx} = 1.2\mathrm{Pa}$。

黏度是流体的重要物理性质。0℃ 和 20℃ 时水的动力黏度分别为 $1.792 \times 10^{-3}\mathrm{Pa \cdot s}$ 和 $1.005 \times 10^{-3}\mathrm{Pa \cdot s}$。多数纯金属液体的动力黏度为 $0.5 \times 10^{-3} \sim 8 \times 10^{-3}\mathrm{Pa \cdot s}$ 数量级，如熔点下纯铜和纯铝液体的动力黏度分别为 $4.1 \times 10^{-3}\mathrm{Pa \cdot s}$ 和 $1.18 \times 10^{-3}\mathrm{Pa \cdot s}$。应该指出，即使采用

相同的测量方法，不同研究测出的液态金属黏度值也常有差别，这与高温黏度测量的困难有关，也与试样的纯度有关。例如，1600℃时铁液的动力黏度 η，当铁中其他元素总量不超过 0.02%～0.03%时为 4.7～5mPa·s，而当其他元素总量达到 0.100%～0.122%时，η 为 5.5～6.5mPa·s。气体的黏度值较小，20℃时干空气的动力黏度为 18.1×10^{-6}Pa·s。一些常见金属液体的黏度随温度的变化如图 1-2 所示，各种气体的黏度随温度的变化关系如图 1-3 所示。由图可知，金属液体的黏度都随温度的升高而降低，而气体的黏度随温度的升高而增加。

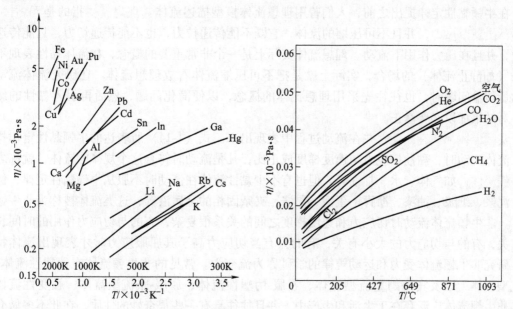

图 1-2　液态合金的黏度与温度的关系　　图 1-3　一般气体在常压（1.013×10^5Pa）时的黏度

　　液体的黏性主要取决于分子间内聚力，温度升高时分子间距离增大，分子间引力减弱，所以液体的动力黏度一般随着温度的升高而下降。而气体的黏度主要取决于流动过程中的分子动量交换，随着温度的升高，气体分子热运动加剧，分子间碰撞的机会增多，因此气体的黏度随着温度的升高而增大。通常液体的动力黏度与热力学温度的关系可用如下形式的指数式或阿伦尼乌斯关系式来表示

$$\eta = A_\eta \exp\left(\frac{E_\eta}{RT}\right) \tag{1-16}$$

对于给定液体，式中的 A_η 和 E_η 是常数，E_η 称为黏流活化能。对于水来说，其黏度与温度的关系则常用泊肃叶（Poiseuille）公式来表示

$$\eta = \eta_0(1 + 0.337T + 0.000221T^2)^{-1} \tag{1-17}$$

式（1-17）中，T 表示摄氏温度，其单位是℃；η_0 是常数，即 0℃时水的动力黏度。

　　气体的动力黏度 η（Pa·s）与热力学温度 T(K) 的关系可由苏士兰（Sutherland）公式表示

$$\eta = \eta_0 \frac{273 + S}{T + S}\left(\frac{T}{273}\right)^{3/2} \tag{1-18}$$

式中，η_0 为气体在 0℃时的动力黏度；S 为苏士兰常数，对于空气这两个常数分别取 $\eta_0 =$

$17.09× 10^{-6}Pa·s$，$S=11K$。

实际上流体的黏度也与压力有关，但压力的影响不显著，通常压力变化不大时，可忽略流体动力黏度的变化。但需注意，对于气体，压力虽不太影响动力黏度，但对气体的密度影响大，所以等温条件下气体的运动黏度 ν 与压力成反比。

1.3.3 理想流体、牛顿流体和非牛顿流体

在牛顿黏性定律提出之前，人们曾用理想流体模型描述流体。理想流体指的是无黏性、内部不出现摩擦力，并且不可压缩的流体，它既不能传递拉力，也不能传递切力，只能传递压力，并且在压力作用下流动。理想流体实际上是一个非常重要的概念，在流体黏性表现不出来（如静止流体）的场合，实际上就是把不可压缩流体看成理想流体。在研究流体流动和动量传输问题时，也往往先采用理想流体的概念，以便简化问题，然后再引入黏性的影响，对结果加以必要修正。

实际流体都具有黏性，并在流动过程中表现出来。式（1-14）所表达的牛顿黏性定律指出，流体流动时，黏性切应力与速度梯度成正比，凡是流动时符合这个规律的流体，就称之为牛顿流体，如气体、水、甘油等。但也有不少黏性流体在流动时不服从牛顿黏性定律，例如，泥浆、纸浆、油漆、沥青、蛋清、果酱、夹杂固相的金属液等，这类流体被称为非牛顿流体。非牛顿流体流动时切应力和速度梯度之间的关系很复杂，有的与切应力作用的时间长短有关，有的与切应力的大小有关，有的只有当切应力高于其屈服应力时才表现出流体特性。研究非牛顿流体受力和运动规律的学科称为流变学。常见的非牛顿流体有伪塑性流体、胀流型流体，以及宾海姆塑流型流体、屈服-伪塑性流体、屈服-胀流型流体、触变性流体等。非牛顿流体广泛存在于生活和生产中，并且往往具有一些很奇妙的性质，在此不多做介绍。本书所讨论的流体运动和动量传输问题，仅限于牛顿流体或理想流体。

习 题

1-1　什么叫流体？流体与固体的主要区别是什么？

1-2　某可压缩流体在圆柱形容器中，当压力为 2MPa 时体积为 995cm^3，当压力为 1MPa 时体积为 1000cm^3，试确定等温压缩率 κ_T 为多少？

1-3　体积为 5m^3 的水在温度不变的条件下，压力从 1atm 增加到 5atm（1atm = 101.325kPa），体积减小了 1L，求水的等温压缩率。

1-4　简述流体流动时产生黏性力的原因。

1-5　某液体的动力黏度为 0.0045Pa·s，其密度为 0.85×10^{-3}kg/m^3，试求其运动黏度。

1-6　什么叫理想流体、牛顿流体和非牛顿流体？

1-7　在建立理论流体力学体系前为什么先要研究流体黏性问题（流体内摩擦力）和流体收缩膨胀问题？

1-8　如何证明流体（气体、液体）具有收缩性和膨胀性？气体和液体的膨胀性有什么不同？

1-9　如图 1-1 所示，若流体为牛顿流体，深度为 0.4m，作用在上平板上的推力为 2Pa，使其以 0.2m/s 的速度运动，则该流体的动力黏度为多少？

1-10　牛顿流体和非牛顿流体的本质区别是什么？

1-11　请自行查阅资料，了解非牛顿流体的特殊性质和应用。

第 2 章
流体静力学

本章知识结构图：

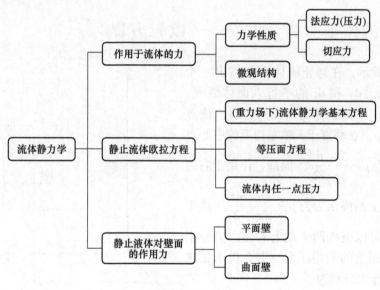

第 2 章知识结构图

2.1　作用在流体上的力

　　流体静力学研究的是流体在静止或平衡状态下的力学规律，以及这些规律在工程技术中的应用。所谓静止流体是指相对于一个参考坐标，其外表和内部质点都不发生位移的流体。相对于大地坐标静止不动的流体（如不动容器中的水）可视为绝对静止流体。参考坐标也可以是相对于大地运动的，但流体的各部分相对于此坐标是静止的，此种静止称为相对静止，如在前进的列车上的容器，随列车一起平稳运动，所装的水即可视为相对静止的流体。

　　从流体中任取一个区域，作用于其上的力有两类，一类叫作质量力，另一类叫作表面力。

　　直接作用于流体各质点上的非接触力称为质量力，其大小与质点质量成正比，是由加速度所产生的，与质点以外的流体无关，如重力、惯性力、电磁力等。对于同种均质流体，质量力的大小与受作用的流体的体积成正比，所以也称体积力。单位质量流体承受的质量力称为单位质量力。它在直角坐标系的 x、y 和 z 轴上的分量分别以 X、Y 和 Z 来表示。显然，单位质量力在数值上等于加速度。

　　表面力是指作用于所取流体区域表面上的力，其大小与表面积成正比。表面力按其作用方向可以分为两种，一种是沿流体表面内法线方向的法向力，另一种是与流体表面相切的切向力。单位面积上的法向力称为法应力，单位面积上的切向力称为切应力。无论流体处于静止状态还是运动状态，法向表面力始终存在，并且只能是压力。对于牛顿流体和理想流体，任何微小的切力都会导致流体流动，因此静止的流体只能承受和传递压力。流体的压力有两个基本特征，一是流体的压力作用方向与作用面垂直并指向作用面，二是流体中任一点上的压力在各个方向均相同，而且任一点上的压力可以向各个方向传递。所以作用于流体某个表面的总压力是矢量，而流体中任一点的压力是标量。

2.2　静止流体平衡微分方程——欧拉方程

16

　　如图 2-1 所示，在静止流体中分离出一个边长分别为 $\mathrm{d}x$、$\mathrm{d}y$ 和 $\mathrm{d}z$ 的平行六面体微元，其中心为 C 点，C 点坐标为 (x, y, z)，该点上的静压力为 p，在垂直于 x 轴左边面的中心点 A 上的静压力为 $p - \dfrac{\partial p}{\partial x} \cdot \dfrac{\mathrm{d}x}{2}$，同理，作用于右边面的中心点 B 上的静压力为 $p + \dfrac{\partial p}{\partial x} \cdot \dfrac{\mathrm{d}x}{2}$，由于微元体很小，可以把这两个点上的压力值分别视为相应作用面上的平均压力，那么作用在这两个面上的总压力分别为

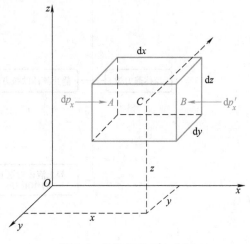

图 2-1　流体微元受力分析

$$F_{\mathrm{A}} = \left(p - \frac{1}{2} \cdot \frac{\partial p}{\partial x}\mathrm{d}x\right)\mathrm{d}y\mathrm{d}z \qquad (2\text{-}1)$$

$$F_{\mathrm{B}} = \left(p + \frac{1}{2} \cdot \frac{\partial p}{\partial x}\mathrm{d}x\right)\mathrm{d}y\mathrm{d}z \qquad (2\text{-}2)$$

沿 x 轴作用于流体微元体上的总静压力为

$$F_x = F_{\mathrm{A}} - F_{\mathrm{B}} = -\frac{\partial p}{\partial x}\mathrm{d}x\mathrm{d}y\mathrm{d}z \qquad (2\text{-}3)$$

同理，可以得到流体微元体上沿 y 和 z 轴方向上的总静压力为

$$F_y = -\frac{\partial p}{\partial y}\mathrm{d}x\mathrm{d}y\mathrm{d}z \qquad (2\text{-}4)$$

$$F_z = -\frac{\partial p}{\partial z}\mathrm{d}x\mathrm{d}y\mathrm{d}z \tag{2-5}$$

设流体密度为 ρ，则在重力场中，该微元体在 x 方向上的质量力的分力为

$$F'_x = \rho\mathrm{d}x\mathrm{d}y\mathrm{d}z g_x \tag{2-6}$$

其中 g_x 为 x 方向上的重力加速度分量，也就是 x 方向上的单位质量力的分量，把它记作 X。类似地，把 y 和 z 方向上的重力加速度分量，也就是 y 和 z 方向上的单位质量力的分量，分别记作 Y 和 Z。

根据物体受力平衡条件，各方向上的总压力与质量力之和应为零，故有

$$\frac{\partial p}{\partial x} = \rho g_x = \rho X \tag{2-7}$$

同理

$$\frac{\partial p}{\partial y} = \rho g_y = \rho Y \tag{2-8}$$

$$\frac{\partial p}{\partial z} = \rho g_z = \rho Z \tag{2-9}$$

式（2-7）、式（2-8）和式（2-9）是数学家欧拉（Euler）于1755年提出的，称为欧拉静压力平衡微分方程。该方程表示平衡流体上的质量力和表面力相互平衡，说明流体静压力沿各方向的梯度等于流体密度与该方向上单位质量力的乘积。由式（2-7）~式（2-9）可得

$$\rho(X\mathrm{d}x + Y\mathrm{d}y + Z\mathrm{d}z) = \frac{\partial p}{\partial x}\mathrm{d}x + \frac{\partial p}{\partial y}\mathrm{d}y + \frac{\partial p}{\partial z}\mathrm{d}z \tag{2-10}$$

显然，式（2-10）右边是 p 的全微分，故有

$$\rho(X\mathrm{d}x + Y\mathrm{d}y + Z\mathrm{d}z) = \mathrm{d}p \tag{2-11}$$

如果流体是不可压缩的，则密度 ρ 是常数，同时，式（2-11）的右边既然是 p 的全微分，则该式左边必然也是某个函数的全微分，设这个函数为 $U(x, y, z)$，那么就有

$$\mathrm{d}p = \rho\mathrm{d}U = \rho\left(\frac{\partial U}{\partial x}\mathrm{d}x + \frac{\partial U}{\partial y}\mathrm{d}y + \frac{\partial U}{\partial z}\mathrm{d}z\right) \tag{2-12}$$

比较式（2-11）和式（2-12），可得

$$\frac{\partial U}{\partial x} = X, \ \frac{\partial U}{\partial y} = Y, \ \frac{\partial U}{\partial z} = Z \tag{2-13}$$

式（2-13）表明，函数 $U(x, y, z)$ 对 x、y 和 z 的偏导数正是相应坐标方向上的单位质量力，满足这个条件的函数 U 被称为质量力的势函数。

根据场论知识，关于力的势函数和有势质量力，有如下定义：设有一质量力场 $f(x, y, z)$，若存在一个单值函数 $U(x, y, z)$，满足 $f = \mathrm{grad}U$，则称该质量力场为有势力场，力 f 称为有势质量力，函数 $U(x, y, z)$ 称为该力场的势函数。有势质量力也称作势力，重力、惯性力都是势力。根据势力的定义，可以得知，凡是满足不可压缩流体平衡微分方程的质量力必然是势力。或者说，只有在势力的作用下，不可压缩流体才能够处于静止平衡的状态。

若令方程（2-11）中的 $\mathrm{d}p = 0$，或者方程（2-12）中的 $\mathrm{d}U = 0$，则可以得到静止流体的等压面微分方程式

$$X\mathrm{d}x + Y\mathrm{d}y + Z\mathrm{d}z = 0 \tag{2-14}$$

所谓等压面，就是静止流体中由压力相同的点所组成的面，在这个面上，任何两点之间的压力差都为零。同时，在等压面上有 $\mathrm{d}U = 0$，所以等压面也就是等势面。

2.3 重力场下流体静力学基本方程

对于重力场下的静止流体，作用于其上的质量力只有重力。取 z 轴垂直于地面并竖直向上，则单位质量力在各坐标轴方向上的分量分别为

$$X = 0, Y = 0, Z = -g \tag{2-15}$$

代入式（2-14）中，可得

$$-g\mathrm{d}z = 0 \tag{2-16}$$

对式（2-16）积分，得到重力场下的静止流体的等压面方程为

$$z = C \tag{2-17}$$

式（2-17）中，C 代表积分常数。这意思就是说，只受重力作用的静止流体中等压面为平行于地面的平面族，即重力场下静止流体中同一高度上的流体所受静压力都相等。

另一方面，把式（2-15）代入式（2-11）中，可得到

$$\mathrm{d}p = -\rho g\mathrm{d}z \tag{2-18}$$

将式（2-18）积分，则可得

$$\frac{p}{\rho g} + z = C \tag{2-19}$$

式（2-19）称为流体静力学基本方程。它表明，重力作用下的静止流体中任意一点的 $z + \dfrac{p}{\rho g}$ 都相等。如果已知流体中两个点之间的垂直距离，并知道其中一个点的静压力，则可求得另一点的静压。

众所周知，重力场下的液体表面是一个水平面，由式（2-17）知道，其表面是等压面。设表面高度为 z_0，且表面上任一点的压力为 p_0，则由流体静力学基本方程式（2-19）可知，对表面下高度为 z 的任一点，设其压力为 p，则有

$$\frac{p}{\rho g} + z = \frac{p_0}{\rho g} + z_0 \tag{2-20}$$

即

$$\frac{p}{\rho g} = \frac{p_0}{\rho g} + z_0 - z \tag{2-21}$$

由此可得到液面下任一点的压力为

$$p = p_0 + \rho g(z_0 - z) = p_0 + \rho g h \tag{2-22}$$

式（2-22）中，$h = z_0 - z$，为该点与液面的距离，即该点深度。由式（2-22）可知，重力场下的流体静压力只与位置有关，并随深度的增加而增大。对于均质液体，相同深度的点必有相等的压力。同时，液体内部任一点的静压力由液面压力 p_0 和液体本身所引起的压力 $\rho g h$ 两部分组成。液面压力来自液体表面所受的外力，或者由液面上的气体或其他液体所施加。由此还可以得到一个结论，就是静止液体表面所受到的压力，能够将力大小不变地传递到液体中的每一点上，这就是帕斯卡定律。

工程上经常只计算液体本身所引起的在液体内某一点的压力，即

$$p = \rho g h \tag{2-23}$$

式（2-23）所计算的压力一般也称为相对压力。相对压力是以同一高度的当地大气压力为基准来度量的流体压力。而式（2-22）所计算的压力称绝对压力，是以绝对零压力为基准来度量的。若以 p_m 表示相对压力，以 p 表示绝对压力，则二者的关系为

$$p = p_m + p_a \tag{2-24}$$

式中，p_a 为大气压力。

此外，由于流体的相对压力可以由压力表直接测量，所以又称为表压力（表压）。若流体的绝对压力高于当地大气压力，其相对压力为正值，称为正压；若流体的绝对压力低于当地大气压力，则其相对压力为负值，称为负压。具有负压的流体处于真空状态，例如，水泵的吸入管中、烟囱底部等处，流体都是负压。当某一空间内的流体绝对压力小于当地大气压力时，即产生了一定程度的真空。绝对压力小于大气压力的差值称为真空度，常用 p_v 来表示，即

$$p_v = p_a - p = - p_m \tag{2-25}$$

真空度可由真空计测量。例如，某容器内流体绝对压力为 0.02MPa，则其相应的真空度为

$$p_v = p_a - p = 0.1 - 0.02\text{MPa} = 0.08\text{MPa}$$

【例 2-1】　如图 2-2 所示的锅炉烟囱，烟气在其内自由流动排出。已知烟囱高 $h = 30\text{m}$，烟气平均温度为 300℃，此时烟气的密度 $\rho_s = 0.445\text{kg/m}^3$。烟囱外的空气密度为 $\rho_a = 1.29\text{kg/m}^3$。试确定引起烟气自由流动的压差。

解：不计烟气流动产生的效应，认为温度分布均匀，处处相等。令烟囱出口处压力为 p_0，炉门内、外压力分别为 p_2 和 p_1。则有

$$p_1 = p_0 + \rho_a g h$$
$$p_2 = p_0 + \rho_s g h$$

因为 $\rho_a > \rho_s$，所以在炉内外将产生使烟气可以自由流动的压差

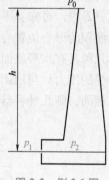

图 2-2　例 2-1 图

$$\Delta p = p_1 - p_2 = h g (\rho_a - \rho_s) = 30 \times 9.8 \times (1.29 - 0.445)\text{Pa} = 248.43\text{Pa}$$

2.4　静止液体对壁面的作用力

前面章节的压力实际上是压强，即单位面积上的作用力。而工程上经常计算固体与液体接触表面所受到的总压力，由于固体表面所受液体的压力并不一定是处处相等的，而是存在一个压力分布，所以固体表面上所受的总压力需要用积分方法来计算。本节分别研究如何计算平面和曲面壁所受到的静止液体的作用力。

2.4.1　静止液体对平面壁的压力

设有平面壁与水平面成倾角 α，置于静止的液体中，所设置的坐标系如图 2-3 所示。这里只考虑液体对平面壁的压力，不考虑大气压力的作用。在平面壁上任取一个微小的面积 $\text{d}A$，设其形心在液面下的深度为 h，浸水面积为 A，则微小面积 $\text{d}A$ 所承受的压力为

$$dF = pdA = \rho gh dA = \rho gy\sin\alpha dA \quad (2\text{-}26)$$

将式（2-26）对平面斜壁的浸水面积 A 进行积分，即得平面所受液体总压力

$$F = \int_A dp = \rho g\sin\alpha \int_A y dA \quad (2\text{-}27)$$

式（2-27）中的 $\int_A y dA$ 是浸水面积 A 对 x 轴的面积矩，其值为 Ay_c。y_c 是面积 A 的形心到 x 轴的距离。并且有

$$y_c\sin\alpha = h_c \quad (2\text{-}28)$$

式（2-28）中 h_c 为面积 A 的形心在液面下的深度。于是式（2-27）可写作

$$F = \rho g\sin\alpha \int_A y dA = \rho g\sin\alpha \cdot Ay_c = A\rho gh_c$$
$$(2\text{-}29)$$

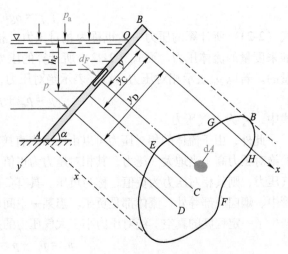

图 2-3　静止液体对平面的总压力计算示意图

式（2-29）对于水平表面、倾斜表面和竖直表面都适用。该式表明，静止液体作用于平面壁上的压力为浸水面积与形心处的液体静压力的乘积，其方向沿受压表面的法线方向。同时由式（2-29）可知，平面壁受到的来自某种液体的压力，只与壁面与液体接触的面积以及该浸水面积的形心位置有关，而与其上方的液体质量没有关系。特别是水平壁面，如图 2-4 所示的几种具有水平底面并且底面积相等的容器，若几种容器所装的液体是同一种流体，则底面所受的压力只与液面高度有关，而与容器的形状无关。按照式（2-29），若底面积和液面高度相同，则几种容器底面将受到同样的压力。

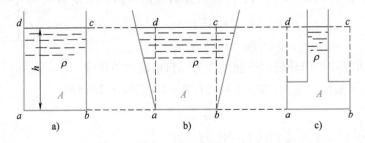

图 2-4　几种不同形状的容器水平底面积相等

2.4.2　静止液体对曲面壁的压力

工程上更常见的情况是受到液体压力的曲面，如各种管道，各类曲面铸型等，所以研究曲面上静止液体的压力更加具有实际意义。首先考查二维曲面壁的情形。如图 2-5 所示，设有一个二维曲面壁，一侧承受液体压力，现在考虑求出图中曲面 $abcd$ 所受的来自其上方的液体总压力。在该曲面上任意取一个微小的面积 dA，该微小面积可视为一个平面。由式（2-26）可计算该面积上所承受的液体压力为

$$dF = \rho gh dA \quad (2\text{-}30)$$

式（2-30）中，h 为面积 dA 的形心在液面下的深度，实际可看成 dA 所处的深度。dA 所受

的压力方向为其法线方向，由于不同位置的微面积 dA 的法线方向不同，导致曲面上不同位置所受的力的方向不同，所以不能对式（2-30）直接积分。必须把微面积 dA 所受的力分解到 x 和 z 方向上，然后计算整个曲面在这两个方向上的合力，最后再由两个方向上的合力求出曲面所受的总压力。

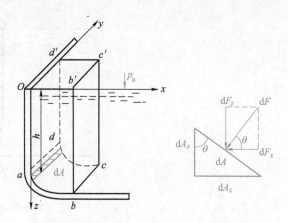

图 2-5　静止液体对曲面的压力计算示意图

在水平方向上，dA 所受的力为

$$dF_x = dF\cos\theta = \rho g h dA\cos\theta = \rho g h dA_x$$

（2-31）

于是，整个曲面在水平方向上的力可由积分求得

$$F_x = \rho g \int_A h dA_x = \rho g h_c A_x$$

（2-32）

式中，$\int_A h dA_x$ 为整个曲面 $abcd$（面积 A）对 y 轴的面积矩，h_c 为液下曲面的形心距离液体表面的深度，A_x 为曲面在 x 方向上的投影面积。

在竖直方向上，dA 所受的力为

$$dF_z = \rho g h dA\sin\theta = \rho g h dA_z$$

（2-33）

该方向上的总压力可由积分求得

$$F_z = \rho g \int_A h dA_z$$

（2-34）

观察式（2-34）可以看出，式中的积分实际是曲面 $abcd$ 上方的液柱 $abcdob'c'd'$ 的体积。这一体积称为压力体，用 V_p 来表示，则式（2-34）也可以写作

$$F_z = \rho g V_p$$

（2-35）

式（2-35）表明，作用于曲面上的液体总压力在竖直方向上的分力等于其上压力体内的液体的质量。

求得两个方向上的分力后，即可得到曲面上的液体总压力

$$F = \sqrt{F_x^2 + F_z^2}$$

（2-36）

设总压力的方向与水平线之间的夹角为 θ，则有

$$\tan\theta = \frac{F_z}{F_x}$$

（2-37）

以上讨论的情形是曲面上方承受液体压力的情况，实际上也有下方承受液体压力的情况。如图 2-6 所示，曲面 ab 上所受的总压力来自下方的液体，其中竖直分力 F_z 的方向是向上的，但力的计算分析方法不变。这时竖直分力仍然可以用式（2-33）或式（2-34）计算，其压力体应为图中的 $abcd$，只不过该压力体只是代表一个几何空间，并不存在液体。

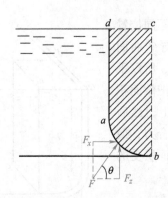

图 2-6　曲面下方承受液体压力的情形

【例 2-2】　如图 2-7 所示，盛满水的容器上方有一个直径 $d = 0.3\mathrm{m}$ 的半球形盖子，已知 $H = 2\mathrm{m}$，$h = 1.45\mathrm{m}$，液体密度 $\rho = 1000\mathrm{kg/m^3}$，求半球形盖子所受的液体总压力。

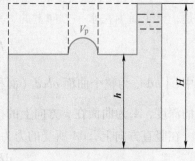

图 2-7　例 2-2 图

解：顶盖上所受的液体总压力可分解为水平分力和向上的垂直分力。

显然作用于盖子左半部的水平分力和作用于右半部的水平分力是相等的，所以总压力的水平分力是零。

在竖直方向，向上的总压力可由其上方压力体的体积求出

$$F_z = \rho g V_\mathrm{p} = \rho g \left[\frac{\pi d^2}{4}(H - h) - \frac{\pi d^3}{12} \right]$$

$$= 1000 \times 9.8 \times \left[\frac{\pi \times 0.3^2}{4} \times (2 - 1.45) - \frac{\pi \times 0.3^3}{12} \right] \mathrm{N}$$

$$= 311.72\mathrm{N}$$

习　　题

2-1　如图 2-8 所示的静止液体中，$p_\mathrm{a} = 1.0 \times 10^5\mathrm{Pa}$，$h_1 = 0.2\mathrm{m}$，$h_2 = 0.18\mathrm{m}$，$h_3 = 0.08\mathrm{m}$，$A$ 点与 B 点同高，求 A 点的压力为多少？已知油和水银的密度分别为 $800\mathrm{kg/m^3}$ 和 $13.6 \times 10^3\mathrm{kg/m^3}$。

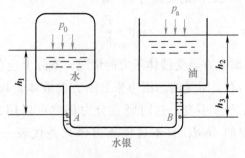

图 2-8　习题 2-1 图

2-2　如图 2-9 所示，封闭容器中水面的压力为 $p_1 = 105\text{kPa}$，当地大气压力为 $p_a = 98\text{kPa}$，A 点位于水面以下 6m 深处。求：

（1）A 点的压力。

（2）测压管中水面与容器中水面的高度差 h。

2-3　如图 2-10 所示的容器中有两层互不相溶的液体，密度分别为 ρ_1 和 ρ_2，试计算图中 A 点和 B 点的压力。

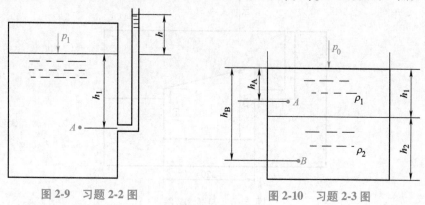

图 2-9　习题 2-2 图　　　　　　　　图 2-10　习题 2-3 图

2-4　如图 2-11 所示的直径 $d = 0.4\text{m}$ 的圆柱形容器，$h_1 = 0.3\text{m}$，$h_2 = 0.5\text{m}$，上方容器盖上荷重 $F = 5800\text{N}$，油的密度为 800kg/m^3，求测压计中水银柱的高度 h。

2-5　如图 2-12 所示，已知水银压差计读数 $h = 25\text{cm}$，A 点到压差计左边的水银面高度差为 $H = 35\text{cm}$，试求 A 点的相对压力。

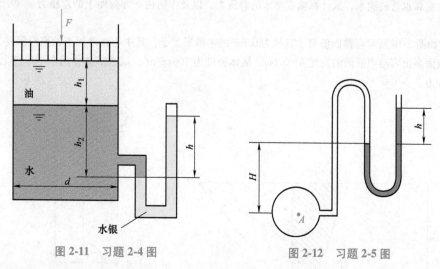

图 2-11　习题 2-4 图　　　　　　　　图 2-12　习题 2-5 图

2-6　如图 2-13 所示，一贮水容器侧面和底面分别有两个直径为 $d = 0.5\text{m}$ 的半球形盖，已知 $H = 2.0\text{m}$，

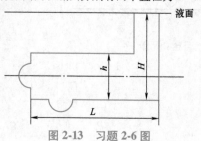

图 2-13　习题 2-6 图

$h = 1.0 \text{m}$，$L = 3.0 \text{m}$，底面为矩形平面，垂直于图面方向上的底面宽度为 0.8m，水的密度 $\rho = 1000 \text{kg/m}^3$。分别求两个半球形盖上在水平方向和竖直方向的液体总压力，并求出底面所受的液体总压力。

2-7 如图 2-14 所示砂型，铸件在垂直于图面方向上的长度为 $L = 600 \text{mm}$，求密度为 6800kg/m³ 的铁液把上型上抬的力。

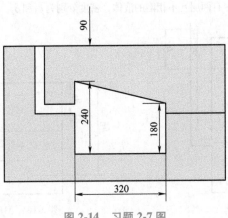

图 2-14 习题 2-7 图

2-8 如图 2-15 所示的弧形闸门 AB，垂直纸面方向宽度 $b = 4 \text{m}$，$\alpha = 45°$，半径 $R = 2 \text{m}$，闸门转轴恰好与门顶齐平，求作用在曲面 AB 上的静水总压力。

2-9 立方体水箱每边长 0.6m，箱底水平放置在台面上，水箱上方装有一根长 30m、直径 25mm 的垂直水管，若水箱和水管装满水，试计算箱底部水的静压力，以及作用在下方台面上的总压力（不计箱和水管的自重）。

2-10 如图 2-16 所示容器侧壁有一直径为 0.6m 的半球形盖子，其中心在液面下的淹没深度 $H = 2.0 \text{m}$，测压管中液面高出容器中液面的高度 $h = 0.6 \text{m}$。液体密度为 700kg/m³，试求液体作用在半球盖上的水平分力及竖直分力。

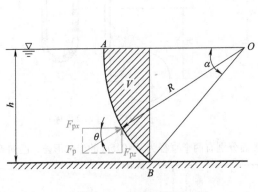

图 2-15 习题 2-8 图

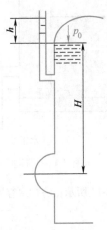

图 2-16 习题 2-10 图

第 3 章
动量传输基础

本章知识结构图如图：

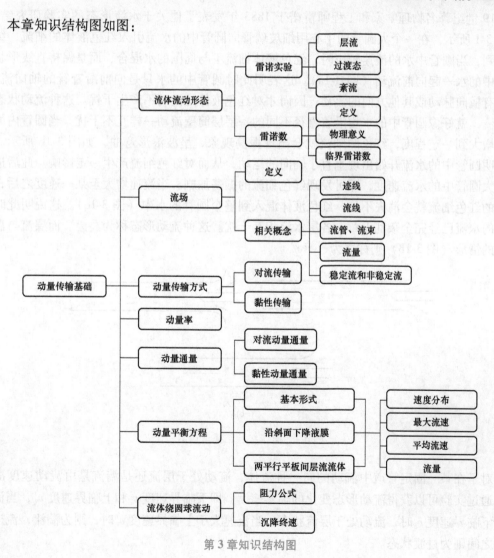

第 3 章知识结构图

3.1 流体的流动形态

相对于静止流体，流动流体是工程中更为普遍的研究对象。动量传输的研究对象是流体在流动条件下的动量传递方式和传递过程，是传输理论体系的基础和重要组成部分。在流动过程中流体之所以会出现动量传输，主要是因为流动的流体内部不同部位的质点或质点团的流动速度并不一致，相应地在流体中的动量就存在着一个不均匀、并且可能随时变化的分布。流体流动过程中，某些质量所具有的较大动量就会向周围动量较小的质点转移，使动量较大的质点失去动量，而动量较小的质点获得动量，这就是动量的传输过程。

3.1.1 雷诺实验

19 世纪著名物理学家和工程师雷诺于 1883 年发表了他关于水流形态的实验研究结果。如图 3-1 所示，在一个大圆管的中心用细玻璃管向圆管中的水流引入红色液体的细流，结果观察到，当圆管中水的流速较小时，红色液体细流不与周围的水混合，而是保持直线形状与圆管中的水一起向前流动（图 3-1a）。这表明此时圆管中的水只是向前沿着管的轴向流动，并没有横向脉动或其他方向的流动，因而才对红色液体的流动不产生干扰。这种流动状态称为层流，就好像圆管中的水均沿着直径不同的一层层筒壁流动一样互不干扰。当圆管内的水流速增大到一定程度，红色的细流就会出现振荡现象，呈波浪形弯曲，如图 3-1b 所示。这就说明圆管中的水流开始出现垂直于轴向的运动，从而对红色细流产生一定影响。此后进一步增大圆管中的水流速度，即可发现红色细流的振荡加剧。当流速增大至某一速度之后，圆管中的红色细流就会消失不见，红色液体混入到整个圆管的水中（图 3-1c）。这说明此时圆管中的水流已经完全杂乱无章，各层水流相互干扰。这种流动形态称为湍流。而层流与湍流之间的情形（图 3-1b）则称之为过渡状态。

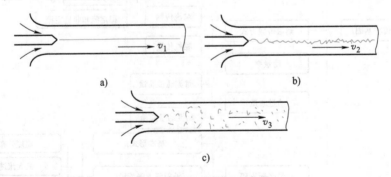

图 3-1　雷诺实验结果示意图

对于在某一固定管道中流动的同一种流体，流动处于层流还是湍流是由流动速度决定的。通过实验可以获得流动形态变化的临界速度，即下临界速度 v_c 和上临界速度 v_c'，当流速小于下临界速度 v_c 时，流动处于层流状态，当流速大于上临界速度 v_c' 时，则为湍流，流速在二者之间则为过渡状态。

3.1.2 雷诺数

在上述雷诺实验的基础上还发现，对于圆管中的流体流动，改变管道直径或者观察各种不同的流体，会获得不同的临界速度。这就说明，圆管中流体的流动形态不仅取决于流动速度，而且与流体性质和管道直径有关。通过大量实验研究，结果表明流动的形态实际上取决于如下形式的无量纲参数

$$Re = \frac{\rho v D}{\eta} = \frac{v D}{\nu} \tag{3-1}$$

式中，ρ、η、v 和 D 分别代表流体的密度、动力黏度、流动速度和圆管直径。即流体流动的形态是由上述各个因素的组合决定的，该组合形成了一个无量纲参数，称为雷诺数，用 Re 来表示。对于圆管中的流体，流动形态变化的临界速度会随着圆管直径和流体性质发生变化，但各条件下达到临界速度时的雷诺数是相同的。

由大量实验可以确定，圆管中强制流动的流体由层流形态开始向湍流形态转变（进入过渡状态）时的临界雷诺数为 $Re = 2100 \sim 2300$，而当 Re 达到 $10000 \sim 13800$ 及以上时，流体流动形态发展成稳定的湍流。在动量传输中，圆管中强制流动的流体由层流向湍流转变的临界参数常取为 $Re = 2320$。当流道的过水断面是非圆形截面时，可用水力半径 R 作为固体的特征长度，即

$$Re = \frac{\rho v R}{\eta} = \frac{v R}{\nu} \tag{3-2}$$

式中，水力半径 R 的定义为 $R = A/x$，其中 A 为过水截面的面积，x 为过水截面的润湿周长。此时一般取临界雷诺数为 500。对于工程中常见的明渠中的水流，则取为 300。

雷诺数的物理意义实际上是表达了作用于流体的惯性力与黏性力之比。Re 数值较小，就说明流动中黏性力起的作用较大，于是流动就比较稳定；而 Re 较大的情况，说明惯性力的作用更大，脉动情况缺乏遏止的力量，流动就容易发生紊乱。

【例 3-1】 在宽度为 $b = 100\text{cm}$ 的水槽内流动的水，水深为 $h = 3\text{cm}$，流速为 $v = 5\text{cm/s}$，水流处于什么运动状态？已知水的运动黏度为 $\nu = 1.3 \times 10^{-6}\text{m}^2/\text{s}$。

解：此类宽槽中的流动为非圆形截面，水力半径为

$$R = \frac{A}{x} = \frac{bh}{b + 2h} = \frac{100 \times 3}{100 + 2 \times 3}\text{cm} = 2.83\text{cm}$$

雷诺数

$$Re = \frac{vR}{\nu} = \frac{5 \times 10^{-2} \times 2.83 \times 10^{-2}}{1.3 \times 10^{-6}} = 1088 > 300$$

水流处于湍流状态。

在此题中，由于相对于水槽宽度，水深太浅，所以也可以取水深 h 代替水力半径 R，所得雷诺数为 1154。此外还可知道，若要水流状态为层流，则流速需要降至 1.3cm/s 以下。

3.2　流场及其描述

　　流体是由大量质点组成的，研究流体的流动就是研究流体中的质点运动规律。描述流体运动的方法主要有两种，即拉格朗日法和欧拉法。拉格朗日法着眼于流动空间内每个流体质点的运动轨迹及运动参量（如速度、加速度、压力等）随时间的变化，然后综合所有流体质点的运动，得到整个流体的运动规律。欧拉法的着眼点则是流场中固定的坐标点而不是运动的质点，它研究流体质点通过空间固定点时运动参量随时间的变化规律，然后综合所有空间点运动参量的变化情况，从而得到整个流体的运动规律。在流体运动的研究中，多数情况下更多关心的是各个位置的流体运动情况的变化，而不是关心流体中的某些质点在什么时候到达哪个地方，因此欧拉法是更加常用的研究方法。本节主要介绍描述流体运动的若干基本概念。

3.2.1　流场

　　所谓流场，就是运动的流体所充斥的空间。在流场内的流体密度、黏度等性质，以及压力、流动速度、加速度等运动参量，都是描述流场的物理量。这些物理量在流场中都未必是不变的和均匀一致的，按照流体的连续介质模型，随着时间和空间位置的变化，这些物理量一般都连续变化和连续分布。

3.2.2　迹线和流线

　　力学中经常需要描述质点运动轨迹。一段时间内流体中质点的运动轨迹称为迹线。迹线实际是在拉格朗日法框架下引入的一个概念，一条迹线上的点是同一个质点在不同时刻所处位置的连线，它表达的是质点的位移。显然，迹线上各点的切线代表了该质点在不同位置的流动方向。由于每个质点都有各自的运动轨迹，所以迹线是一族曲线，不同的质点形成不同的迹线，而迹线不随时间变化。

　　流线是某一时刻流场中由流体质点的速度向量构成的连线。在这条线的每一个点上的切线与该点处流体质点的速度方向重合。流线是欧拉法框架下引入的概念，它表达的是同一时刻流场中连续的不同位置质点的流动方向。如图 3-2 所示，在某一瞬间，流场中 a 位置处流体质点的速度为 v_a，沿矢量 $\boldsymbol{v}_a$ 所指方向离 a 点无穷小的距离上可得 b 点，该点处流体质点在同一瞬间的速度为 v_b，再

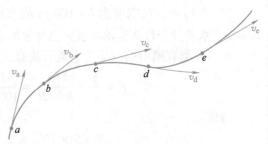

图 3-2　流线示意图

沿矢量 $\boldsymbol{v}_b$ 方向可得 c 点……以此类推，可以得到某一时刻流场中的一条流线。通过流场中的其他点也可以用此方法作出流线，于是整个流场就被描述为无数流线所充满的空间，这些流线清晰地显示出了空间内流体运动的几何形象。显然，一般来说，通过流场中的任一空间点只能做一根流线，即流线是不能相交也不会发生转折的，因为在同一时刻流场内同一位置处

只能有一个流动方向。但是如果在速度为零或者无穷大的地点，流线有可能相交，因为在这些点处不存在流动方向的问题。

3.2.3 流管、流束和流量

流线只能表示流场中各点的流动参量，但不能表明流过的流体数量，因此需要引入流管和流束等概念。

在流场内任取一条不与流线重合的封闭曲线，通过曲线上每一点连续地作流线，则流线族将构成一个管状表面，该表面称为流管。流管内部的流体称为流束。由于流管是由流线组成的，流管上各点的流速都在其切线方向上而不穿过流管表面，所以流体不能穿过流管流入或流出，于是流束就被限制在流管之内。

单位时间内通过流管某一截面的流体多少称为流量（也称流率）。若以体积来衡量，则称体积流量，若以质量来衡量则称质量流量。多数情况下如无特别说明，流量是指体积流量，但也有一些场合所称的流量是指质量流量，例如，铸造浇注时用于衡量浇注速度的流量一般是指单位时间浇入铸型的金属质量。

流管中处处与流线相互垂直的截面称为有效截面（断面）。显然，假如流管中的流线相互平行，则有效截面是一个平面，如果流线不平行（方向不一致），则流束的有效截面就是一个曲面。若在有效截面上取一个无穷小的面积微元 dA，通过该微元面 dA 的流束称为微小流束，因其截面非常小，可以认为微截面上的各点有相同的运动参量，不同的微截面上则有不同的运动参量，于是就可以运用积分的方法求出相应的总有效截面上的平均运动参量。在动量传输研究中，通过有效截面的体积流量 Q 的计算公式为：

$$Q = \int_A v dA \tag{3-3}$$

通过总面积为 A 的有效截面的流体平均流速为

$$\bar{v} = \frac{\int_A v dA}{\int_A dA} = \frac{Q}{A} \tag{3-4}$$

3.2.4 稳定流和非稳定流

一般情况下，流场中的运动参量不仅随着位置不同，还随着时间的变化而变化。运动参量随时间变化的流动称为非稳定流，其运动参量分布的方程式中必须出现时间变量。还有一些情况，流场中的运动参量只随位置改变而与时间无关，这种流动称为稳定流。描述稳定流的运动方程不需要时间变量，所有运动参量随时间的变化率（导数）为零。

对于非稳定流，由于流场中的速度随时间改变，所以经过同一点的流线的空间方位和形状都是随时间变化的，且流线一般不与迹线重合。非稳定流的流管形状也随时间而变化。对于稳定流，由于流场中各点流速不随时间变化，所以同一点的流线始终保持不变，流管的形状也保持不变，且流线上质点的迹线与流线是重合的。

实际过程中的流体流动虽然一般都不是真正的稳定流，但是大多数情况下可以近似看成是稳定流。例如，一个容器下方向外排水，如果容器较大，水位较高，下方出水孔又比较小，这时即使在容器排水的时候没有同时充水，在一定时间段内排水情况也可以按稳定流处理，而不会产生很大的误差。非稳定流的研究比较复杂，相应的流动方程也比较难以求解，而在工程上有很多流体流动的情况都是变化缓慢或脉动轻微，可以简化成稳定流处理，因而研究稳定流动有其实际意义。

3.3 动量传输方式和动量通量

3.3.1 动量传输的基本方式

如前所述，动量传输是流场中各处流体动量分布不均而导致的动量均匀化的过程。动量传输通常以两种方式进行：

1）流场中流线上的流体沿着运动方向由某一空间进入另一空间，从而把动量由流场的某一空间带入到另一空间，这种沿流体流动方向上的动量传输方式称为动量的对流传输。

2）流场中流动较快的流体靠黏性力把侧边处较慢的流体带动起来，使其流动加快，这种流体动量由流速较大的流层向流速较小的流层传输，称为黏性动量传输。

3.3.2 动量率与动量通量

在动量传输过程中，单位时间通过某一传输面而传输的动量称为动量率。动量率反映了动量传递的快慢，但是对于不同的传输面，由于传输的动量所通过的面积不同，所以就不能直接用各个传输面上的动量率来比较动量传输的快慢，而是要用动量通量。单位时间通过单位面积所传输的动量称为动量通量。显然，动量率和动量通量的关系为：

$$动量率 = 动量通量 \times 传输面的面积$$

对于对流动量传输，设密度为 ρ 的流体沿 x 轴方向的运动速度为 v_x，则在时间 t 内通过面积 A 的沿 x 轴方向的对流动量通量为

$$\frac{mv_x}{At} = \frac{\rho V v_x}{At} = \rho v_x \frac{\Delta x}{t} = \rho v_x v_x = \rho v_x^2 \tag{3-5}$$

式中，m 和 V 分别表示通过面积 A 的流体质量和流体体积；Δx 表示流体在时间 t 内通过面积 A 在 x 轴方向上流过的距离，$\Delta x = V/A$。

黏性动量传输是依靠不同速度的流体质点之间所产生的黏性摩擦力进行的，因此动量的传输表面应处于垂直于速度方向的面上。即黏性动量传输的方向是沿速度梯度的反方向，由速度较大的地方向速度较小的地方传输。设流体沿 x 轴方向流动，则黏性动量通量的表达式为

$$\frac{mv_x}{A_y t} = \frac{F_x}{A_y} \tag{3-6}$$

式中，A_y 和 t 分别表示动量传输的面积（即相邻不同流动速度流体层之间的接触面积）和接触时间；F_x 为两流层接触面上的切向力。

分析式（3-6）可知，右边项的物理意义刚好就是 A_y 面上的切应力，即 τ_{yx}。因此黏性动

量通量即为动量传输面上的切应力。即 τ_{yx} 既可表示切应力，也可以表示黏性动量通量。当 τ_{yx} 表示切应力时，它只能取正值。因此，式（1-14）右边有±号以保证其取值为正。而当 τ_{yx} 表示黏性动量通量时，由于动量传输的方向必定与速度梯度 $\mathrm{d}v_x/\mathrm{d}y$ 的方向相反，这时式（1-14）就应写作

$$\tau_{yx} = -\eta \frac{\mathrm{d}v_x}{\mathrm{d}y} = -\nu \frac{\mathrm{d}(\rho v_x)}{\mathrm{d}y} \tag{3-7}$$

当 τ_{yx} 表示黏性动量通量时，其第一个角标表示动量传输的方向，而第二个角标表示动量（速度）方向。需要再次强调的是，τ_{yx} 作为切应力时，其方向与流体流动的方向平行，而作为黏性动量通量时，其方向是垂直于流体流动的方向，且指向速度变小的方向。

从动量传输的观点看，式（3-7）中的动力黏度 η 可认为是表达了流体传输黏性动量的能力。某种流体，它的动力黏度 η 越大，则流体传输黏性动量的能力就越强。而运动黏度 ν 则可视为流体中动量趋于一致的能力，ν 越大，流体中动量趋于一致的能力就越强，流体流动就越不容易发生紊乱，反之则流体流动易于趋向紊乱。

3.4 动量平衡及其应用

3.4.1 动量平衡方程的形式

牛顿力学第二定律指出，一个力学系的动量随时间的变化率等于该体系所表现出来的用于平衡外界作用在该体系上的总合力 F，而且是沿着外力合力的反方向变化的，即

$$F = \frac{\mathrm{d}(mv)}{\mathrm{d}t} \tag{3-8}$$

上述基本规律对于流体流动来说也是成立的。在流体运动的研究中通常是先考查一个流场微元体中的动量变化（即动量率），对于流场中的微元体，上述规律体现为以下形式：

输入微元体的动量率-输出微元体的动量率+作用在微元体上的外力合力＝微元体中动量率的蓄积量

在流体中，动量率包括对流动量率和黏性动量率，而作用于流体上的外力主要是质量力和表面力，表面力是作用于表面的切力和压力等。注意的是此形式是对非稳定流而言的，因为非稳定流的流场微元体中的动量总是随时间变化的，动量率的输入与输出并不平衡，所以会产生动量率的蓄积，并且蓄积量可以是正值也可以是负值。对于稳定流来说，动量率的输入输出是平衡的，蓄积量为零。

在解决具体的流体流动问题时，可以首先选取流场中的一个微元，按照上述形式，对该微元体建立动量平衡微分方程，而后求解微分方程，获得流场的运动参量表达式。动量平衡微分方程的求解往往是比较困难的，通常只对一些简单的层流流动才能获得解析解。在方程求解时常需要应用如下的一些边界条件：

1）除高超声速流动和低雷诺数流动外，流体与固体表面之间无滑动现象。即紧贴固体表面的那一层流体的运动速度与固体的运动速度相同，如固体不动，则与固体表面接触的那一层流体的流动速度为零。

2) 两种流体界面上的速度和应力是连续的。即界面上两种流体的流动速度应该相同，并且切应力也相等。例如，液体上方有气体，不考虑液体的挥发或者气体的溶解，界面上彼此接触的那一层液体和气体的流速和切应力是相等的，压力也相等。并且由于气体黏度比液体黏度要小得多，通常可假定液体不向气体传输动量。

3) 如果两种流体的界面是曲面，当曲面半径很小时，需要考虑界面张力的影响，这时条件2) 中所说的界面上的气体与液体压力相等的说法就不成立，因弯曲界面处会产生附加压力。

以下两节分别使用两个实例来说明动量平衡方程的应用及微分方程的求解。

3.4.2 斜面上下降液膜的层流流动

如图 3-3 所示，有一总厚度为 δ 的液膜在重力作用下沿斜平面下降流动，设流动为沿图中 z 轴方向的层流稳定流动，即在 z 轴上流动速度不变。液面位于 $x=0$ 处，液膜宽度（垂直纸面方向）为 W，液体在宽度方向上没有流动，且 W 远大于 δ。设流体黏度为 η，密度为 ρ。在液膜中取一个厚度为 Δx、长度为 L、宽度为 W 的微元体，对该微元体进行动量平衡分析，写出液膜动量平衡方程，可导出液膜中黏性切应力的表达式。

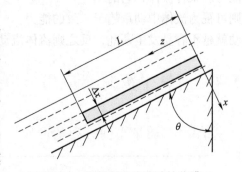

图 3-3 沿斜面下降流动的液膜

首先根据 3.3.2 节中动量率的定义和动量通量的公式可得到：

输入微元体的对流动量率为 $W\Delta x\rho v_z^2\big|_{z=0}$，输出微元体的对流动量率为 $W\Delta x\rho v_z^2\big|_{z=L}$。在微元体的上表面，即平行于斜面且位于 x 处的平面上，输入微元体的黏性动量率为 $LW\tau_{xz}\big|_x$，而在 $x+\Delta x$ 处的微元体下表面平面上输出微元体的黏性动量率为 $LW\tau_{xz}\big|_{x+\Delta x}$。

综合考虑微元体重力在 z 轴方向上的分力和输入输出微元体的动量率差，得到动量平衡方程为

$$W\Delta x\rho\left(v_z^2\big|_{z=0} - v_z^2\big|_{z=L}\right) + LW\left(\tau_{xz}\big|_x - \tau_{xz}\big|_{x+\Delta x}\right) + LW\Delta x\rho g\cos\theta = 0 \tag{3-9}$$

因为液膜在 z 轴方向速度不变，式（3-9）左边第一项为 0，因此动量平衡方程简化为

$$LW\left(\tau_{xz}\big|_x - \tau_{xz}\big|_{x+\Delta x}\right) + LW\Delta x\rho g\cos\theta = 0$$

方程两边同除以 $LW\Delta x$ 并取极限得到

$$\lim_{\Delta x\to 0}\frac{\tau_{xz}\big|_{x+\Delta x} - \tau_{xz}\big|_x}{\Delta x} = \rho g\cos\theta \tag{3-10}$$

即

$$\frac{\mathrm{d}\tau_{xz}}{\mathrm{d}x} = \rho g\cos\theta \tag{3-11}$$

积分上式，得到

$$\tau_{xz} = \rho g x\cos\theta + C_1 \tag{3-12}$$

根据前述第二条边界条件，当 $x=0$ 时，液膜与空气接触处应力为 0。因此 $C_1=0$，所以

$$\tau_{xz} = \rho g x\cos\theta \tag{3-13}$$

由式（3-13）可知，液膜中的动量通量或者黏性切应力与液膜的深度 x 成正比，即液膜中越接近固体的截面，动量通量越大。

对于牛顿流体，由黏性动量通量的定义有

$$\tau_{xz} = -\eta \frac{\mathrm{d}v_z}{\mathrm{d}x} \tag{3-14}$$

把式（3-13）代入，积分后有

$$v_z = -\frac{\rho g x^2}{2\eta}\cos\theta + C_2 \tag{3-15}$$

根据前述第一条边界条件，由于固体斜面不动，所以 $x=\delta$ 的那一层流体速度为零。于是可求得式（3-15）中的积分常数 C_2

$$C_2 = \frac{\rho g \delta^2}{2\eta}\cos\theta \tag{3-16}$$

将 C_2 的值代回到式（3-15），得到微分方程在此边界条件下的解为

$$v_z = \frac{\rho g \delta^2 \cos\theta}{2\eta}\left[1 - \left(\frac{x}{\delta}\right)^2\right] \tag{3-17}$$

式（3-17）即为沿斜面下降的液膜流速分布公式。它表明，在液膜厚度方向上，各层流体的流动速度不同，速度按抛物线规律分布，在上方自由表面处，也即当 $x=0$ 时，流动速度最大，该最大流动速度为

$$v_{z,\max} = \frac{\rho g \delta^2 \cos\theta}{2\eta} \tag{3-18}$$

在液膜厚度方向上各层流体的平均流速则可由下式求出

$$\bar{v}_z = \frac{1}{\delta}\int_0^\delta v_z \mathrm{d}x = \frac{\rho g \delta^2 \cos\theta}{3\eta} = \frac{2}{3}v_{z,\max} \tag{3-19}$$

液体向下流动的体积流量为

$$Q_z = \bar{v}_z \delta W = \frac{\rho g W \delta^3 \cos\theta}{3\eta} \tag{3-20}$$

上述推得的数学式可用于铸造时一些宽槽内的金属液流动的计算。但需要注意，此时流动形态必须是层流（对宽槽流动应有 $Re = \frac{\bar{v}_z \delta}{\eta} \leqslant 5$）。当流动形态为过渡态时（$5 < Re < 500$），也可应用上式进行近似计算。

3.4.3　两平行平板间流体的层流流动

图 3-4 所示为充满于两平行平板间的流体流动。设平板宽度为 W，两板距离（即液体高度）为 2δ。上下平板均固定不动，流体在平板左端压力 p 的作用下沿 x 轴方向（向右）流动。设自 $x=0$ 处开始，流动已经成为完全发展的流动，且为稳定的层流流动，即沿 x 轴方向速度不变。

如图所示取厚度为 Δy、长度为 L、宽度为 W 的微元体，与 3.4.2 节类似，可以列出该微元体上的动量平衡方程。注意沿 x 方向的流动速度不变，则输入与输出微元体的对流动量率

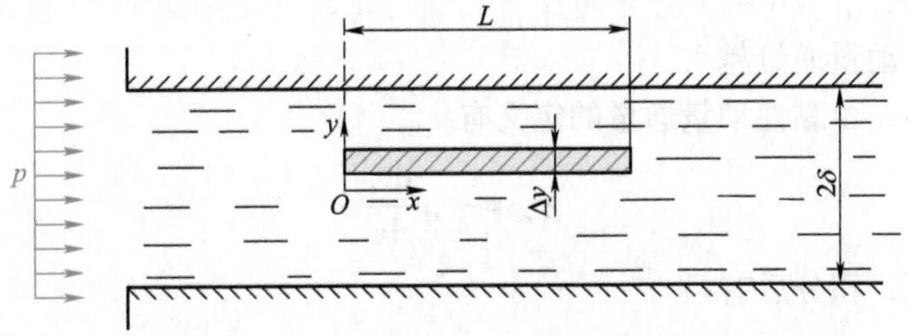

图 3-4 两平行平板间的流体流动

相等，所以可以直接写出动量平衡方程如下

$$LW(\tau_{yx}\vert_y - \tau_{yx}\vert_{y+\Delta y}) + (p_0 - p_L)W\Delta y = 0 \tag{3-21}$$

式中的 p_0 和 p_L 分别为微元体两端 $x=0$ 和 $x=L$ 处的压力。与 3.4.2 节处理方法相同，可得

$$\mathrm{d}\tau_{yx} = \frac{p_0 - p_L}{L}\mathrm{d}y \tag{3-22}$$

积分得

$$\tau_{yx} = \frac{p_0 - p_L}{L}y + C_1 \tag{3-23}$$

现在要求出满足条件要求的积分常数 C_1。这里利用该平板间流动空间的对称性，流体在 x 轴方向上的流动沿高度中心线（即 $y=0$ 的平面）是对称的，同时紧贴上、下板的流体速度均为零，则在对称中心 $y=0$ 平面处必定达到流速的极值，也即该处的速度梯度为零，从而对于牛顿流体，该处的切应力为零。即 $y=0$ 时，$\tau_{yx}=0$。把此条件代入式（3-23），即得 $C_1=0$。

从而

$$\tau_{yx} = -\eta\frac{\mathrm{d}v_x}{\mathrm{d}y} = \frac{p_0 - p_L}{L}y \tag{3-24}$$

对式（3-24）中的第二个等式移项积分，可得

$$v_x = -\frac{p_0 - p_L}{2\eta L}y^2 + C_2 \tag{3-25}$$

由前述第一条边界条件，固体表面层流体速度为零，即当 $y=\delta$ 时，$v_x=0$。所以可得

$$C_2 = \frac{p_0 - p_L}{2\eta L}\delta^2 \tag{3-26}$$

把式（3-26）代回式（3-25），得

$$v_x = \frac{p_0 - p_L}{2\eta L}(\delta^2 - y^2) \tag{3-27}$$

由此可知，在两平行平板之间的稳定层流流动，不同高度流体的流速是不同的，且按抛物线规律分布。在中轴线上，即 $y=0$ 的那一层流体的流速最大。最大流速为

$$v_{x,\max} = \frac{\delta^2}{2\eta L}(p_0 - p_L) \tag{3-28}$$

流体在高度上的平均流速为

$$\bar{v}_x = \frac{1}{\delta}\int_0^\delta v_x\mathrm{d}y = \frac{\delta^2}{3\eta L}(p_0 - p_L) = \frac{2}{3}v_{x,\max} \tag{3-29}$$

体积流量为

$$Q = \bar{v}_x W \cdot 2\delta = \frac{2W\delta^3}{3\eta L}(p_0 - p_L) \tag{3-30}$$

3.5　流体绕圆球的流动

在材料加工和冶金等过程中，经常会出现流体和颗粒的两相流动。例如，合金熔炼、金属精炼等过程中夹杂物的上浮、炉膛和烟道内尘粒在炉气中的流动和除尘过程中的沉降、液体中的固体沉淀、气泡或者液滴的上浮等，在这些过程中，与基体流体密度不同的固体颗粒、液滴和气泡等，都可以近似看成圆球，它们在流体中的相对运动（下沉和上浮）就可视为流体绕圆球流动。本节主要研究单个球形颗粒在流体中的稳定运动。

3.5.1　球形颗粒在流体中稳定运动的阻力

在一定条件下，一个形状规则的固体颗粒在流体中稳定运动时的速度分布可以由动量平衡方程解出，即求解下一章将要介绍的纳维尔-斯托克斯方程，但就一般情形来说，更方便的是借助经验阻力系数或摩擦系数来估算运动颗粒所受的力。颗粒在流体当中与流体做相对运动时，作用于颗粒上的力除了重力和浮力之外，还有来自流体的阻力。该阻力的表达形式可以通过以下的量纲分析法获得。

已知不可压缩黏性流体绕球流动时的阻力 F_d 与流体流速 v、流体密度 ρ、黏度 η，以及球的直径 d 有关，即阻力 F_d 与上述物理量之间存在某种函数关系，设该关系为

$$F_d = g(v, \rho, d, \eta) \tag{3-31}$$

上述关系也可写作

$$f(F_d, v, \rho, d, \eta) = 0 \tag{3-32}$$

分析方程式（3-32）中的五个物理量的量纲，它们一共包含三种基本量纲：长度 $[L]$、质量 $[M]$ 和时间 $[T]$。现选取其中 v、ρ、d 这三个物理量为基本量纲的代表，它们满足以下三个条件：

1）这三个物理量的量纲中包含了长度 $[L]$、质量 $[M]$ 和时间 $[T]$ 三个基本量纲。例如，v 的量纲是速度 $[V]$，有 $[V] = [LT^{-1}]$；ρ 的量纲是密度 $[\rho]$，有 $[\rho] = [ML^{-3}]$，而 d 的量纲即为 $[L]$。

2）这三个物理量的量纲是相互独立的，也就是速度、密度和长度这三个量纲之间不存在导出关系。

3）上述五个物理量中，剩余的两个物理量阻力 F_d 和黏度 η 的量纲可以从 v、ρ、d 这三个物理量的量纲导出。例如，对于阻力 F_d，其量纲为力 $[F]$，有

$$[F] = [MLT^{-2}] = [LT^{-1}]^2 \cdot [ML^{-3}] \cdot [L]^2 = [V]^2 \cdot [\rho] \cdot [L]^2$$

对于黏度 η，其单位为 Pa·s，其量纲为

$$[\eta] = [FL^{-2}T] = [LT^{-1}] \cdot [ML^{-3}] \cdot [L]$$

由此可知，式（3-32）中包含的五个物理量之间可以组成如下两个无量纲量

$$\pi_1 = \frac{F_d}{v^2 \rho d^2}$$

$$\pi_2 = \frac{\eta}{v \rho d} = \frac{1}{Re}$$

式中，π_2是雷诺数 Re 的倒数。即方程式（3-31）或式（3-32）实际上可以写成关于上述两个无量纲量的方程

$$f\left(\frac{F_d}{v^2 d^2 \rho}, \frac{1}{Re}\right) = 0 \tag{3-33}$$

或

$$\frac{F_d}{v^2 d^2 \rho} = f(Re) \tag{3-34}$$

习惯上把阻力 F_d 的表达式写成如下的阻力公式形式

$$F_d = \frac{1}{2} CA\rho v^2 \tag{3-35}$$

式中，A 为圆球在流动方向上的投影面积，$A = \frac{\pi d^2}{4}$；C 称为阻力系数。对比式（3-34）与式（3-35）可知，C 是一个与雷诺数 Re 有关的无量纲量，它与 Re 的具体关系如何，可在不同条件下由理论或实验得出。

当 $Re \leq 1$ 时，流体流动缓慢，此时阻力系数与颗粒雷诺数成反比，有

$$C = \frac{24}{Re} = \frac{24\eta}{\rho v d} \tag{3-36}$$

此时称流动处于斯托克斯区。这时阻力公式为

$$F_d = 3\pi\eta dv \tag{3-37}$$

式（3-37）即斯托克斯公式，此式是斯托克斯通过求解下章将要介绍的纳维尔-斯托克斯方程而得到的。

当 $1 < Re < 500$ 时，实验结果表明阻力系数与雷诺数的关系可近似为

$$C = \frac{10}{\sqrt{Re}} = 10\sqrt{\frac{\eta}{\rho v d}} \tag{3-38}$$

此时称流动处于过渡区。

当 $500 \leq Re \leq 2 \times 10^5$ 时，可认为阻力系数与雷诺数无关，C 值近似为常数，即

$$C \approx 0.44 \tag{3-39}$$

相应的阻力公式为

$$F_d = 0.11\pi d\rho \frac{v^2}{2} \tag{3-40}$$

此时称流动处于牛顿定律区，阻力与流速的平方成正比，此公式称为牛顿阻力平方定律。

当 $Re > 2 \times 10^5$ 时，由实验数据可知阻力系数将突然降至 0.09，此后随雷诺数的增加而略有增加。

本节介绍的量纲分析法是相似理论的基础之一。对于某类现象或过程，用方程分析或量纲分析方法导出一些无量纲的量（称之为相似准数），通过实验得出准数之间的关系，再将这些关系式推广到与之相似的现象和过程中，这就是相似理论指导下的模型研究，是传输现

象中的重要研究方法。

3.5.2 球形颗粒在流体中的沉降终速

单个颗粒在流体中做相对运动，如果颗粒密度大于流体密度，则颗粒将在流体中沉降，反之则会上浮。如前所述，颗粒在流体中受到的作用力包括向下的重力、向上的浮力以及流体阻力，当颗粒发生沉降时，阻力的方向向上，而当颗粒上浮时，阻力的方向向下。现以沉降的情形为例，由于颗粒密度大于流体密度，也即颗粒的重力大于浮力，颗粒发生沉降时，当沉降刚开始时速度较低，阻力较小，此时阻力与浮力的合力仍小于重力，于是颗粒沉降逐渐加速，同时阻力变大。当颗粒所受的阻力与浮力的合力与重力相等时，即受力平衡时，沉降速度达到最大值并保持不变，此时的速度 v_f 称为沉降终速。设颗粒为圆球形，直径为 d，密度为 ρ_s，流体密度为 ρ，由 3.5.1 节得到的阻力表达式，可以求得沉降终速

$$\frac{\pi d^3}{6}\rho g + \frac{1}{2}CA\rho v_f^2 = \frac{\pi d^3}{6}\rho_s g \tag{3-41}$$

式中，$A = \dfrac{\pi d^2}{4}$ ，整理后得

$$\frac{1}{2}CA\rho v_f^2 = \frac{\pi d^3}{6}(\rho_s - \rho)g \tag{3-42}$$

由 3.5.1 节给出的阻力系数与流动雷诺数的关系，可以得到：

1）$Re \leqslant 1$ 时，流动处于斯托克斯区，此时有

$$C = \frac{24}{Re} = \frac{24\eta}{\rho v_f d}$$

代入式（3-42）得

$$v_f = \frac{d^2(\rho_s - \rho)g}{18\eta} \tag{3-43}$$

此时由于要满足条件

$$Re = \frac{\rho v_f d}{\eta} = \frac{\rho d^3(\rho_s - \rho)g}{18\eta^2} \leqslant 1 \tag{3-44}$$

所以颗粒直径应满足

$$d \leqslant \sqrt[3]{\frac{18\eta^2}{\rho(\rho_s - \rho)g}} = 5.61\sqrt[3]{\frac{\eta^2}{\rho(\rho_s - \rho)g^2}} \tag{3-45}$$

2）$1 < Re < 500$ 时，流动处于过渡区，此时有

$$C = \frac{10}{\sqrt{Re}} = 10\sqrt{\frac{\eta}{\rho v_f d}}$$

于是

$$v_f = d\sqrt[3]{\frac{4}{225} \cdot \frac{d^3(\rho_s - \rho)^2 g^2}{\eta\rho}} = d\sqrt[3]{1.707\frac{(\rho_s - \rho)^2}{\eta\rho}} \tag{3-46}$$

相应地，颗粒直径应满足如下条件

$$4.2\sqrt[3]{\frac{\eta^2}{\rho(\rho_s - \rho)g^2}} \leqslant d \leqslant 93.7\sqrt[3]{\frac{\eta^2}{\rho(\rho_s - \rho)g^2}} \tag{3-47}$$

37

3）$500 \leqslant Re \leqslant 2 \times 10^5$ 时，流动处于牛顿区，$C \approx 0.44$，易得

$$v_f = 5.45 \times \sqrt{\frac{\rho_s - \rho}{\rho} d} \tag{3-48}$$

相应颗粒直径条件为

$$93.7 \times \sqrt[3]{\frac{\eta^2}{\rho(\rho_s - \rho)g^2}} \leqslant d \leqslant 5057 \times \sqrt[3]{\frac{\eta^2}{\rho(\rho_s - \rho)g^2}} \tag{3-49}$$

对于颗粒上浮的情形，结论与上述公式相似。应注意的是，以上公式的应用条件为：①稳定运动；②单个球形颗粒，即颗粒之间互不影响；③远离容器壁，即运动不受容器壁的影响；④远离固体生长表面。当颗粒在固体生长表面附近运动时，需要考虑表面张力等其他力的存在，此时将会发生颗粒被推斥或俘获等效应。

颗粒在流体中运动时，如果流体本身的流动速度大于或者等于 v_f，则颗粒会被流体带走，或悬浮于流体中。这就是金属热态成形车间中利用压缩空气在管道中运送松散颗粒材料的基本原理。在缓慢流动且 v_f 可测的情况下也可以利用上述公式测得流体的黏度。

【例 3-2】 加热炉烟囱中烟气的流动速度为 $v = 0.5 \text{m/s}$，烟气运动黏度 $\nu = 250 \times 10^{-6} \text{m}^2/\text{s}$，密度 $\rho = 0.2 \text{kg/m}^3$。烟气中的粉尘密度 $\rho_s = 1.0 \times 10^3 \text{kg/m}^3$。问烟气中直径 $d = 20 \times 10^{-3}$ cm 的尘粒可否在烟囱中沉降？

解：检查雷诺数

$$Re = \frac{vd}{\nu} = \frac{0.5 \times 20 \times 10^{-5}}{250 \times 10^{-6}} = 0.4 < 1$$

可用斯托克斯公式，即

$$v_f = \frac{1}{18}(\rho_s - \rho)\frac{gd^2}{\eta} = \frac{(1 \times 10^3 - 0.2) \times 9.8 \times (20 \times 10^{-5})^2}{18 \times 250 \times 10^{-6} \times 0.2} \text{m/s} = 0.435 \text{m/s} < v$$

所以不能沉降，会随烟气带走。

【例 3-3】 测量油的黏度时，将油放在有刻度的玻璃量筒内，让小钢球在油中自由下沉，并测量钢球的等速下沉时间，计算出球的下沉速度，便可求得油的黏度。现有密度为 $7.8 \times 10^3 \text{kg/m}^3$，直径 3mm 的金属球，把它置于密度为 900kg/m^3 的油液中，测得自由沉降速度为 4.8cm/s，求油的动力黏度为多少？

解：假设可用斯托克斯公式（$Re < 1$），则

$$v_f = \frac{1}{18}(\rho_s - \rho)\frac{gd^2}{\eta} = \frac{(7.8 \times 10^3 - 900) \times 9.8 \times (0.003)^2}{18 \times \eta} = 0.048$$

解得 $\eta = 0.7044 \text{Pa} \cdot \text{s}$。检验

$$Re = \frac{\rho vd}{\eta} = 0.184 < 1$$

故计算成立。

注意在【例 3-3】中，由于不知道流体的黏度，所以无法事先计算雷诺数，为此可以先假设雷诺数条件，选取相应公式计算出结果后，再验证假设是否成立。如果假设的雷诺数条件不成立，则必须换一个条件继续计算，然后再次检验，直到计算结果与假设条件相符。

习 题

3-1 解释下列名词：①流场；②流线；③迹线；④流管；⑤稳定流。

3-2 两块平行平板之间充满流体，设两板间距为 2mm，流体的动力黏度为 $2×10^{-3}$ Pa·s。下板固定，当上板以 0.6m/s 的速度向右移动时，计算该板在稳定状态下向流体传递的动量通量，并指出动量通量和切应力的方向。

3-3 在相距 0.06m 的两个固定平行平板中间放置另一块薄板，在薄板的上下方分别放有不同黏度的油，上层油的黏度是下层油的 2 倍。当中间薄板以 0.3m/s 的速度匀速移动时，板上每平方米所受的合力为 $F=30N$，试求两种油的黏度。

3-4 如图 3-5 所示，温度为 40℃ 的水在一平板上流动。

1）如果在某一截面 $x=x_1$ 处有 $v_x=3y-y^2$，求该处壁面上的切应力。

2）在 $y=1mm$ 和 $x=x_1$ 处，沿 y 方向传输的动量通量是多少？此处沿 x 方向是否有动量传输？若有，动量通量是多少？

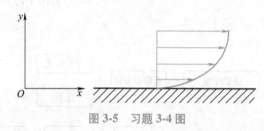

图 3-5 习题 3-4 图

3-5 本章中推导出了沿斜面和在两平行平板间层流流动的流体中的动量平衡方程和流速分布等。现观察圆管中稳定、层流、等速运动的流体，设流动为 z 方向，可在半径 r 处截取厚度为 Δr、长度为 L 的圆筒形薄壳微元体，微元体两端压力为 p_0 和 p_1。试用本章介绍的方法分别对水平圆管和竖直圆管中稳定层流流动的流体建立动量平衡方程，并推导流速分布，以及流动的最大流速、平均流速和流量公式。

3-6 第 3.4.2 节中的结论也可推广到液体沿壁面垂直下降的情况。试计算，当密度为 7100kg/m³、黏度为 $6.5×10^{-3}$ Pa·s 的钢液沿流槽口垂直下降时，欲维持 $Re \leqslant 5$ 的层流条件，则钢液层的最大厚度为多少？

3-7 如图 3-6 所示，液体流过两水平放置的平行平板间的缝隙，已知缝隙的有效截面上液体的流速分布为 $v_x=C\dfrac{y(a-y)}{A^2}$，式中，A 和 C 均为常数，试求：

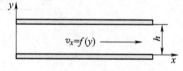

图 3-6 习题 3-7 图

1）液体的最大流速是多少？

2）两平板间距离为多少？

3）液体中最大切应力在何处？其值为多少？

3-8 两块很大的水平固定放置的平行平板，间距为 24mm，其中有黏度为 0.083Pa·s 的油以平均流速 0.15m/s 流过。试求距下板表面 6mm 和 12mm 处的切应力分别是多少？

3-9 加热炉烟囱中烟气的流动速度为 $v=0.5m/s$，烟气运动黏度 $\nu=250×10^{-3}$ m²/s，其密度 $\rho=0.2kg/m³$。烟气中的粉尘密度 $\rho_s=1.0×10^3 kg/m³$。问烟气中直径 $d=20×10^{-3}$ mm 的尘粒可否在烟囱中沉降？层流情况下可以在烟气中悬浮的最大颗粒的直径是多少？

3-10 静置钢液中有尺寸 $d=15×10^{-3}$ mm 的固态夹杂，其密度 $\rho= 2.7×10^3 kg/m³$，试求它在钢液中的上浮终速。

第 4 章
流体流动基本方程

本章知识结构图：

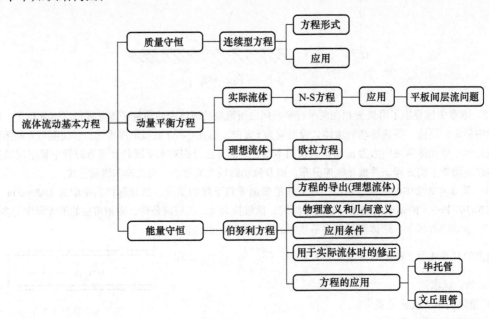

第 4 章知识结构图

4.1 质量守恒定律与连续性方程

流体在流动过程中不但存在动量平衡，而且必须满足质量守恒。根据质量
守恒定律，对于一般非稳定流，流入空间某个固定封闭曲面的流体质量与流出
的流体质量之差应等于封闭曲面之内液体质量的累积。该累积量可能为正值也可能为负值，
对于稳定流来说则为零。在流体力学中反映这个质量守恒原理的衡算方程称为连续性方程。

如图 4-1 所示，在流场中取一个微元空间，这里广义考虑流场中流体密度是随空间和时

视频 2

间变化的。并假设质量的流入和流出情况如图中的箭头所示。若在 x 轴方向上经左侧 x 面流入微元空间的质量流量为 $\rho v_x \mathrm{d}y\mathrm{d}z$，则经右侧 $x+\mathrm{d}x$ 面流出微元空间的质量流量则应为 $\left(\rho v_x + \dfrac{\partial \rho v_x}{\partial x}\mathrm{d}x\right)\mathrm{d}y\mathrm{d}z$，于是得 x 轴方向上流入和流出微元空间的质量流量之差，即 x 方向上累积的质量流量为

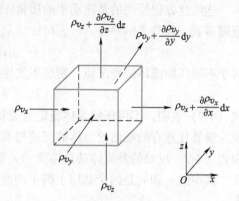

$$-\frac{\partial(\rho v_x)}{\partial x}\mathrm{d}x\mathrm{d}y\mathrm{d}z \qquad (4\text{-}1)$$

同理，在 y 轴和 z 轴方向上累积的质量流量为

$$-\frac{\partial(\rho v_y)}{\partial y}\mathrm{d}x\mathrm{d}y\mathrm{d}z \qquad (4\text{-}2)$$

图 4-1　输入输出微元体的质量流量

$$-\frac{\partial(\rho v_z)}{\partial z}\mathrm{d}x\mathrm{d}y\mathrm{d}z \qquad (4\text{-}3)$$

另一方面，微元体的体积是固定的，其蓄积的质量流量即其体内的质量变化，应体现为流体密度随时间的变化。单位时间蓄积在微元体内的质量应为

$$\frac{\partial \rho}{\partial t}\mathrm{d}x\mathrm{d}y\mathrm{d}z \qquad (4\text{-}4)$$

综合以上四式，得

$$\frac{\partial \rho}{\partial t} = -\left[\frac{\partial(\rho v_x)}{\partial x} + \frac{\partial(\rho v_y)}{\partial y} + \frac{\partial(\rho v_z)}{\partial z}\right] \qquad (4\text{-}5)$$

式（4-5）即为非稳定可压缩流体流动时的流体质量平衡方程，即连续性方程。对于稳定可压缩流体流动，流体密度不随时间变化，此时连续性方程为

$$\frac{\partial(\rho v_x)}{\partial x} + \frac{\partial(\rho v_y)}{\partial y} + \frac{\partial(\rho v_z)}{\partial z} = 0 \qquad (4\text{-}6)$$

对于不可压缩流体的稳定流，密度是一个不随时间变化也不随空间位置变化的常数，因此连续性方程为

$$\frac{\partial v_x}{\partial x} + \frac{\partial v_y}{\partial y} + \frac{\partial v_z}{\partial z} = 0 \qquad (4\text{-}7)$$

式（4-7）说明，不可压缩流体稳定流动时，单位时间、单位空间内的流体的体积是保持不变的。

【例 4-1】　已知空气流场中，速度分布为 $v_x = 6(x+y)$，$v_y = 2y + z^3$，$v_z = x + y + 4z$，试判断该流动状况是否连续。

解：因为

$$\frac{\partial v_x}{\partial x} = 6, \quad \frac{\partial v_y}{\partial y} = 2, \quad \frac{\partial v_z}{\partial z} = 4$$

故

$$\frac{\partial v_x}{\partial x} + \frac{\partial v_y}{\partial y} + \frac{\partial v_z}{\partial z} \neq 0$$

不满足式（4-7），故此流动是不连续的。

连续性方程反映的是流动中的质量守恒。对于稳定流动的流管，也可直接按照质量守恒原则得到。经两个端面流入和流出的质量流量相等，即

$$\rho_1 v_1 A_1 = \rho_2 v_2 A_2 \tag{4-8}$$

对于不可压缩流体的稳定流，密度不发生变化，则式（4-8）变为

$$v_1 A_1 = v_2 A_2 \tag{4-9}$$

式（4-9）表明，不可压缩流体稳定流流管的任意有效截面上的流体流量都是一样的，或者说，流管任意有效截面处流体的流速与该有效截面的面积成反比关系。要注意的是式（4-8）和式（4-9）反映的是流体的总体流动关系，而不代表组成连续流体的每个质点的流动规律。此二式中的 v_1 和 v_2 是两个截面上的平均速度。

【例 4-2】 铸造车间中的冲天炉送风系统，将风量 $Q = 70\text{m}^3/\text{min}$ 的 0℃ 冷空气送入冷风管，空气经换热器加热至 200℃ 后通过热风管进入炉膛。设冷热风管的直径相等，均为 300mm，试计算冷风管和热风管的风速 v_1 和 v_2。

解：温度为 0℃ 的冷空气密度为 $1.29\text{kg}/\text{m}^3$，加热后密度变小。若不考虑冷热风管中压力不同，则由式（1-9）可得

$$\rho_2 = \frac{\rho_1}{1 + \beta t} = \frac{1.29}{1 + 200/273} \text{kg}/\text{m}^3 = 0.74 \text{kg}/\text{m}^3$$

再由式（4-8），因为 $A_1 = A_2$，故有 $v_2 = v_1 \rho_1 / \rho_2$。此外

$$Q = v_1 A_1 = v_1 \cdot \frac{\pi d^2}{4}$$

把已知条件代入可得

$$v_1 = \frac{4 \times 70}{60\pi \times 0.3^2} \text{m}/\text{s} = 16.5 \text{m}/\text{s}$$

$v_1 = 16.5\text{m}/\text{s}$，故

$$v_2 = 16.5 \times \frac{1.29}{0.74} \text{m}/\text{s} = 28.8 \text{m}/\text{s}$$

4.2 流体动量平衡方程

4.2.1 实际流体动量平衡方程——纳维尔-斯托克斯方程

3.4 节介绍了流体流动中动量平衡方程的建立方法，并以两个简单的实例演示了如何针对具体的流动情况建立流体的动量平衡方程。实际上早在 19 世纪，人们就已经针对实际流体的一般流动形式，给出了广义不可压缩黏性流体的动量平衡方程，作为求解各类复杂流体流动的通用数学模型，这就是纳维尔-斯托克斯方程，或者简称 N-S 方程。它是由法国的 Navier 和英国的 Stokes 于 1826 年和 1847 年先后提出的。该方程可以用 3.4 节中介绍的动量传输方法来推导，也可以用力学关系推导，本节简单介绍该方程由动量传输方法的导出过程。

如图 4-2 和图 4-3 所示，在流场中取一微元体 $dxdydz$ 单元。基于一般性考虑，认为通过微

元体的六个面上都有 x、y 和 z 轴方向上的流体流动，并且在三个方向上都可能出现速度梯度。这种广义的三方向流动和速度梯度都会共同影响一个方向上的动量平衡。

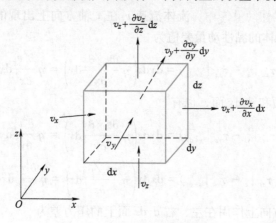

图 4-2 微元体中对流动量传输

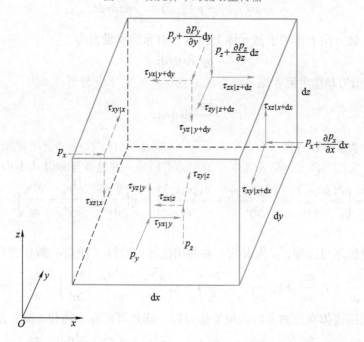

图 4-3 微元体中黏性动量传输和表面压力

首先分析在 x 轴方向上的动量平衡：

1）x 轴方向上的对流动量传输。分别通过左、右 $\mathrm{d}y\mathrm{d}z$ 面输入和输出微元体的质量流量存在差值，由此引起的在 x 轴方向上的对流动量率的输入和输出之间的差值为

$$\mathrm{d}y\mathrm{d}z(\rho v_x v_x \mid_x - \rho v_x v_x \mid_{x+\mathrm{d}x}) = -\mathrm{d}y\mathrm{d}z \frac{\partial(\rho v_x v_x)}{\partial x}\mathrm{d}x \tag{4-10}$$

类似地，对于 $\mathrm{d}x\mathrm{d}z$ 面和 $\mathrm{d}x\mathrm{d}y$ 面，也有

$$\mathrm{d}x\mathrm{d}z(\rho v_y v_x \mid_y - \rho v_y v_x \mid_{y+\mathrm{d}y}) = -\mathrm{d}x\mathrm{d}z \frac{\partial(\rho v_y v_x)}{\partial y}\mathrm{d}y \tag{4-11}$$

$$dxdy(\rho v_z v_x \mid_z - \rho v_z v_x \mid_{z+dz}) = -dxdy\frac{\partial(\rho v_z v_x)}{\partial z}dz \tag{4-12}$$

2）x 轴方向上的黏性动量传输。流体流速 v_x 在 x 轴方向上出现的速度梯度经过左、右 $dydz$ 面输入和输出微元体的黏性动量差值为

$$dydz(\tau_{xx} \mid_x - \tau_{xx} \mid_{x+dx}) = dydz\left(\eta\frac{\partial v_x/\partial x}{\partial x}dx\right) = \eta\frac{\partial^2 v_x}{\partial x^2}dxdydz \tag{4-13}$$

同理，对于 $dxdz$ 面和 $dxdy$ 面，也有

$$dxdz(\tau_{yx} \mid_y - \tau_{yx} \mid_{y+dy}) = dxdz\left(\eta\frac{\partial v_x/\partial y}{\partial y}dy\right) = \eta\frac{\partial^2 v_x}{\partial y^2}dxdydz \tag{4-14}$$

$$dxdy(\tau_{zx} \mid_z - \tau_{zx} \mid_{z+dz}) = dxdy\left(\eta\frac{\partial v_x/\partial z}{\partial z}dz\right) = \eta\frac{\partial^2 v_x}{\partial z^2}dxdydz \tag{4-15}$$

3）作用力。x 轴方向上作用在左、右 $dydz$ 面上的压力差为

$$dydz(p \mid_x - p \mid_{x+dx}) = \frac{\partial p}{\partial x}dxdydz \tag{4-16}$$

另外还有 x 轴方向上作用于微元体上由重力引起的质量力为

$$\rho g_x dxdydz \tag{4-17}$$

4）考虑流场为非稳定流，则 x 轴方向上蓄积在微元体中的动量率为

$$\frac{\partial \rho v_x}{\partial t}dxdydz \tag{4-18}$$

将上述四种动量率和力代入动量平衡方程：输入微元体的动量率-输出微元体的动量率+作用在微元体上的外力合力 =微元体中动量率的蓄积量，并且各自除以 $dxdydz$，可得

$$\frac{\partial(\rho v_x)}{\partial t} = -\left[\frac{\partial(\rho v_x v_x)}{\partial x} + \frac{\partial(\rho v_y v_x)}{\partial y} + \frac{\partial(\rho v_z v_x)}{\partial z}\right] + \eta\left(\frac{\partial^2 v_x}{\partial x^2} + \frac{\partial^2 v_x}{\partial y^2} + \frac{\partial^2 v_x}{\partial z^2}\right) - \frac{\partial p}{\partial x} + \rho g_x \tag{4-19}$$

如果考虑流体不可压缩，ρ 为常数，并利用流体连续性（质量平衡）方程（4-7），可得

$$\rho\left(\frac{\partial v_x}{\partial t} + v_x\frac{\partial v_x}{\partial x} + v_y\frac{\partial v_x}{\partial y} + v_z\frac{\partial v_x}{\partial z}\right) = \eta\left(\frac{\partial^2 v_x}{\partial x^2} + \frac{\partial^2 v_x}{\partial y^2} + \frac{\partial^2 v_x}{\partial z^2}\right) - \frac{\partial p}{\partial x} + \rho g_x \tag{4-20}$$

此即不可压缩流体在 x 轴上的动量平衡方程。同理可得在 y 轴和 z 轴上分别有

$$\rho\left(\frac{\partial v_y}{\partial t} + v_x\frac{\partial v_y}{\partial x} + v_y\frac{\partial v_y}{\partial y} + v_z\frac{\partial v_y}{\partial z}\right) = \eta\left(\frac{\partial^2 v_y}{\partial x^2} + \frac{\partial^2 v_y}{\partial y^2} + \frac{\partial^2 v_y}{\partial z^2}\right) - \frac{\partial p}{\partial y} + \rho g_y \tag{4-21}$$

$$\rho\left(\frac{\partial v_z}{\partial t} + v_x\frac{\partial v_z}{\partial x} + v_y\frac{\partial v_z}{\partial y} + v_z\frac{\partial v_z}{\partial z}\right) = \eta\left(\frac{\partial^2 v_z}{\partial x^2} + \frac{\partial^2 v_z}{\partial y^2} + \frac{\partial^2 v_z}{\partial z^2}\right) - \frac{\partial p}{\partial z} + \rho g_z \tag{4-22}$$

式（4-20）~式（4-22）即为直角坐标系中不可压缩牛顿流体的广义动量平衡方程，即纳维尔-斯托克斯方程（N-S 方程）。由此三式中的任一方程可知，方程左边括号内的各项之和为全加速度（代表惯性力），右边第一项代表黏性力，第二和第三项分别代表压力和重力。所以 N-S 方程的物理意义可表述为

$$惯性力 =黏性力+压力+重力$$

N-S 方程与连续性方程联立可得到四个方程，它们构成了黏性流体流动所遵守的质量守

恒和动量守恒原理的数学表达，具有普适性。这四个方程关于三个方向上的速度 v_x、v_y、v_z 以及压力 p 是封闭的，原则上可以求解，但实际上至今还没有人得到一般形式的 N-S 方程的解析解。对于工程实际问题，通常都可以针对问题的特殊性来简化方程，对简化方程获得精确或近似的分析解，或采用数值模拟技术，如有限差分法、有限元法等，利用计算机获得微分方程的数值解。

4.2.2　理想流体动量平衡方程——欧拉方程

理想流体是指无黏性的流体。对于理想流体，$\eta = 0$，纳维尔-斯托克斯方程的形式可以得到一定程度的简化，对于非稳定流，其形式如下

$$\left. \begin{array}{l} \rho \left(\dfrac{\partial v_x}{\partial t} + v_x \dfrac{\partial v_x}{\partial x} + v_y \dfrac{\partial v_x}{\partial y} + v_z \dfrac{\partial v_x}{\partial z} \right) = -\dfrac{\partial p}{\partial x} + \rho g_x \\[3mm] \rho \left(\dfrac{\partial v_y}{\partial t} + v_x \dfrac{\partial v_y}{\partial x} + v_y \dfrac{\partial v_y}{\partial y} + v_z \dfrac{\partial v_y}{\partial z} \right) = -\dfrac{\partial p}{\partial y} + \rho g_y \\[3mm] \rho \left(\dfrac{\partial v_z}{\partial t} + v_x \dfrac{\partial v_z}{\partial x} + v_y \dfrac{\partial v_z}{\partial y} + v_z \dfrac{\partial v_z}{\partial z} \right) = -\dfrac{\partial p}{\partial z} + \rho g_z \end{array} \right\} \tag{4-23}$$

对于稳定流，则再去掉各式中的时间相关项，形式可简化为

$$\left. \begin{array}{l} v_x \dfrac{\partial v_x}{\partial x} + v_y \dfrac{\partial v_x}{\partial y} + v_z \dfrac{\partial v_x}{\partial z} = -\dfrac{1}{\rho} \dfrac{\partial p}{\partial x} + g_x \\[3mm] v_x \dfrac{\partial v_y}{\partial x} + v_y \dfrac{\partial v_y}{\partial y} + v_z \dfrac{\partial v_y}{\partial z} = -\dfrac{1}{\rho} \dfrac{\partial p}{\partial y} + g_y \\[3mm] v_x \dfrac{\partial v_z}{\partial x} + v_y \dfrac{\partial v_z}{\partial y} + v_z \dfrac{\partial v_z}{\partial z} = -\dfrac{1}{\rho} \dfrac{\partial p}{\partial z} + g_z \end{array} \right\} \tag{4-24}$$

上述诸式即为理想流体的平衡方程，它们是 1755 年由大数学家欧拉最早提出的，故名为欧拉方程。欧拉方程建立了作用于理想流体上的力与流体运动加速度之间的关系，是研究理想流体各种运动规律的基础。欧拉方程虽然是针对理想流体，但也有很大的实际意义。尽管实际流体都具有一定的黏性，但是在处理某些流动问题的时候经常可以忽略流体的黏性，将其近似视为理想流体。例如，流场中速度梯度很小时，流体虽然有黏性，但黏性力所起的作用并不大。还有的问题可以先假定为理想流体进行解析，而后再对于流体因黏性而造成的能量损失进行补正。

4.2.3　两平行平板间层流流动的动量平衡方程

两平行平板间的流体层流流动是机械中常见的现象，如导轨、导槽中的润滑油在滑动面间隙的流动等，在铸造中也常遇到金属液充填平板型腔的现象。在 3.4.3 节中曾研究过两平行平板间流体的层流流动的动量平衡方程，本节试着从纳维尔-斯托克斯方程出发，来研究更加一般的情形。

如图 4-4 所示，相距为 $2h$ 的两块平行板，流体在其间作稳定层流流动。假设其长度和垂直于图面方向上的宽度 W 都比板间距要大很多，故可忽略流道侧壁的影响以及入口和出

口效应，同时忽略质量力（重力）的影响。下面来分析流体中的速度分布、流量等问题。

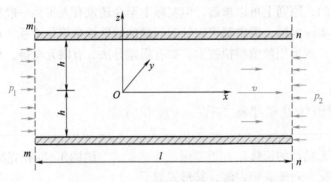

图 4-4 两平行平板间的层流流动

因为流动是稳定流，故有

$$\frac{\partial v_x}{\partial t} = \frac{\partial v_y}{\partial t} = \frac{\partial v_z}{\partial t} = 0$$

取速度方向为 x 轴方向，应有 $v_y = v_z = 0$。则根据连续性方程，应有

$$\frac{\partial v_x}{\partial x} = 0$$

故

$$\frac{\partial^2 v_x}{\partial x^2} = 0$$

此外，宽度方向即 y 方向的边界对流体运动无影响。将上述条件应用到纳维尔-斯托克斯方程式（4-20）~式（4-22）中，并忽略质量力，可得

$$\frac{\partial p}{\partial x} = \eta \frac{\partial^2 v_x}{\partial z^2}; \quad \frac{\partial p}{\partial y} = 0; \quad \frac{\partial p}{\partial z} = 0$$

上述公式表明压力只与 x 有关，而速度只是 z 的函数，所以第一式可以写作

$$\frac{\mathrm{d}p}{\mathrm{d}x} = \eta \frac{\mathrm{d}^2 v_x}{\mathrm{d}z^2}$$

解此微分方程可得

$$v_x = \frac{1}{2\eta} \cdot \frac{\mathrm{d}p}{\mathrm{d}x} z^2 + C_1 z + C_2 \tag{4-25}$$

式中积分常数 C_1 和 C_2 可以根据不同边界条件获得，讨论如下：

1）流体中压力差为零，上板以定速 v_0 运动，下板不动。此情况称为库埃特流动，流体流动仅由上平板带动，如图 4-5a 所示。此时 $\frac{\mathrm{d}p}{\mathrm{d}x} = 0$，且边界条件为：当 $z = h$ 时，$v_x = v_0$；当 $z = -h$ 时，$v_x = 0$。于是由式（4-25）可得

$$C_1 = \frac{v_0}{2h}, \quad C_2 = \frac{v_0}{2} \tag{4-26}$$

即

$$v_x = \frac{v_0}{2}\left(1 + \frac{z}{h}\right)$$

显然，此情形下，在 $z=h$ 处，即在紧贴上板处流体速度有最大值

$$v_{x,\max} = v_0 \tag{4-27}$$

而平均速度为

$$\bar{v}_x = \frac{1}{2h}\int_{-h}^{h} v_x \mathrm{d}z = \frac{1}{2}v_0 \tag{4-28}$$

流量为

$$Q = \bar{v}_x W \cdot 2h = v_0 Wh \tag{4-29}$$

2）上下平板均固定不动，如图 4-5b 所示。这时流体的流动仅由 x 轴方向的压力差实现。设长度为 l 的平板间隙中流体压力差为 $\Delta p = p_1 - p_2$，故

$$\frac{\mathrm{d}p}{\mathrm{d}x} = -\frac{\Delta p}{l}$$

这时边界条件为：当 $z=h$ 时，$v_x=0$；当 $z=-h$ 时，$v_x=0$。由式（4-25）可得

$$v_x = \frac{\Delta p}{2\eta l}(h^2 - z^2) \tag{4-30}$$

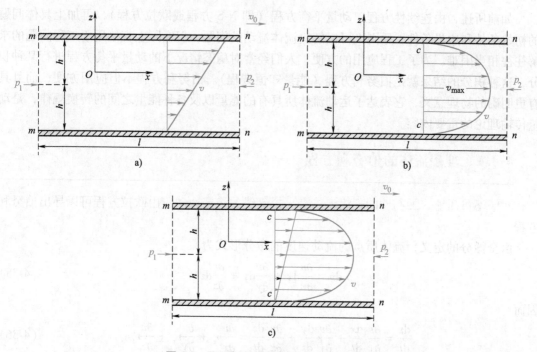

图 4-5　两平行平板间层流速度分布情况

由上可见，此时速度在两板间是按抛物线规律分布的，这个结论与 3.4.3 节相同。在两板正中间，即 $z=0$ 处，流体达到最大值

$$v_{x,\max} = \frac{\Delta p h^2}{2\eta l} \tag{4-31}$$

平均速度为

$$\bar{v}_x = \frac{1}{2h}\int_{-h}^{h} v_x \mathrm{d}z = \frac{\Delta p h^2}{3\eta l} = \frac{2}{3}v_{x,\max} \tag{4-32}$$

流量为

$$Q = \bar{v}_x W \cdot 2h = \frac{2\Delta p W h^3}{3\eta l} \tag{4-33}$$

3）上板以定速 v_0 运动，下板不动，同时压力差不为零，如图 4-5c 所示。这时边界条件为：当 $z=h$ 时，$v_x=0$；当 $z=-h$ 时，$v_x=v_0$，且有

$$\frac{\mathrm{d}p}{\mathrm{d}x} = -\frac{\Delta p}{l}$$

代入式（4-25）可得

$$v_x = \frac{\Delta p}{2\eta l}(h^2 - z^2) + \frac{v_0}{2}\left(1 + \frac{z}{h}\right) \tag{4-34}$$

很明显，此情况下流速分布是前两种情况的合成。

4.3 流体能量守恒方程——伯努利方程

如前所述，由连续性方程、动量平衡方程（即 N-S 方程或欧拉方程），再加上具体问题的初始条件和边界条件，原则上可以解决流体流动的问题，但实际上直接用于工程问题的求解往往相当困难。为了工程应用的方便，人们经常对稳态情况下的动量平衡方程进行某种积分，这种积分的结果就是伯努利方程（能量守恒方程）。伯努利方程不但应用方便，而且具有更明确的物理意义，它表达了运动流体所具有的能量以及各种能量之间的转换规律，是动量传输理论的重要内容。

4.3.1 理想流体的伯努利方程

对于不可压缩、无黏性的理想流体沿一根流线的稳定运动，由欧拉方程可以导出伯努利方程。

由全微分的定义，流体质点的流动速度的微分形式为

$$\mathrm{d}v = \frac{\partial v}{\partial x}\mathrm{d}x + \frac{\partial v}{\partial y}\mathrm{d}y + \frac{\partial v}{\partial z}\mathrm{d}z \tag{4-35}$$

因而

$$\frac{\mathrm{d}v}{\mathrm{d}t} = \frac{\partial v}{\partial x}\frac{\mathrm{d}x}{\mathrm{d}t} + \frac{\partial v}{\partial y}\frac{\mathrm{d}y}{\mathrm{d}t} + \frac{\partial v}{\partial z}\frac{\mathrm{d}z}{\mathrm{d}t} = \frac{\partial v}{\partial x}v_x + \frac{\partial v}{\partial y}v_y + \frac{\partial v}{\partial z}v_z \tag{4-36}$$

相应地，将式（4-36）中的 v 换成速度分量，各速度分量对时间的导数可写作

$$\left.\begin{aligned}
\frac{\mathrm{d}v_x}{\mathrm{d}t} &= v_x\frac{\partial v_x}{\partial x} + v_y\frac{\partial v_x}{\partial y} + v_z\frac{\partial v_x}{\partial z} \\
\frac{\mathrm{d}v_y}{\mathrm{d}t} &= v_x\frac{\partial v_y}{\partial x} + v_y\frac{\partial v_y}{\partial y} + v_z\frac{\partial v_y}{\partial z} \\
\frac{\mathrm{d}v_z}{\mathrm{d}t} &= v_x\frac{\partial v_z}{\partial x} + v_y\frac{\partial v_z}{\partial y} + v_z\frac{\partial v_z}{\partial z}
\end{aligned}\right\} \tag{4-37}$$

注意，式（4-37）的右边正是欧拉方程式（4-24）的左边。另一方面，各速度分量 v_x 对时间

t 的导数又可写成

$$\frac{\mathrm{d}v_x}{\mathrm{d}t} = \frac{\mathrm{d}v_x}{\mathrm{d}x} \cdot \frac{\mathrm{d}x}{\mathrm{d}t} = \frac{\mathrm{d}v_x}{\mathrm{d}x} v_x \tag{4-38}$$

同理有

$$\frac{\mathrm{d}v_y}{\mathrm{d}t} = \frac{\mathrm{d}v_y}{\mathrm{d}y} v_y, \frac{\mathrm{d}v_z}{\mathrm{d}t} = \frac{\mathrm{d}v_z}{\mathrm{d}z} v_z \tag{4-39}$$

将式（4-37）~式（4-39）代入到式（4-24），可以看到，欧拉方程的形式变为

$$v_x \frac{\mathrm{d}v_x}{\mathrm{d}x} = -\frac{1}{\rho} \cdot \frac{\partial p}{\partial x} + g_x \tag{4-40}$$

$$v_y \frac{\mathrm{d}v_y}{\mathrm{d}y} = -\frac{1}{\rho} \cdot \frac{\partial p}{\partial y} + g_y \tag{4-41}$$

$$v_z \frac{\mathrm{d}v_z}{\mathrm{d}z} = -\frac{1}{\rho} \cdot \frac{\partial p}{\partial z} + g_z \tag{4-42}$$

选取坐标系统的 z 轴垂直于地面，则 $g_x = g_y = 0$，$g_z = -g$，再对以上三式两端分别乘上 $\mathrm{d}x$、$\mathrm{d}y$、$\mathrm{d}z$ 后再相加，得

$$v_x \mathrm{d}v_x + v_y \mathrm{d}v_y + v_z \mathrm{d}v_z = -\frac{1}{\rho}\left(\frac{\partial p}{\partial x}\mathrm{d}x + \frac{\partial p}{\partial y}\mathrm{d}y + \frac{\partial p}{\partial z}\mathrm{d}z\right) - g\mathrm{d}z \tag{4-43}$$

由于 $v^2 = v_x^2 + v_y^2 + v_z^2$，故有

$$v\mathrm{d}v = v_x\mathrm{d}v_x + v_y\mathrm{d}v_y + v_z\mathrm{d}v_z \tag{4-44}$$

因此

$$g\mathrm{d}z + \frac{1}{\rho}\mathrm{d}p + v\mathrm{d}v = 0 \tag{4-45}$$

式（4-45）即为理想流体质点在微元空间 $\mathrm{d}x\mathrm{d}y\mathrm{d}z$ 之内沿任意方向流线运动时的伯努利方程的微分形式。若理想流体质点沿流线由空间任意点 1 运动到任意点 2，可对式（4-45）进行从点 1 到点 2 的积分

$$g\int_{z_1}^{z_2}\mathrm{d}z + \frac{1}{\rho}\int_{p_1}^{p_2}\mathrm{d}p + \int_{v_1}^{v_2}v\mathrm{d}v = 0 \tag{4-46}$$

积分的结果为

$$gz_1 + \frac{p_1}{\rho} + \frac{1}{2}v_1^2 = gz_2 + \frac{p_2}{\rho} + \frac{1}{2}v_2^2 \tag{4-47}$$

或写作

$$gz + \frac{p}{\rho} + \frac{1}{2}v^2 = \mathrm{const} \tag{4-48}$$

形如式（4-48）的方程是伯努利于 1738 年提出的，称为伯努利方程。注意式中各项均有能量/质量的量纲，它表示同一流线不同点处的能量（分别为位能、压力能和动能）之和保持不变。也就是说，伯努利方程表达了流体流动中的能量守恒，即单位质量的理想流体所携带的总能量在它流经路程上的任何位置均保持不变（但动能、位能和压力能可以相互转换）。通常把伯努利方程转化为如下用长度量纲表达的形式

$$z + \frac{p}{\rho g} + \frac{v^2}{2g} = \mathrm{const} \tag{4-49}$$

式（4-49）左边各项分别称为位置水头（位头）、压力水头（压头）和速度水头（速度头），其物理意义分别为单位质量流体所具有的位能、压力能和动能。位置水头表示流体质

点所处的位置高度；压力水头表示流体质点在其高度位置 z 上受压力 p 作用时所能上升的高度；速度水头则表示流体质点在 z 位置上以速度 v 铅直向上喷射所能达到的高度。可以将伯努利方程式（4-49）与第 2 章中的流体静力学基本方程式（2-19）对比，可见静力学基本方程可以看成是能量守恒方程在流体静止时的特殊形式。

伯努利方程的物理意义可以用如图 4-6 所示的几何图形来表示。图中 H 为式（4-49）中的 const，它代表三种水头之和，称为总水头。

如果流动在同一水平面内进行，或者高度 z 值的变化与其他水头的变化相比可以忽略不计，则由式（4-49）可得

$$\frac{p}{\rho} + \frac{v^2}{2} = \text{const} \tag{4-50}$$

式（4-50）说明，高度差不大时，沿流线如果压力变小，则速度变大，降低压力可以提高流速，反之，提高流速也可降低压力。例如，压缩空气喷雾器的工作原理就是由于喷嘴处射出的气流速度增大，使流体压力减小，降至环境压力之下，形成负压，从而把容器中的液体抽吸上来，实现连续喷雾。

【例 4-3】 20℃水通过虹吸管从水箱吸到 B 点。虹吸管直径 $d_1 = 60mm$，出口 B 处喷嘴直径 $d_2 = 30mm$。当 $h_1 = 2m$，$h_2 = 4m$ 时，不计水头损失，试求流量和 C 点的压力。

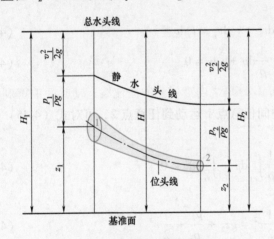
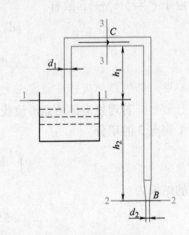

图 4-6　理想流体的水头线　　　　　图 4-7　例 4-3 图

解：以 2—2 断面为高度基准，对 1—1 和 2—2 断面列出伯努利方程，因两处压力均为 p_a，故有

$$h_2 + \frac{v_1^2}{2g} = 0 + \frac{v_2^2}{2g}$$

因为 $v_1 = 0$，所以有

$$v_2 = \sqrt{2gh_2} = \sqrt{2 \times 9.8 \times 4}\,\text{m/s} = 8.85\,\text{m/s}$$

通过虹吸管的流量为

$$Q_v = v_2 \frac{\pi d_2^2}{4} = \left(8.85 \times \frac{3.14 \times 0.03^2}{4} \right)\,\text{m}^3/\text{s} = 0.0063\,\text{m}^3/\text{s}$$

对 3—3 和 2—2 面，则有

$$(h_1 + h_2) + \frac{p_c}{\rho g} + \frac{v_3^2}{2g} = 0 + 0 + \frac{v_2^2}{2g}$$

由连续性方程

$$v_3 = v_2\left(\frac{d_2}{d_1}\right)^2 = \left[8.85 \times \left(\frac{0.03}{0.06}\right)^2\right] \text{m/s} = 2.21 \text{m/s}$$

故有

$$p_c = \left[\left(\frac{v_2^2 - v_3^2}{2g}\right) - (h_1 + h_2)\right]\rho g = \left[\frac{8.85^2 - 2.21^2}{2 \times 9.8} - (2 + 4)\right] \times 1000 \times 9.8 = -22081 \text{Pa}$$

负号表示 C 处的压力低于 1atm，处于负压（真空）状态。正是负压状态才能将水箱中的水吸起来。

4.3.2　实际流体的伯努利方程

应当注意，4.3.1 节中的伯努利方程式（4-45）~式（4-49）是针对沿一根流线的理想流体稳定流而言的。其应用条件为：①理想流体（无黏性，不可压缩）；②稳定流；③只有重力作用（质量力只包含重力）；④沿一根流线。

而实际流体总是有一定黏性的，因而不会严格服从理想流体的伯努利方程。对于实际流体的稳定流，沿流线从点 1 到点 2 的流动过程中，由于流体具有黏性，所以能量会因黏性力损耗一些机械能。此时伯努利方程式（4-47）应当修正为

$$gz_1 + \frac{p_1}{\rho} + \frac{1}{2}v_1^2 = gz_2 + \frac{p_2}{\rho} + \frac{1}{2}v_2^2 + gh'_w \tag{4-51}$$

或者写作

$$z_1 + \frac{p_1}{\rho g} + \frac{v_1^2}{2g} = z_2 + \frac{p_2}{\rho g} + \frac{v_2^2}{2g} + h'_w \tag{4-52}$$

式中，h'_w 表示实际流体沿流线从点 1 到点 2 流动过程中所产生的能量损失（摩擦阻力功）。

而另一方面，工程应用中也不大可能研究流体沿一根流线的流动，而是研究许多微小流束组成的总流，观察总流流经不同截面的变化。将伯努利方程推广到流体总流流动时，需要满足一定的条件。例如，就管道流体而言，严格来说应用伯努利方程要求管道流场内所有的流线都相互平行，而且流体在流场截面上各点速度都应相等，实际上的流动条件当然达不到这样的要求，但一般来说应当满足缓变流条件。所谓缓变流是指流线之间的夹角很小，并且流线的转变一致，转向的曲率半径又较大。在这种流段中，离心惯性力很小，基本可以忽略，且黏性力在缓变流截面上也影响很小，在缓变流截面上的压力分布符合流体静压力分布规律，因此应用伯努利方程时可将有效截面选取在这样的流段中。对于黏性流体，因为流体流速在管道截面上的分布不均匀，应当取截面上的平均流速来计算伯努利方程中的速度头。然而，按照平均流速计算得到的速度头，与按照实际流速计算各点速度头的平均值是不相同的，所以按平均流速计算的速度头值并不是截面上的实际速度头，应予修正。这样一来，再加上考虑流体在两个截面之间流动过程中的各种能量损失，伯努利方程的修正形式可写作

$$z_1 + \frac{p_1}{\rho g} + \frac{1}{\beta_1}\frac{v_1^2}{2g} = z_2 + \frac{p_2}{\rho g} + \frac{1}{\beta_2}\frac{v_2^2}{2g} + h_w \tag{4-53}$$

式中的修正系数 β 与流速的均匀性有关，流速越均匀，其值越趋近于 1。一般层流时取 $\beta =$ 0.5，湍流时取 $\beta = 1$。一般工程中多数情况下的流速是均匀的，所以经常直接取 $\beta = 1$。式（4-53）为不可压缩实际流体在重力场中稳定流动时的总流伯努利方程。其适用条件为：①流体运动是稳定流；②所取的有效截面必须符合缓变流条件；③在所取的两个有效截面之间没有能量的输入或输出。

关于能量损失 h_w，流体在管道中流动时主要有两种形式的能量损失，一种称为摩擦阻力损失，另一种为局部损失。摩擦阻力损失是指黏性流体在管道中流动时，流体与管壁之间产生摩擦阻力而阻碍流体流动，这种阻力是沿程阻力，产生的能量损失也称沿程损失。在摩擦阻力之外，流体在流经各种急变流管段（如管径突然变化、管道拐弯，或遇各种闸阀、弯头、三通等）时，流体流向和速度的急剧变化造成流体间相互碰撞或者形成漩涡等情况，由此所产生的能量损失称为局部损失。各种不同的局部损失的计算方法可参考有关标准和手册，这里不再详述。

4.4 伯努利方程的应用

伯努利方程常见的应用之一是在流体流动参数测量器具上的应用。根据伯努利方程原理可以设计测量流体流速和流量的测量器具，如毕托管、文丘里管等。

4.4.1 毕托管

毕托管是用于测量运动流体中某点流速的仪器，最早是 1732 年由法国工程师毕托（Pitot）设计的。设在水平流动的流场中某一微小流束（或流线）上，迎着流向取 A、B 两点，并放入如图 4-8 所示的简单的 L 形玻璃管。设水流由 B 点流到 A 点，对此两点列出伯努利方程

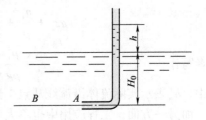

图 4-8 毕托管

$$\frac{v_B^2}{2} + \frac{p_B}{\rho} = \frac{v_A^2}{2} + \frac{p_A}{\rho} \tag{4-54}$$

在式（4-54）中，因为 A、B 两点位置很接近，故此忽略了流体在两点间的能量损失，采用了理想流体伯努利方程的形式。液体经 A 点流入管内并上升到一定高度 h 后，管内液体就会静止，这时 A 点速度为零，即

$$\frac{v_B^2}{2} + \frac{p_B}{\rho} = \frac{p_A}{\rho} \tag{4-55}$$

如果 A、B 两点的压力取为静压力，则有

$$p_B = \rho g H_0, \quad p_A = \rho g (H_0 + h) \tag{4-56}$$

代入到式（4-54），可得

$$v_B = \sqrt{\frac{2}{\rho}(p_A - p_B)} = \sqrt{2gh} \tag{4-57}$$

因此测量出玻璃管中液面与管外水面的高度差 h，即可求出流水的流速。以上即是毕托管测

量流体流速的基本原理。实际应用中的毕托管比图 4-8 所示的要复杂一些，考虑到静压和动压的区别，需要能同时测得静压和总压，在计算中还要考虑流体黏性以及毕托管本身对流动的干扰，对流速的计算结果加以修正。

4.4.2 文丘里管

文丘里管是用于测量管路中流体流量的仪表，是意大利物理学家 Venturi 发明的。它由渐缩管、喉管和渐扩管组成，在文丘里管入口前的直管段和喉管处连接 U 形管压差计，如图 4-9 所示。其后部的渐扩段可使流体逐渐减速，减小了湍流度，从而可降低压头损失。在水平基准面上取 1、2 两点，对于这两点所在的有效截面列出伯努利方程

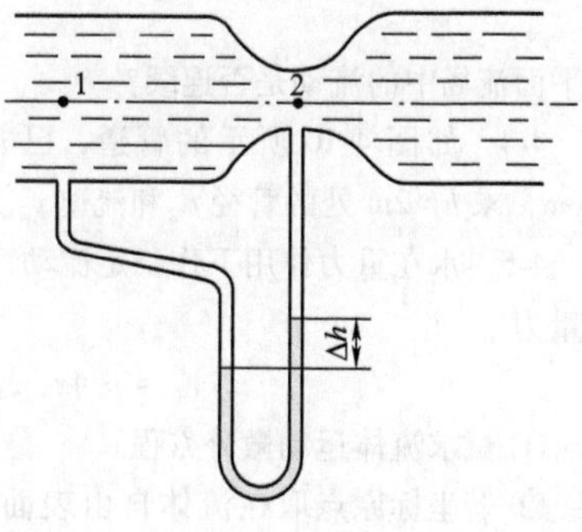

$$\frac{v_1^2}{2} + \frac{p_1}{\rho} = \frac{v_2^2}{2} + \frac{p_2}{\rho} \qquad (4\text{-}58)$$

图 4-9 文丘里管

根据不可压缩管道流体的连续性方程式（4-9），两个截面的面积与通过截面的流体流速关系为

$$v_1 = \frac{A_2}{A_1} v_2 \qquad (4\text{-}59)$$

将式（4-59）代入到式（4-58），得

$$v_2 = \sqrt{\frac{2(p_1 - p_2)}{\rho\left[1 - \left(\dfrac{A_2}{A_1}\right)^2\right]}} \qquad (4\text{-}60)$$

式（4-60）中的压力差 $p_1 - p_2$ 可用 U 形管中液柱的高度差 Δh 表示

$$p_1 - p_2 = g(\rho' - \rho)\Delta h \qquad (4\text{-}61)$$

式（4-61）中的 ρ 和 ρ' 分别表示待测流体和 U 形管中的流体密度，所以

$$v_2 = \sqrt{\frac{2g(\rho' - \rho)\Delta h}{\rho\left[1 - \left(\dfrac{A_2}{A_1}\right)^2\right]}} \qquad (4\text{-}62)$$

通过管子的流体流量为

$$Q = \beta v_2 A_2 = \beta A_2 \sqrt{\frac{2g\Delta h(\rho' - \rho)}{\rho\left[1 - \left(\dfrac{A_2}{A_1}\right)^2\right]}} \qquad (4\text{-}63)$$

式（4-63）中的 β 是考虑黏性流体在截面上速度分布不均和流动中能量损失的修正系数，又称流量系数，一般应有 $\beta < 1$。

在以上公式推导过程中，实际用的是总流的伯努利方程。由此也可以看到，当运用总流的伯努利方程时，一般要与总流的连续性方程联合使用。文丘里管广泛应用于石油、化工、冶金、电力等行业大管径流体的控制与计量中，它的基本结构相当简单，实际应用中的文丘

里管则有一些结构改型。

习　题

4-1　连续性方程、N-S 方程和伯努利方程分别表达流体流动的哪些规律?

4-2　请分析伯努利方程的适用条件。

4-3　平面流场中的速度分布如下

$$v_x = x^3 \sin y, \quad v_y = 3x^2 \cos y$$

该平面流场中的流动是否连续?

4-4　如图 4-10 所示的管道，已知管口处水流速度 $v_1 = 2\mathrm{m/s}$，管径 $d_1 = 10\mathrm{cm}$，求 $h = 2\mathrm{m}$ 处的管径 d_2 和流速 v_2。

4-5　水在重力作用下作稳定流动，将其视为理想不可压缩流体，已知速度分量为

$$v_x = -4x, \quad v_y = 4y, \quad v_z = 0$$

① 试求流体运动微分方程。

② 若坐标原点取在流体自由表面，求处于流体表面之下，坐标为 $x_A = 2$，$y_A = 2$，$z_A = -1$ 的某点 A 的压力。已知自由表面处 $p_0 = 9.8 \times 10^4 \mathrm{Pa}$（提示：当 $x = 0$，$y = 0$，$z = 0$ 时应有 $p = p_0$）。

4-6　从换热器的两条管道输送空气至炉子的燃烧器，管道横截面尺寸均为 400mm×600mm。设在温度为 400℃时通向燃烧器的空气量为 8000kg/h，试求管道中空气的平均流速，设空气密度为 1.29kg/m³。

4-7　设一直径为 0.05m 的喷嘴垂直向上喷水，已知水的喷出平均速度为 15m/s。假设水流不受介质影响并保持圆截面，不考虑阻力损失，试求在距离喷口高度 $H = 5\mathrm{m}$ 处的水流平均速度和截面直径。

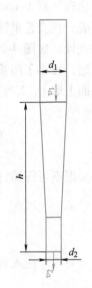

图 4-10　习题 4-4 图

4-8　用图 4-9 所示的文丘里管测水的流量。已知文丘里管在截面 1 和截面 2 处的直径分别为 $d_1 = 15\mathrm{cm}$、$d_2 = 8\mathrm{cm}$，水银差压计液面高度差 $\Delta h = 20\mathrm{cm}$。不计阻力损失，求通过文丘里管的流量。

4-9　如图 4-11 所示，设风机入口吸风管直径 $d = 150\mathrm{mm}$，吸风时测出管内负压 $h = 24\mathrm{mm}$ 水柱（1mmH₂O = 9.81Pa）。空气密度为 1.29kg/m³，不计管内损失，求空气流量（提示：可取距离入口稍远处为截面 1，该处空气流速可视为零，取负压点处为截面 2）。

4-10　如图 4-12 所示，管道末端装一喷嘴，管道和喷嘴直径分别为 $D = 100\mathrm{mm}$ 和 $d = 30\mathrm{mm}$，通过的流量为 0.02m³/s，不计水流过喷嘴的阻力，求截面 1—1 处的压力。

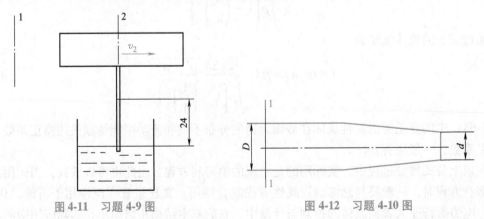

图 4-11　习题 4-9 图　　　　　　　　图 4-12　习题 4-10 图

第5章
边界层理论

本章知识结构图如图：

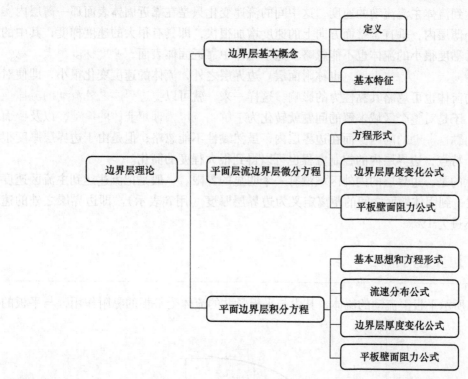

第5章知识结构图

5.1 边界层的基本概念

对于实际流体的一般流动形式，虽然已经建立了通用的数学模型，即纳维尔-斯托克斯方程，但是由于方程的复杂性，对于工程中实际流体的流动，除了一些很简单的情形，真正能够求得解析解的问题很少。随着数值模拟计算技术的发展和计算机的广泛应用，现在一般采用数值模拟方法求解实际流体的运动规律。而在此之前，为了运用流体流动的控制方程去解决工程实际问题，人们做了很大努力，发展了一些相关的理论，对实际流体的流动做出了巧妙的抽象和简化。流体的边界层理论就是其中的重要工作，它不但帮助求解具体问题，还能帮助更好地从整体上把握和认识流体流动的规律。

实际上，工程中的大多数问题都是流体在固体表面（平板上或管道内）流动的情形，这样的流动自有一些独特之处。1904 年，普朗特（Prandt. L）对此类流动问题做了深入的研究，天才地提出了边界层的概念，大大简化了黏性流体在固体表面流动情况的求解过程。

5.1.1　边界层的定义

流体在固体表面上流动时，紧贴固体表面的那一层流体相对固体的流速为零，而在远离固体的区域内的流体有一定的流动速度。研究发现，这种流动中，只有靠近固体表面那一薄层流体中的流速变化比较大，而其余大部分区域内速度的变化很小。也就是说，从流速为零，到流速达到流体主流流动的速度，这中间的流速变化只是在靠近固体表面那一薄层内实现的。在这个薄层内，垂直于壁面方向上的速度增加很快，即具有很大的速度梯度，其中的黏性力即使对黏度很小的流体也不能忽略。这个流体中靠近固体表面，速度梯度很大，黏性力不能忽略的薄层，称为边界层，也称附面层。边界层之外，流体的速度变化很小，即使对于黏性较大的流体也可忽略其黏性力的影响。这样一来，就可以把边界层之外流动的流体视为理想流体，于是对整个区域求解的问题就转化为求解主流区内理想流体的流动，以及壁面附近边界层内黏性流动的问题。而在边界层内，虽然黏性不能忽略，但是由于边界层厚度很小，利用这个特点，边界层内的控制方程也可以得到很大程度的简化。

应当注意的是，边界层的内外区域没有一个明显的界限。一般是把流速达到主流区速度 99% 的流体层，到固体壁面之间的距离定义为边界层厚度（用 δ 表示）。即边界层之外的速度变化量只不过为 1%。

5.1.2　边界层的特征

如图 5-1 所示平板上流动的流体，其中与平板紧贴的流体受平板的黏附作用，与平板的

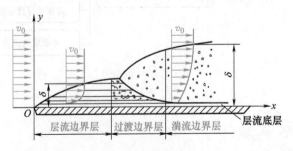

图 5-1　平板上的边界层

相对流速为零。而在流体内部，沿平板法线方向上的一个薄层内的流体依次受相邻层流体的黏性力作用，产生了较大的速度梯度，此薄层即为边界层。

这样的平板边界层有如下特点：

1）与固体长度相比，边界层的厚度很小。

2）在边界层内部，沿边界层厚度方向速度梯度很大，黏性力不可忽略。

3）因为边界层很薄，可认为某一边界层截面上的流体压力均相等，且等于该截面上边界层外边界处的压力。

4）边界层的厚度并非不变，而是沿流动方向逐渐变厚。

5）边界层中的流动也有层流和湍流之分。在平板上，沿流动方向进流长度不是很长时，雷诺数较小，边界层内部为层流流动，随着进流长度的增长，流动的雷诺数变大，边界层内的流体流动将会依次进入过渡区和湍流区。

6）无论是在层流区、过渡区，还是湍流区，边界层中最靠近固体壁面的那一层流体所受的黏性力总是大于惯性力，始终都是流速很小的层流流动，这层流体称为层流底层。

对于平板流动，上面提到的雷诺数的表示形式为 $Re_x = \dfrac{\rho v_0 x}{\eta}$，其中 v_0 为流体主流速度，x 为流体进入平板的长度，显然雷诺数是随着进流长度而变化的。对于光滑平板，$Re_x < 2 \times 10^5$ 时为层流，$Re_x > 3 \times 10^6$ 时为湍流，而当 Re_x 居于二者之间时为过渡区。

5.2　平面层流边界层微分方程

如图 5-1 所示的平板边界层，只考虑其中的层流边界层，在该边界层内，流体的流动速度沿 x 轴（流动方向，或平板长度方向）和 y 轴（平板法线方向，或速度梯度方向）都有变化。对于不可压缩流体的层流稳定流动，该平板边界层上的连续性方程和纳维尔-斯托克斯方程如下

$$\begin{cases} \dfrac{\partial v_x}{\partial x} + \dfrac{\partial v_y}{\partial y} = 0 \\[2mm] v_x \dfrac{\partial v_x}{\partial x} + v_y \dfrac{\partial v_x}{\partial y} = -\dfrac{1}{\rho}\dfrac{\partial p}{\partial x} + \nu\left(\dfrac{\partial^2 v_x}{\partial x^2} + \dfrac{\partial^2 v_x}{\partial y^2}\right) \\[2mm] v_x \dfrac{\partial v_y}{\partial x} + v_y \dfrac{\partial v_y}{\partial y} = -\dfrac{1}{\rho}\dfrac{\partial p}{\partial y} + \nu\left(\dfrac{\partial^2 v_y}{\partial x^2} + \dfrac{\partial^2 v_y}{\partial y^2}\right) + g_y \end{cases} \tag{5-1}$$

上面第三个式子是垂直于平板方向的动量传输方程，右边的 g_y 代表质量力（重力）。但是由于这时质量力对流动状态的影响很小，其实可以忽略质量力，从而将此项略去。此外，由于边界层厚度很小，第三个式子中除了右边第一项之外，其他各项与 x 方向（第二个式子）上的各项相比，都可以忽略不计。所以上述第三式可简化为

$$\dfrac{\partial p}{\partial y} = 0 \tag{5-2}$$

式（5-2）表明，边界层内的压力与边界层厚度无关，此即前述边界层特点中的第三个。另外式（5-1）中的第二个式子为 x 方向的动量传输方程。此式经简化可以写作

$$v_x \dfrac{\partial v_x}{\partial x} + v_y \dfrac{\partial v_x}{\partial y} = \nu \dfrac{\partial^2 v_x}{\partial y^2} \tag{5-3}$$

57

式（5-3）为普朗特边界层微分方程。于是简化后的平面边界层流动和纳维尔-斯托克斯方程形式为

$$\begin{cases} \dfrac{\partial v_x}{\partial x} + \dfrac{\partial v_y}{\partial y} = 0 \\[2mm] v_x \dfrac{\partial v_x}{\partial x} + v_y \dfrac{\partial v_x}{\partial y} = \nu \dfrac{\partial^2 v_x}{\partial y^2} \\[2mm] \dfrac{\partial p}{\partial y} = 0 \end{cases} \tag{5-4}$$

求解式（5-4）的边界条件为：当 $y=0$ 时，$v_x=v_y=0$；当 $y=\delta$ 时，$v_x=v_0$。其中 δ 为边界层的厚度，随 x 的变化而变化。v_0 为主流流体速度。

式（5-4）的解是布拉修斯（Blasius）得到的。由该方程可获得边界层厚度 δ 与距离 x 及流速 v_0 的关系为

$$\delta = 5.0 \sqrt{\frac{\nu x}{v_0}} \tag{5-5}$$

由于平板流动的雷诺数为

$$Re_L = \frac{v_0 L}{\nu} \tag{5-6}$$

所以式（5-5）可以写成

$$\frac{\delta}{x} = \frac{5.0}{\sqrt{Re_x}} \tag{5-7}$$

此外，还可以获得长度为 L 的平板壁面对流体的摩擦阻力

$$F = 0.664 \eta v_0 W \sqrt{Re_L} \tag{5-8}$$

式中，W 为平板宽度；Re_L 为平板长度 L 处的雷诺数

$$Re_L = \frac{v_0 L}{\nu} \tag{5-9}$$

拓展视频

"两弹一星"
功勋科学家：
钱学森

5.3　平面边界层积分方程

应用流体边界层理论，把不可压缩流体的纳维尔-斯托克斯方程变成普朗特方程，方程的形式得到了很大程度上的简化，数学上求解的难度也大为降低。但是尽管如此，普朗特方程的求解仍然不是一件简单的事。5.2 节介绍的普朗特微分方程的解只适用于平板表面的层流边界层，应用范围也有限。冯·卡门为了发展用于不同流动形态的边界层问题的解，提出了一种比较容易计算的近似积分方法。这种方法将动量定律直接用于边界流动，其关键在于建立边界层内的动量守恒方程时避开了复杂的纳维尔-斯托克斯方程，这是求解复杂边界层流动问题的重要途径之一。下面简单介绍该方法。

图 5-2 所示为稳定流动的边界层流体，在其中的平壁附近取宽度（垂直于画面平面方向，即 z 方向）为 1 的微元体，图中的 *ABCD* 为该微元体在 x-y 平面上的投影。下面列出该微元体沿 x 方向流动的动量平衡方程。

58

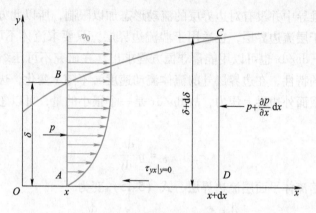

图 5-2 平面流动边界层示意

通过 AB 面输入微元体的质量流量为 $\int_0^\delta \rho v_x \mathrm{d}y$，通过 AB 面输入微元体的动量率为 $\int_0^\delta \rho v_x^2 \mathrm{d}y$。从微元体中通过 CD 面输出的质量流量与通过 AB 面输入的质量流量的差值可写作 $\mathrm{d}x \dfrac{\partial}{\partial x} \int_0^\delta \rho v_x \mathrm{d}y$，类似地，通过两个面的动量率的差值为 $\mathrm{d}x \dfrac{\partial}{\partial x} \int_0^\delta \rho v_x^2 \mathrm{d}y$。根据质量平衡（连续性方程）原理，通过 AB 和 CD 两个面的质量流量的差值只能经过 BC 面输入微元体，所以可以写出通过 BC 面输入微元体的动量率为 $v_0 \mathrm{d}x \dfrac{\partial}{\partial x} \int_0^\delta \rho v_x^2 \mathrm{d}y$。

下面分析作用在此微元体上的外力。注意微元体的宽度为 1，各截面面积由对应的线段长度决定。作用在 AB、CD 和 BC 截面上的总压力在 x 方向上的分量分别为

$$F_{AB,x} = p\delta \tag{5-10}$$

$$F_{CD,x} = \left(p + \frac{\partial p}{\partial x}\mathrm{d}x\right)(\delta + \mathrm{d}\delta) \tag{5-11}$$

$$F_{BC,x} = \left(p + \frac{1}{2}\frac{\partial p}{\partial x}\mathrm{d}x\right)\mathrm{d}\delta \tag{5-12}$$

其中，式（5-12）中的压力 $\left(p + \dfrac{1}{2} \cdot \dfrac{\partial p}{\partial x}\mathrm{d}x\right)$ 是 B 与 C 之间的平均压力。略去二阶微量，这三个总压力的合力为

$$F_x = F_{AB,x} + F_{BC,x} - F_{CD,x} = -\delta\frac{\partial p}{\partial x}\mathrm{d}x \tag{5-13}$$

另外，作用在壁面（$y=0$ 的平面）上的黏性切力为

$$F_\tau = \tau_{yx}\big|_{y=0}\mathrm{d}x \tag{5-14}$$

由于边界层外可认为没有速度梯度，所以可不考虑 BC 面上的黏性力。这样，将上述结果代入动量平衡方程，同时注意到边界层内的压力与 y 方向上的厚度无关，且 v_x 只是 y 的函数，动量率和压力表达式中的偏微分其实都是全微分，于是可得到如下形式的冯·卡门积分方程

$$\frac{\mathrm{d}}{\mathrm{d}x}\int_0^\delta \rho v_x^2 \mathrm{d}y - v_0 \frac{\mathrm{d}}{\mathrm{d}x}\int_0^\delta \rho v_x \mathrm{d}y = -\delta\frac{\mathrm{d}p}{\mathrm{d}x} - \tau_{yx}\big|_{y=0} \tag{5-15}$$

式（5-15）的推导中并没有对边界层的流动形态加以限制，所以此方程可以用于不同的流动形态，既适用于层流边界层，也适用于湍流边界层，只要求流体不可压缩。通常来说，式中的 v_0 是可测量，$\mathrm{d}p/\mathrm{d}x$ 也可以用能量守恒方程求出。在研究不可压缩流体平面层流边界层时，根据边界层的特性，在边界层外的流体流动速度 v_0 不随 x 变化，边界层某截面上的压力又可看成是同一截面外边界上压力，故 $\mathrm{d}p/\mathrm{d}x$ 是一个很小的量，可以忽略不计。同时由牛顿黏性定律

$$\tau_{yx}\big|_{y=0} = \eta \frac{\mathrm{d}v_x}{\mathrm{d}y} \tag{5-16}$$

所以，对于不可压缩流体平面层流边界层，式（5-15）变为

$$\frac{\mathrm{d}}{\mathrm{d}x}\Big[\int_0^\delta (v_0 - v_x) v_x \mathrm{d}y \Big] = \nu \frac{\mathrm{d}v_x}{\mathrm{d}y} \tag{5-17}$$

式（5-17）即为平面层流边界层的冯·卡门积分方程。由于冯·卡门积分方程是由一个小的有限控制体得出的，相对于 5.2 节的普朗特微分方程来说，它是一种近似求解方案，故称基于冯·卡门积分方程的解为近似解，而基于普朗特微分方程获得的解为精确解。

冯·卡门积分方程的求解比普朗特微分方程的求解过程要简单一些。为求解此式可以按经验先假设一个 v_x 随 y 变化的函数式 $v_x(y)$，然后代入方程确定函数中的待定参数，从而获得速度分布 $v_x(y)$ 的具体形式，以及边界层厚度分布 $\delta = \delta(x)$，并得到平面表面对流体流动的阻力等。例如，波尔豪森分析了该方程的特点，假设层流条件下速度 v_x 在 y 方向上的分布是一个三次函数，假设各项的系数分别为 a、b、c 和 d，即

$$v_x = a + by + cy^2 + dy^3 \tag{5-18}$$

对平板层流问题，式（5-18）中待定的常系数可由如下边界条件确定

$$y = 0 \text{ 时}, v_x = 0; y > \delta \text{ 时}, v_x = v_0; y > \delta \text{ 时}, \frac{\partial v_x}{\partial y} = 0; y = 0 \text{ 时}, \frac{\partial^2 v_x}{\partial y^2} = 0$$

其中第四个边界条件是由普朗特微分方程，即式（5-3）得到的，即

$$v_x \frac{\partial v_x}{\partial x} + v_y \frac{\partial v_x}{\partial y} = \nu \frac{\partial^2 v_x}{\partial y^2}$$

当 $y = 0$ 时有 $v_x = v_y = 0$，代入上式，故得

$$\frac{\partial^2 v_x}{\partial y^2}\bigg|_{y=0} = 0$$

由上述边界条件，式（5-18）中的各个系数很容易确定，最后可得流速在 x 方向上的分布公式

$$\frac{v_x}{v_0} = \frac{3}{2}\left(\frac{y}{\delta}\right) - \frac{1}{2}\left(\frac{y}{\delta}\right)^3 \qquad 0 < y < \delta \tag{5-19}$$

将此式代入式（5-17），可得

$$\delta \mathrm{d}\delta = \frac{140}{13} \cdot \frac{\nu}{v_0} \mathrm{d}x \tag{5-20}$$

此方程的边界条件为：当 $x = 0$ 时，$\delta = 0$，在此边界条件下解此微分方程，可得到边界层厚度 δ 在 x 方向上的变化为

$$\frac{\delta}{x} = 4.64 \sqrt{\frac{\nu}{xv_0}} = \frac{4.64}{\sqrt{Re_x}} \qquad (5\text{-}21)$$

进一步还可求得平板表面对流体流动的阻力为

$$F = \int_0^L \int_0^W \left(\eta \frac{\partial v_x}{\partial y} \right)_{y=0} \mathrm{d}x\mathrm{d}z = 0.646 \eta v_0 W \sqrt{Re_L} \qquad (5\text{-}22)$$

式中，L 是平板在 x 方向上的长度；W 是平板在 z 方向上的宽度，Re_L 是 $x=L$ 时的雷诺数

$$Re_L = \frac{\rho v_0 L}{\eta} = \frac{v_0 L}{\nu}$$

将本节积分方程的结果与 5.2 节微分方程的解相比较可知，二者相当接近。要提醒注意的是，本节中的式 (5-19)、式 (5-21) 及式 (5-22)，以及 5.2 节的式 (5-1) 和式 (5-8)，都是针对平板层流边界层，其适用条件一般为 $Re_L < 2 \times 10^5$，在应用中要注意验证该条件是否成立。

【例 5-1】 空气以流速 $v_0 = 6.2 \mathrm{m/s}$ 掠过宽度 $W = 40 \mathrm{cm}$ 的平板。空气温度为 15℃，压力为 1atm（约 101.325kPa），运动黏度 $\nu = 1.47 \times 10^{-5} \mathrm{m^2/s}$，密度为 $1.29 \mathrm{kg/m^3}$。视空气为不可压缩流体，求流入深度 $x = 30 \mathrm{cm}$ 的边界层厚度 δ，距板面高度为 2.1mm 处的空气流速以及平板的摩擦阻力。

解：对于流入深度 $x = 30 \mathrm{cm}$ 处，先要计算该处的雷诺数，判断流动状态是否为层流边界层。

$$Re_x = \frac{v_0 x}{\nu} = \frac{6.2 \times 0.3}{1.47 \times 10^{-5}} = 1.27 \times 10^5$$

由于 $Re_x < 2 \times 10^5$，所以是层流边界层，可由式 (5-21) 计算边界层厚度

$$\delta = \frac{4.64x}{\sqrt{Re_x}} = \frac{4.64 \times 0.3}{\sqrt{1.27 \times 10^5}} \mathrm{m} = 0.0039 \mathrm{m} = 3.9 \mathrm{mm}$$

空气流速可由式 (5-19) 计算

$$\frac{v_x}{v_0} = \frac{3}{2} \left(\frac{y}{\delta} \right) - \frac{1}{2} \left(\frac{y}{\delta} \right)^3 = \frac{3}{2} \left(\frac{2.1}{3.9} \right) - \frac{1}{2} \left(\frac{2.1}{3.9} \right)^3 = 0.73$$

故得 $v_x = 0.73 \times 6.2 \mathrm{m/s} = 4.53 \mathrm{m/s}$

平板阻力则由式 (5-22) 计算，得

$$F = 0.646 \eta v_0 W \sqrt{Re_x}$$

$$= (0.646 \times 1.29 \times 1.47 \times 10^{-5} \times 6.2 \times 0.4 \times \sqrt{1.27 \times 10^5}) \mathrm{N} = 0.011 \mathrm{N}$$

习　题

5-1 什么叫边界层？边界层理论的提出有何重要意义？

5-2 简述流体流经平板固体表面所形成的速度边界层的基本特征。

5-3 常压下温度为 30℃ 的空气以 10m/s 的流速流过一光滑平板表面，设临界雷诺数 $Re_{cr} = 3.2 \times 10^{-5}$，试判断距离平板前缘 0.4m 及 0.8m 两处的边界层是层流边界层还是湍流边界层？求层流边界层相应点处的

边界层厚度。

5-4 常压下，20℃的空气以 10m/s 的速度流过一平板，试用布拉修斯解求解距平板前缘 0.1m，$\dfrac{v_x}{v_\infty}=0$ 处的 y、δ、v_x、v_y 及 $\dfrac{\partial v_x}{\partial v_y}$。

5-5 动力黏度 $\eta=0.73\text{Pa}\cdot\text{s}$，密度 $\rho=925\text{kg/m}^3$ 的油，以 0.6m/s 速度平行流过一块长为 0.5m、宽为 0.15m 的光滑平板，求边界层最大厚度、摩擦阻力系数及平板所受的阻力为多少？

第2篇

热 量 传 输

拓展视频

熔盐塔式
光热发电站

热量传递简称传热，是自然界和工程技术领域普遍存在的一种传输过程。传热学是研究由温度差引起的热量传递规律的一门学科，主要包括热量的传递方式及在特定条件下热量传递与温度分布的相关规律，是现代科学技术的重要基础学科之一。大到尺寸为几十米的热动力设备，小到微纳米级别的微电子设备热管理、纳米功能器件中的温度控制等，都与传热学知识有关。传热学应用十分广泛，上至航空航天领域，下到深海潜艇航行和地热能的开采，都与传热学息息相关。几乎所有的工程领域，如材料、能源、动力、冶金、化工、电子、航空、机械等都会遇到一些在特定条件下的传热问题，甚至伴随相变和传质过程的复杂传热问题。在冶金领域，冶金化学反应都是高温的多相（气相、液相、固相）反应，都需控制在一定的温度下进行，离不开传热，且通常情况下传热过程是控制环节，热量的传递对冶金过程起着控制作用。在化工领域，化工生产中的许多过程和单元操作都与传热有关，如化学反应通常是在一定温度下进行的，因此需要向反应容器输入或移除热量以使其达到并保持一定的温度；化工设备的保温、生产过程中热能的合理应用以及废热的回收等都涉及传热。在电子技术领域，随着大规模集成电路集成密度的不断提高，电子器件的功率已经提高到百瓦量级以上，电子器件的冷却问题已经成为影响其寿命和可靠性以及向更高程度集成的关键技术之一。在航空动力领域，提高涡轮前燃气温度是增加航空发动机推重比、减少燃油消耗的重要举措，随之带来的发动机热端部件强化冷却以及发动机排气系统红外辐射抑制等关键技术都需要不断突破。

材料工程与传热关系尤为密切，材料制备与热加工等过程中的加热、熔化和凝固等物理化学过程都需要加热或冷却，半导体元器件的热管理与热设计，热量传输对其具有重要意义。热设计是高功率电子设备设计和制造的一个重要方面，随着电子器件的高频、高速以及集成电路技术的迅速发展，电子元器件的总功率密度大幅增长而物理尺寸却不断缩小，热流密度随之增大，高温环境势必影响电子元器件的性能，这就要求对其进行更加高效的热控制。如何解决电子元器件的散热问题对器件工作稳定性和寿命至关重要，电子元器件的高效散热问题，就是要对电子设备运行温度进行控制，涉及热量传输、材料导热特性等方面内容。材料焊接成形时，焊接热过程是影响焊接质量和生产效率的主要因素，焊接熔化时，被焊金属在热源作用下加热并局部熔化；当撤离热源后，金属开始冷却。对焊接热过程进行准确分析是进行焊接冶金分析、焊接应力分析及焊接热过程控制的前提。

根据传热机理不同，热量传递有三种基本方式：热传导、热对流和热辐射。根据具体情况，热量传递可以以其中一种方式进行，也可以是两种或三种方式同时进行。实际应用中的传热问题，主要是计算传递的热流量和确定物体内部各点温度的问题。热流量传递有增强传热和削弱传热两类，物体内部温度分布及其控制是计算热流量的关键，要解决传热问题，必须具备热传递规律的基础理论知识和分析传热问题的基本能力，掌握计算传热问题的基本方法。

第6章
热量传输的基本概念

本章知识结构图：

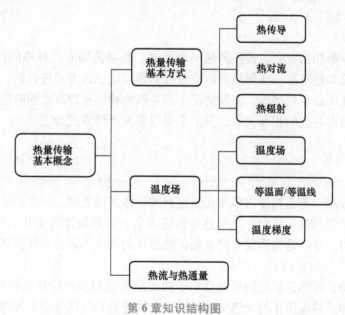

第6章知识结构图

6.1　热量传输的研究内容

　　传热学是一门研究热量传递规律的学科，既要解释热量是如何传递，也要计算热量传输的速率和预测热量传递的快慢程度。由于温差是热量传递的驱动力，要计算热量传递量，首先须知道所考虑对象的温度分布。因此，传热学的基本任务，一是求解温度分布，二是根据热量传递的基本原理和规律来计算热量传递的速率。传热学又区别于工程热力学，工程热力学主要研究热能的性质、热能与机械能及其他形式能量之间相互转换的规律，讨论的是平衡系统，它可以计算需要多少能量才能使系统从一个平衡态转变为另一个平衡态。由于实际的转变过程是非平衡态，工程热力学不能计算这一转变需要多长时间。而传热学则以热力学第一定律和第二定律为基础，再结合实验规律来研究热量传递的速率，不但可计算传递了多少热量，还可计算在多长时间内传递了这些热量。

材料制备、加工、成形过程多数情况下是通过热传递来实现。例如，凝固是将金属材料加热到熔融态，然后浇注到预制的型腔中，经过冷却凝固形成各种形状尺寸的金属件；塑性成形是将材料加热到塑性状态，通过外力等改变材料的性质，制备成各种零部件；焊接成形是通过局部加热，甚至熔化凝固，连接成各种金属构件。这些热传递过程及热传输中物体内部温度场变化规律对材料性能、质量及缺陷的控制有着重要影响，因此，研究热量传递速率及温度场分布对认识材料制备、加工、成形等过程的本质非常重要，如何让热量有效传递成为解决问题的关键。

根据物体温度是否随时间发生变化，可将传热过程分为稳态传热过程和非稳态传热过程。若物体中各点温度不随时间改变，则对应的传热过程称为稳态热传递过程；若物体中各点温度随时间改变，则对应的传热过程称为非稳态热传递过程。

6.2 热量传输的基本方式

工程上传热现象相当复杂，按照传热机理不同，热量传输有三种不同的基本传热方式，即热传导、热对流和热辐射。任何热量传输过程都是以这三种方式进行的，这三种传输方式在实际问题中往往不是单独出现，多数情况下都是以两种或三种方式同时进行，因此在处理实际问题时需要考虑它们的相互关系，分清主要以哪种传热方式为主。

6.2.1 热传导

热传导简称导热，是指物体内部或相互接触的物体表面之间，由于分子、原子及自由电子等微观粒子的无规则热运动而产生的热量传递现象。只要温度高于热力学温度 0K，物体就有热运动的能力。导热是物质固有的本领，热传导的发生不需要物体各部分之间有宏观的相对位移。

从微观上理解，导热是借助物质微观粒子的无序运动而实现的热量传递过程，但气体、液体、导电固体和非导电固体的导热机理不同。气体导热是气体分子不规则热运动时，不同能量的分子相互碰撞的结果；在导电固体的导热过程中，自由电子在晶格之间的运动起主要作用；非导电固体导热主要是通过晶格结构的振动，即原子或分子在其平衡位置附近的振动来实现，晶格结构振动的传递常称为格波或声子。对液体导热的理解有不同观点，一种观点认为液体定性上类似于气体，液体分子或原子之间的距离较近，之间的作用力影响比气体大；另一种观点认为液体导热类似于非导电固体导热，主要靠格波的作用。

当物体内部存在温度梯度时，能量就会通过热传导从温度高的区域传递到温度低的区域。例如，把铁棒的一端放在火中，由于铁棒具有良好的导热性能，另一端很快被加热。单位时间内通过单位面积的热流量称为热流密度或热通量，用 q 表示，单位为 W/m^2。据经验，热流密度与垂直传热截面方向的温度变化率成正比，即

$$q = \frac{Q}{A} = -\lambda \frac{\partial T}{\partial x} \tag{6-1}$$

上式称为傅里叶热传导定律。式中，负号是为了满足热力学第二定律，表示热量传递的方向同温度升高的方向相反；Q 是通过面积 A 的总热量，称为热流量，单位为 W；比例系数 λ 是材料的，又称导热系数，热导率，单位为 W/(m·K)；其数值大小反映材料的导热能力，导热系数越大，材料的导热能力就越强。

如图 6-1 所示的大平板稳态导热，由于是一维问题，且 Q 和 q 为常量，故 $\dfrac{\partial T}{\partial x} = \dfrac{\mathrm{d}T}{\mathrm{d}x}$ 为常数，这时

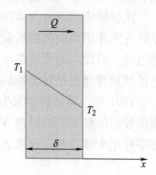

图 6-1　大平板的稳态导热

$$Q = -\lambda A \frac{\mathrm{d}T}{\mathrm{d}x} = \lambda A \frac{\Delta T}{\delta} \tag{6-2}$$

即稳态情况下流过大平板的导热量与平板的截面积和两侧的温差成正比，与平板的厚度成反比。

热量传递是自然界中的一种转移过程，各种转移过程有一个共同规律，即

$$过程中的转移量 = \frac{过程的动力}{过程的阻力}$$

如电学中的欧姆定律

$$I(电流) = \frac{U(电压)}{R(电阻)}$$

对于平板导热，类似地可写成

$$Q = \frac{\Delta T}{\delta/(\lambda A)} \tag{6-3}$$

即

$$热流量 = \frac{温差}{热阻}$$

这样导热过程中的导热热阻可表示为

$$R = \frac{\delta}{A\lambda} \tag{6-4}$$

对单位面积而言，面积热阻则为

$$R_\lambda = \frac{\delta}{\lambda} \tag{6-5}$$

导热热阻单位是 K/W，面积热阻的单位是 m²·K/W。可以看出，其形式与直流电路中的欧姆定律相似。

6.2.2　热对流

热对流是指由于流体的宏观运动，流体各部分之间发生相对位移，冷、热流体相互掺混而产生的热量传递过程。由于流体微团的宏观运动不是孤立的，与周围流体微团存在相互碰撞和相互作用，这时，除了有因流体各部分间宏观相对位移引起的热对流，流体分子的热运动还会产生导热过程，因此热对流必然伴随有导热现象。

在日常生活及工程实践中，主要研究流体流过温度不同的物体表面时引起的热量传递，这种情况称为对流换热。当实际流体流过物体表面时，由于黏性作用，紧贴物体表面的流体是静止的，热量传递只能依靠导热方式进行；流体离开物体表面，存在宏观运动，热对流方式将发生作用。所以，对流换热是热对流和导热两种基本传热方式共同作用的结果。对流换热概念在本质上有别于热对流，在实际工程应用中，普遍关心的问题是流体与固体壁面之间的热量传递，因此我们重点讨论对流换热。

流体的流动可分为强制对流和自然对流。强制对流是指流体由于受水泵、风机或其他压差等外力作用而引起的运动。自然对流则是由于流体冷、热各部分之间密度不同而导致的流体运动。因此，对流换热可分为强制对流换热和自然对流换热两种形式。另外，流体有相变时的热量传递也是对流换热研究的范畴，如液体在热表面上沸腾或蒸汽在冷表面上凝结。

1701 年，英国科学家牛顿提出，当物体受到流体冷却时，表面温度对时间的变化率与流体和物体表面间的温差 ΔT 成正比。无论是强制对流换热还是自然对流换热，对流换热的速率可用牛顿冷却定律来表述，其形式为

$$q = h\Delta T \tag{6-6}$$

式中，ΔT 为流体与物体表面间的温差，约定为正。当流体被加热时，$\Delta T = T_w - T_f$；当流体被冷却时，$\Delta T = T_\infty - T_w$。$T_w$ 为物体表面温度，T_∞ 为流体温度，单位为 K 或 ℃；h 为表面传热系数，单位为 $W/(m^2 \cdot K)$。

式（6-6）同样可表示成热阻的形式，即

$$Q = \frac{\Delta T}{\dfrac{1}{Ah}} \tag{6-7}$$

式中，$\dfrac{1}{Ah}$ 为对流换热热阻，类似于电阻的作用，单位是 K/W。

式（6-6）是表面传热系数的定义式，并没有指出具体的计算方法，也没有揭示对流换热过程中各因素的内在联系，只是把影响对流换热的诸多因素都集中在表面传热系数 h 之中。影响表面传热系数的因素很多，包括流体的物性（如导热系数、黏度、密度、比热容等），流动的形态（层流、湍流），流动的成因（自然对流或强制对流），物体表面的形状与尺寸，传热时流体有无相变（沸腾或凝结）等。研究对流换热的基本任务就是用理论分析或实验方法得出不同情况下表面传热系数的计算关系式。一些对流换热过程中 h 值的大致范围见表 6-1。由表 6-1 可知，水的表面传热系数比空气的大，强制对流换热的表面传热系数比自然对流要大，有相变的表面传热系数比无相变的大。

表 6-1　表面传热系数的大致范围

对流换热类型	表面传热系数 $h/W \cdot (m^2 \cdot K)^{-1}$
空气自然对流	1~20
水自然对流	200~1000
空气强制对流	20~200
高压水蒸气强制对流	1000~15000
水强制对流	500~15000

（续）

对流传热类型	表面传热系数 $h/\mathrm{W} \cdot (\mathrm{m}^2 \cdot \mathrm{K})^{-1}$
水沸腾	2500~50000
水蒸气凝结（在垂直面上）	4000~11000
水蒸气凝结（在水平管外）	9000~50000

6.2.3　热辐射

一切温度高于 0K 的物体都会以电磁波的方式发射具有一定能量的微观粒子，即光子，这样的过程称为辐射，光子所具有的能量称为辐射能。所以辐射是物体通过电磁波传递能量的方式。物体会因不同的原因发出辐射能，由于热的原因而发出辐射能的现象称为热辐射，这时辐射能是由物体内能转化而来的，物体的温度越高，其辐射能力越强。

自然界中的物体都不停地向空间发出热辐射，也不断地吸收其他物体发出的热辐射，其综合过程即为辐射传热。热传导和热对流两种传热方式必须借助于介质才能进行，而辐射可以在无中间介质的真空中进行，并且真空越高，热辐射传递效果越好。物体进行辐射传热时，内能和辐射能将相互转换，一方面物体将内能转换为辐射能而辐射出去，另一方面又将吸收到的辐射能转换为内能，在能量转移过程中还存在热能→辐射能→热能的转换。物体间以热辐射方式进行的热量传递是双向的，当两个物体温度不同时，高温物体向低温物体辐射热能，低温物体也向高温物体辐射热能；即使两个物体温度相等，辐射传热量等于零，它们之间的热辐射交换也仍在进行，只不过是处于动态平衡状态。

物体表面发出的热辐射能量，取决于热力学温度和表面性质，同一温度下不同物体的辐射与吸收本领也大不一样。在热辐射研究过程中，黑体的概念具有重要的意义。黑体是能吸收投入其表面上所有热辐射能的物体，是一种理想化的物体，这种物体的吸收本领和辐射本领在同温度的物体中最大。黑体在单位时间内发出的热辐射能用斯忒藩-玻耳兹曼定律计算，即

$$Q = A\sigma T^4 \tag{6-8}$$

式中，A 是辐射表面积，单位为 m^2；T 是黑体的热力学温度，单位为 K；σ 是斯忒藩-玻耳兹曼（Stefan-Boltzman）常数，也称黑体辐射常数，$\sigma = 5.67 \times 10^{-8}$ $\mathrm{W}/(\mathrm{m}^2 \cdot \mathrm{K}^4)$。

有了黑体的概念后，实际物体的辐射能力就可由黑体的辐射能力进行修正

$$Q = \varepsilon A\sigma T^4 \tag{6-9}$$

式中，ε 为物体的发射率，或称黑度。一切实际物体的辐射能力都小于同温度下的黑体，即 $\varepsilon \leqslant 1$。

两个表面间辐射传热量的计算较为复杂，需要考虑各表面辐射的热量和吸收的热量的总和。当一个面积为 A_1、发射率为 ε_1、温度为 T_1 的表面被另一个温度为 T_2 的大得多的表面包围时，通常两表面间的辐射热流量为

$$Q = \varepsilon_1 A_1 \sigma (T_1^4 - T_2^4) \tag{6-10}$$

【例6-1】　有三块分别由纯铜、碳钢和硅藻土砖制成的大平板，它们的厚度都为 $\delta = 25\mathrm{mm}$，两侧表面的温差都维持为 $\Delta T = T_{w1} - T_{w2} = 100℃$。试求通过每块平板的导热热流

69

密度。纯铜、碳钢和硅藻土砖的导热系数分别为 $\lambda_1 = 398W/(m \cdot K)$，$\lambda_2 = 40W/(m \cdot K)$ 和 $\lambda_3 = 0.242W/(m \cdot K)$。

解：这是通过大平板的一维稳态导热问题，根据式（6-2），对于纯铜板，热流密度为

$$q_1 = \lambda_1 \frac{T_{w1} - T_{w2}}{\delta} = 398 \times \frac{100}{0.025} W/m^2 = 1.59 \times 10^6 W/m^2$$

对于碳钢板

$$q_2 = \lambda_2 \frac{T_{w1} - T_{w2}}{\delta} = 40 \times \frac{100}{0.025} W/m^2 = 1.6 \times 10^5 W/m^2$$

对于硅藻土砖

$$q_3 = \lambda_3 \frac{T_{w1} - T_{w2}}{\delta} = 0.242 \times \frac{100}{0.025} W/m^2 = 9.68 \times 10^2 W/m^2$$

由计算可见，由于上述三种材料的导热系数各不相同，即使在相同的条件下，通过它们的热流密度也不相同。通过纯铜的热流密度是通过硅藻土砖热流密度的 1600 多倍。

【例 6-2】 一室内暖气片的散热面积为 $A = 2.5 m^2$，表面温度为 $T_w = 50℃$，与温度为 20℃ 的室内空气之间自然对流换热的表面传热系数为 $h = 5.5W/(m^2 \cdot K)$。试计算该暖气片的对流散热量。

解：暖气片和室内空气之间是稳态的自然对流换热，根据式（6-6），得

$$Q = Ah(T_w - T_f) = [2.5 \times 5.5 \times (50 - 20)]W = 412.5W$$

故该暖气片的对流散热量为 412.5W。

【例 6-3】 若例 6-2 中暖气片的发射率为 $\varepsilon_1 = 0.8$，室内墙壁温度为 20℃，试计算该暖气片和室内墙壁的辐射传热量。

解：由于墙壁面积比暖气片大得多，由式（6-9）两者间的辐射传热量为

$$Q = \varepsilon_1 A_1 \sigma (T_1^4 - T_2^4) = [0.8 \times 2.5 \times 5.67 \times 10^{-8} \times (323^4 - 293^4)]W = 398.5W$$

可见，此暖气片和室内的对流散热量和辐射散热量大致相当。

6.3 温度场及其描述

6.3.1 温度场

温度场是指某一时刻空间（或物体内）所有各点温度分布的总称。求解导热问题的关键之一是得到所讨论对象的温度场，由温度场可以得到某一点的温度梯度和导热量。

温度场是数量场，可以用一个数量函数表示。一般来说，温度场是空间坐标和时间的函数，在直角坐标系中，温度场可表示为

$$T = f(x, y, z, t) \tag{6-11}$$

依照温度分布是否随时间而变，可将温度场分为稳态温度场和非稳态温度场。稳态温度场是指稳态情况下的温度场，这时物体中各点温度不随时间改变，温度分布只与空间位置有关，即

$$T = f(x,y,z) \tag{6-12}$$

稳态温度场中的导热称为稳态导热，其温度对时间的偏导数为零。

非稳态温度场是指变动工作条件下的温度场，这时物体中各点温度分布随时间改变。非稳态温度场中的导热称为非稳态导热，其温度对时间的偏导数不为零。显然，非稳态导热的计算比稳态导热的计算更加复杂。材料工程中许多导热过程为非稳态，例如，金属材料热处理与热加工，工件被加热或冷却等都属于非稳态导热。

根据温度在空间三个坐标方向的变化情况，可将温度场分为一维温度场、二维温度场和三维温度场。

6.3.2　等温线（面）

同一时刻物体温度场中温度相同的点（或线）连成的线（或面）称为等温线（或等温面）。在三维情况下可以画出物体中的等温面，而等温面上的任何一条线都是等温线。二维情况下的等温面则变为等温曲线。选择一系列不同且特定的温度值，就可以得到一系列不同的等温线或等温面，它们可以用来表示物体的温度场图。由于同一时刻物体中任一点不可能具有两个温度值，因此不同的等温线或等温面不可能相交。图 6-2 所示为用等温线表示的铸件温度场，由图 6-2 所示可见，等温线是连续的，它只能中断在物体边界（内部边界和外部边界）。在连续介质中，等温线要么形成一条封闭的曲线，要么终止在物体表面上。

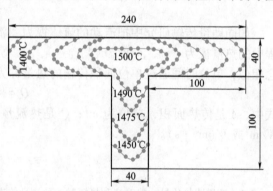

图 6-2　用等温线表示的铸件温度场

6.3.3　温度梯度

物体中等温线较密集的地方，温度变化率较大，导热热流密度也较大。如图 6-3 所示，温度变化率沿不同方向一般不同，温度沿某一方向上的变化率在数学上可以用该方向上温度对坐标的偏导数来表示，即

$$\frac{\partial T}{\partial x} = \lim_{\Delta x \to 0} \frac{\Delta T}{\Delta x} \tag{6-13}$$

在各个不同方向的温度变化率中，有一个方向的变化率最大，这个方向是等温线或等温面的法线方向，在数学上用矢量来表示该方向的变化率，即

$$\mathrm{grad}\,T = \frac{\partial T}{\partial n} n \tag{6-14}$$

式中，$\mathrm{grad}\,T$ 为温度梯度；$\dfrac{\partial T}{\partial n}$ 为等温面法线方向的温度变化率；n 为等温面法线方向的单位矢量，指向温度增加的方向。

温度梯度是矢量，沿等温面的法线指向温度增加的方向，如图 6-3 所示。在直角坐标系

中，温度梯度可表示为

$$\mathrm{grad}\,T = \frac{\partial T}{\partial x}\boldsymbol{i} + \frac{\partial T}{\partial y}\boldsymbol{j} + \frac{\partial T}{\partial z}\boldsymbol{k} \qquad (6\text{-}15)$$

式中，$\dfrac{\partial T}{\partial x}$、$\dfrac{\partial T}{\partial y}$、$\dfrac{\partial T}{\partial z}$ 分别为温度对 x、y、z 轴方向的偏导数；$\boldsymbol{i}$、$\boldsymbol{j}$、$\boldsymbol{k}$ 分别为 x、y、z 轴方向的单位矢量。

若引入哈米尔顿（Hamilton）算子 ∇，即

$$\nabla = \frac{\partial}{\partial x}\boldsymbol{i} + \frac{\partial}{\partial y}\boldsymbol{j} + \frac{\partial}{\partial z}\boldsymbol{k} \qquad (6\text{-}16)$$

则

$$\mathrm{grad}\,T = \nabla T \qquad (6\text{-}17)$$

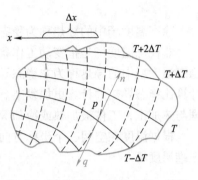

图 6-3 温度梯度与热流矢量、等温线（实线）与热流线（虚线）

6.4 热流与热通量

如同动量传输研究中把流动的流体视为"流"，在热量传输研究中也可以把正在传输过程中的热量视为"流"，单位时间通过某空间截面的热量称为热流或热流量；与动量通量概念相似，单位时间通过单位面积传输的热量称为热通量或热流密度。因此

$$Q = Aq \qquad (6\text{-}18)$$

式中，A 是传热面积，单位为 m^2；Q 是热流量，单位为 W 或 J/s；q 是热流密度，单位为 $\mathrm{W/m}^2$ 或 $\mathrm{J/(m^2 \cdot s)}$。

习 题

6-1 试说明热传导、热对流和热辐射三种热量传递基本方式之间的联系与区别。

6-2 试说明热对流与对流换热之间的联系与区别。

6-3 请用生活和生产中的实例说明导热、对流换热、辐射传热与哪些因素有关。

6-4 材料工程领域有哪些热量传输现象？试分析热量传输方式。

6-5 论述温度和传热在材料热加工（铸造、锻压、焊接、热处理等）中的地位和作用。

6-6 当铸件在砂型中冷却凝固时，由于铸件收缩导致铸件表面与砂型间产生气隙的空气是停滞的，试问通过气隙有哪几种基本热量传递方式？

6-7 导热系数（热导率）和表面传热系数是物性参数吗？试写出它们的定义式，并说明其物理意义。

6-8 平壁的导热热阻与哪些因素有关，试写出其表达式。

6-9 从传热的角度出发说明暖气片和家用空调机分别放在室中什么位置合适。

6-10 试说明暖水瓶的散热过程与保温机理。

6-11 在用氧乙炔割炬切割钢板过程中，钢板经历的热量传递过程是稳态的还是非稳态的？

6-12 在深秋晴朗无风的夜晚，气温高于 0℃，但清晨却看见草地上披上一层白霜，但如果阴天或有风，在同样的气温下草地却不会出现白霜，试解释这种现象。

6-13 在有空调的房间内，夏天和冬天的室温均控制在 20℃，夏天只需穿衬衫，但冬天穿衬衫会感到冷，这是为什么？

6-14 为什么计算机主机箱中 CPU 处理器上和电源旁要加风扇？

6-15 根据热力学第二定律，热量总是从高温物体传向低温物体。但辐射传热时，低温物体也向高温物体辐射热量，这是否违反热力学第二定律？

6-16 用厚度为 δ 的两块薄玻璃组成的具有空气夹层的双层玻璃窗和用厚度为 2δ 的一块厚玻璃组成的单层玻璃窗，其传热效果有何差别？试分析存在差别的原因。

第7章

导热

本章知识结构图见下页。

7.1 导热基本定律

7.1.1 傅里叶定律

视频3

描述导热现象规律的基本定律为傅里叶定律，由法国科学家傅里叶于1822年，在总结实验和实践经验的基础上，运用数学方法演绎得出，该定律把物体内部温度变化率和热流量联系了起来，即

$$Q = -\lambda A \frac{\partial T}{\partial x} \quad \text{或} \quad q = -\lambda \frac{\partial T}{\partial x} \tag{7-1}$$

式中，λ 是固体的导热系数，单位为 W/(m·K)；$\frac{\partial T}{\partial x}$ 是 x 方向上的温度梯度；A 是传热面积，单位为 m^2；Q 为热流量，即单位时间内通过面积 A 传导的热量，单位为 J/s 或 W。负号表示热量传输方向与温度梯度方向相反，即热量由高温向低温传输。

傅里叶热传导定律的物理意义为：热传导时，单位时间内通过给定面积的热量，正比于垂直于导热方向的截面积及其温度变化率。一旦物体内部温度分布已知，根据傅里叶热传导定律，则可求出各点的热流量或热流密度。

傅里叶热传导定律中的热量、温度变化都是有方向的物理量，因此傅里叶热传导定律采用向量的形式可更完整地表达。用向量表示的傅里叶热传导定律的数学公式为

$$Q = -\lambda A \operatorname{grad} T = -\lambda A n \frac{\partial T}{\partial n}$$

或

$$q = -\lambda n \frac{\partial T}{\partial n} \tag{7-2}$$

式中，n 是单位矢量。

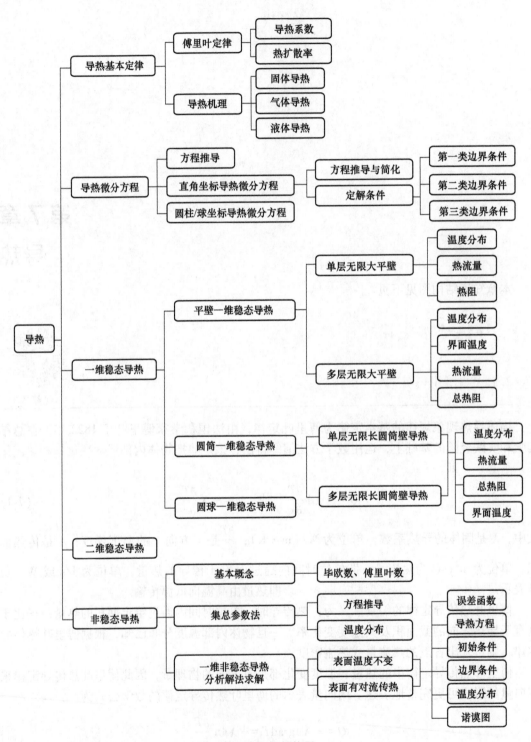

第 7 章知识结构图

　　傅里叶热传导定律是热传导理论的基础，是普遍适用的实验定律。无论是否改变物理性质或是否有内热源，不论物体的几何形状如何，不论是否非稳态，也不论物质的形态，傅里叶热传导定律都适用。

7.1.2　导热系数

导热系数（即热导率）表示物质导热能力的大小，是重要的热物性参数。由式（7-2），导热系数的定义式为

$$\lambda = -\frac{q}{\mathrm{grad}\,T} \tag{7-3}$$

由此可知，导热系数在数值上等于温度梯度的绝对值为 $1\mathrm{K/m}$ 时的热流密度，单位为 $\mathrm{W/(m \cdot K)}$。它表征了物质导热能力的大小，是物性参数，取决于物质的种类和热力学状态（温度、压力等）。

由 x 方向的傅里叶定律可以得出

$$\lambda = -\frac{Q}{A} \Big/ \frac{\partial T}{\partial x} \tag{7-4}$$

根据一维稳态平壁导热模型，可以采用平板法测量物质的导热系数。如图 7-1 所示的大平板一维稳态导热，流过平板的热流量与平板两侧温度和平板厚度之间的关系为

$$Q = \lambda A \frac{T_1 - T_2}{\delta}$$

若通过实验测出了流过平板的热流量、平板两侧温度和平板厚度，则可得到材料的导热系数为

$$\lambda = \frac{Q}{A} \cdot \frac{\delta}{T_1 - T_2} = \frac{q\delta}{T_1 - T_2} \tag{7-5}$$

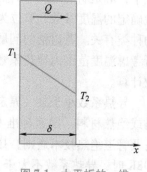

图 7-1　大平板的一维稳态导热

从微观角度看，气体导热、固体导热和液体导热在机理上是不同的。按照热力学的观点，温度是物体微观粒子平均动能大小的标志，温度越高，微观粒子的平均动能越大。当物体内部或相互接触的物体表面之间存在温差时，高温处的微观粒子就会通过运动或碰撞将热量传递到低温处。例如，气体中分子、原子的不规则热运动或碰撞，金属中自由电子的运动，非金属中晶格的振动等，所以，气体导热是通过分子不规则热运动时相互碰撞来实现的。导热固体可分为导电固体和非导电固体两种，对于导电固体，自由电子在晶格之间像气体分子那样运动而传递能量；对于非导电固体，能量传递依赖于晶格结构的振动，即原子、分子在平衡位置附近的振动。液体的导热机理在定性上类似于气体，但比气体的情况要复杂得多。本篇只讨论热量传递的宏观规律，而不讨论导热的微观机理。

导热系数是物质的固有特性，影响导热系数的主要因素包括物质种类、物质所处的温度和压力，与材料的几何形状没有关系。在一般工程应用的压力范围内，也可以认为导热系数与压力无关。工程上常用材料在特定温度下的导热系数见书后附录。特殊材料或特殊条件下的导热系数，可查阅有关手册。

通常情况下，金属导热系数比非金属导热系数要大得多；导电性能好的金属，其导热性能也好，如银是良好导电体，也是良好导热体；纯金属的导热系数大于其合金的导热系数，

这主要是由于合金中的杂质（或其他金属）破坏了晶格的结构，并且能阻碍自由电子的运动。例如，纯铜在 20℃ 温度下的导热系数为 398W/（m·K），而黄铜的导热系数只有 109W/（m·K）。

对于同一种物质，固态时的导热系数值最大，气态时的导热系数值最小。例如，同样在温度为 0℃ 的条件下，冰的导热系数为 2.22W/（m·K），水的导热系数为 0.551W/（m·K），而水蒸气的导热系数为 0.0183W/（m·K）。所以，气体的导热系数一般都很小，导热系数最大的气体是氢气，常作为冷却介质。

一些物质的导热系数随温度的变化情况如图 7-2 所示。大多数材料的导热系数对温度的依变关系可近似采用线性关系计算，即

$$\lambda = \lambda_0 (1 + bT) \tag{7-6}$$

式中，λ_0 是材料在 0℃ 时的导热系数；b 是由实验确定的温度常数，单位为 1/℃，其数值与物质的种类有关。若讨论的问题温差不是很大，可取所考虑温度范围内导热系数的平均值，并作为常数计算。

导热系数小于某一界定值的材料称为保温材料或绝热材料。国家标准 GB/T 4272—2008《设备及管道绝热技术通则》中规定，将平均温度为 298K 时，导热系数不大于 0.08W/（m·K）的材料定为保温材料。例如，膨胀塑料、膨胀珍珠岩、矿渣棉等都是很好的保温材料。常温下空气的导热系数为 0.0257W/（m·K），也是很好的保温材料。

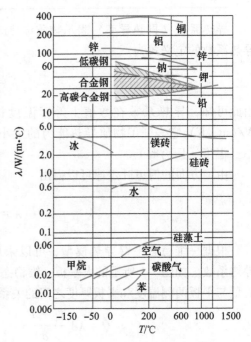

图 7-2　一些物质的导热系数随
温度的变化

7.1.3　热扩散率

傅里叶导热定律也可以写成如下形式

$$q = -\frac{\lambda}{\rho c_p} \cdot \frac{\partial (\rho c_p T)}{\partial x} = -a \frac{\partial (\rho c_p T)}{\partial x} \tag{7-7}$$

式中，a 是热扩散率，又称热量传输系数，$a = \dfrac{\lambda}{\rho c_p}$ 单位为 m²/s；$\rho c_p T$ 表示温度为 T 的物体单位体积的热量；$\dfrac{\partial (\rho c_p T)}{\partial x}$ 是单位体积物体的热量梯度。

由上可知，热扩散率 a 与导热系数 λ 成正比，与物体的密度 ρ 和比定压热容 c_p 成反比；热扩散率是重要的物性参数，综合了物体的导热能力和物体自身的焓，表征了物体内热量传输的能力。热扩散率的物理意义是温度随时间变化时物体内部热量传播速度的大小在非稳态导热中，物体的焓随时间而变化，同时又进行热量的传导，热扩散率把这两个因素有机统一起来。

热扩散率越大，物体内热传播速度也越快。因此，热扩散率是非稳态导热的重要物性参数。在稳定导热时，物体内的焓不变，只需要考虑导热系数。

根据材料热扩散率不同，热加工工艺中可控制工件的质量。例如，铸造时由于金属的热扩散率比砂型大几十倍，铸件在金属型中要比砂型中冷却速度快，从而可以获得表面质量不同的铸件。

7.2 导热微分方程

热传导研究的重要任务就是确定导热体内部的温度分布，即物体在特定条件下，$T = f(x, y, z, t)$ 的具体函数关系。若由温度场得到温度梯度，就可以根据傅里叶导热定律求出热流密度，故获得温度场是求解导热问题的关键。导热微分方程是用数学方法描述导热温度场的一般性规律的方程，很多问题都可以通过求解微分方程而得到物体内部温度分布。

对于一维稳态导热，直接利用傅里叶导热定律，可以计算一些简单形状物体的导热问题，如稳定的平壁导热、圆筒壁导热、球壁导热的热流和温度分布。但是对于复杂的几何形状和不稳定情况下的导热问题，仅用傅里叶导热定律往往无法解决，必须以能量守恒定律和傅里叶导热定律为基础，建立导热微分方程，然后结合具体条件求得导热体内部的温度分布。为了简化分析，做如下假设：

1）所讨论的导热体（固体或静止流体）是由各向同性的均匀材料组成，其导热系数 λ、比定压热容 c_p 和密度 ρ 都是常数。

2）物体内部存在均匀内热源（如电热元件发热、合金凝固放出潜热等），内热源强度（单位时间单位体积的生成热）为 $\dot{\Phi}$。

采用直角坐标系，在导热体中取一微元体 $\mathrm{d}x\mathrm{d}y\mathrm{d}z$。根据能量守恒原理，单位时间内导入微元体的热量减去导出微元体的热量，再加上微元体内热源的生成热即等于微元体内能的增量。微元体的热平衡式可以表示为下列形式：

[微元体热量积累] = [导入微元体热量] − [导出微元体热量] + [微元体内热源生成热]

7.2.1 直角坐标导热微分方程

图 7-3 所示为直角坐标系下微元平行六面体，以此为研究对象，根据能量守恒得到

$$\mathrm{d}\Phi_{\mathrm{in}} + \mathrm{d}Q = \mathrm{d}\Phi_{\mathrm{out}} + \mathrm{d}U \qquad (7\text{-}8)$$

式中，$\mathrm{d}\Phi_{\mathrm{in}}$ 为导入微元体的总热流量；$\mathrm{d}Q$ 为微元体内热源的生成热；$\mathrm{d}\Phi_{\mathrm{out}}$ 为导出微元体的总热流量；$\mathrm{d}U$ 为微元体热力学能（即内能）的增量。

通过 $x=x$、$y=y$、$z=z$ 三个表面导入微元体的热量为

$$\mathrm{d}\Phi_{\mathrm{in}} = \mathrm{d}\Phi_x + \mathrm{d}\Phi_y + \mathrm{d}\Phi_z \qquad (7\text{-}9)$$

通过 $x=x+\mathrm{d}x$、$y=y+\mathrm{d}y$、$z=z+\mathrm{d}z$ 三个表面导出微

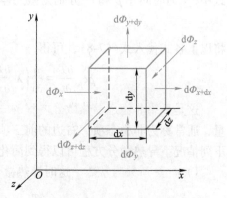

图 7-3 微元平行六面体中的热平衡分析

元体的热量为

$$d\Phi_{out} = d\Phi_{x+dx} + d\Phi_{y+dy} + d\Phi_{z+dz} \tag{7-10}$$

由傅里叶定律，导入微元体的热流量可表示为

$$\begin{cases} d\Phi_x = q_x dydz = -\lambda \dfrac{\partial T}{\partial x}dydz \\[2mm] d\Phi_y = q_y dxdz = -\lambda \dfrac{\partial T}{\partial y}dxdz \\[2mm] d\Phi_z = q_z dxdy = -\lambda \dfrac{\partial T}{\partial z}dxdy \end{cases} \tag{7-11}$$

在所研究的范围内，热流密度 q 是连续函数，所以可以展开成泰勒级数，即

$$q_{x+dx} = q_x + \frac{\partial q_x}{\partial x}dx + \frac{\partial^2 q_x}{\partial x^2}\frac{dx^2}{2!} + \cdots \tag{7-12}$$

其中 dx 为无穷小量，可略去二阶导数以后的各项，所以可以近似地取级数的前两项，即

$$q_{x+dx} = q_x + \frac{\partial q_x}{\partial x}dx \tag{7-13}$$

由此可得

$$d\Phi_{x+dx} = q_{x+dx}dydz = q_x dydz + \frac{\partial q}{\partial x}dxdydz = d\Phi_x + \frac{\partial}{\partial x}\left(-\lambda\frac{\partial T}{\partial x}\right)dydzdx$$

这样导出微元体的热流量可表示为

$$\begin{cases} d\Phi_{x+dx} = d\Phi_x + \dfrac{\partial}{\partial x}\left(-\lambda\dfrac{\partial T}{\partial x}\right)dydzdx \\[2mm] d\Phi_{y+dy} = d\Phi_y + \dfrac{\partial}{\partial y}\left(-\lambda\dfrac{\partial T}{\partial y}\right)dxdzdy \\[2mm] d\Phi_{z+dz} = d\Phi_z + \dfrac{\partial}{\partial z}\left(-\lambda\dfrac{\partial T}{\partial z}\right)dxdydz \end{cases} \tag{7-14}$$

微元体热力学能的增量可表示为

$$dU = \rho c_p \frac{\partial T}{\partial t}dxdydz \tag{7-15}$$

式中，t 为时间；ρ 和 c_p 分别为微元体的密度和比热容。微元体内热源的生成热为

$$dQ = \dot{\Phi}dxdydz \tag{7-16}$$

将以上各式代入式 (7-8)，可得

$$\rho c_p \frac{\partial T}{\partial t} = \frac{\partial}{\partial x}\left(\lambda\frac{\partial T}{\partial x}\right) + \frac{\partial}{\partial y}\left(\lambda\frac{\partial T}{\partial y}\right) + \frac{\partial}{\partial z}\left(\lambda\frac{\partial T}{\partial z}\right) + \dot{\Phi} \tag{7-17}$$

这是三维非稳态导热微分方程的一般形式。等号左边为单位时间内微元体热力学能的增量，通常称为非稳态项；右边的前三项是扩散项，是由导热引起的；最后一项是热源项。在下列情况下导热微分方程可以得到简化。

1) 导热系数为常数，这时导热微分方程的一般形式为

$$\frac{\partial T}{\partial t} = a\left(\frac{\partial^2 T}{\partial x^2} + \frac{\partial^2 T}{\partial y^2} + \frac{\partial^2 T}{\partial z^2}\right) + \frac{\dot{\Phi}}{\rho c_p} \tag{7-18}$$

式中，a 为热扩散率，$a = \dfrac{\lambda}{\rho c_p}$。从热扩散率 a 的定义可知，较大的 a 值可由较大的 λ 值或较小的 ρc_p 值得到。λ 越大，单位温度梯度下导入的热量就越多；ρc_p 是单位体积的物体升高 1℃所需的热量，若 ρc_p 的值小，意味着温度升高 1℃所需的热量就少，可以剩下更多的热量向内部传递。由此可知，a 越大，热量传播越迅速。式（7-18）对稳态、非稳态及无内热源的问题都适用。

式（7-18）也可写成

$$\frac{\partial T}{\partial t} = a\,\nabla^2 T + \frac{\dot{\Phi}}{\rho c_p} \tag{7-19}$$

式中，∇^2 为拉普拉斯算子，在直角坐标系中

$$\nabla^2 = \frac{\partial^2}{\partial x^2} + \frac{\partial^2}{\partial y^2} + \frac{\partial^2}{\partial z^2}$$

2）无内热源，导热系数为常数时，式（7-18）为

$$\frac{\partial T}{\partial t} = a\left(\frac{\partial^2 T}{\partial x^2} + \frac{\partial^2 T}{\partial y^2} + \frac{\partial^2 T}{\partial z^2} \right) \tag{7-20}$$

这是常物性、无内热源的三维非稳态导热微分方程。

3）常物性、稳态导热条件下，式（7-18）变为

$$\frac{\partial^2 T}{\partial x^2} + \frac{\partial^2 T}{\partial y^2} + \frac{\partial^2 T}{\partial z^2} + \frac{\dot{\Phi}}{\lambda} = 0 \tag{7-21}$$

数学上，式（7-21）称为泊桑（Poisson）方程。这是常物性、稳态且有内热源的三维导热微分方程。

4）常物性、稳态、无内热源条件下，式（7-18）简化为

$$\frac{\partial^2 T}{\partial x^2} + \frac{\partial^2 T}{\partial y^2} + \frac{\partial^2 T}{\partial z^2} = 0 \tag{7-22}$$

式（7-22）为无内热源的三维稳态导热微分方程式，又称拉普拉斯（Laplace）方程，是研究稳态导热最基本的方程式。

7.2.2　圆柱坐标系和球坐标系的导热微分方程

当研究的对象是圆柱状（如圆柱、圆筒壁等）物体时，采用圆柱坐标系（r，φ，z）比较方便，如图 7-4 所示。采用与直角坐标系相同的方法，分析圆柱坐标系中微元体在导热过程中的热平衡，可推导出圆柱坐标系中的导热微分方程，结果如下。

$$\rho c_p \frac{\partial T}{\partial t} = \frac{1}{r} \frac{\partial}{\partial r}\left(\lambda r \frac{\partial T}{\partial r} \right) + \frac{1}{r^2} \frac{\partial}{\partial \varphi}\left(\lambda \frac{\partial T}{\partial \varphi} \right) + \frac{\partial}{\partial z}\left(\lambda \frac{\partial T}{\partial z} \right) + \dot{\Phi} \tag{7-23}$$

当 λ 为常数时，式（7-23）可简化为

$$\frac{\partial T}{\partial t} = a\left(\frac{\partial^2 T}{\partial r^2} + \frac{1}{r} \frac{\partial T}{\partial r} + \frac{1}{r^2} \frac{\partial^2 T}{\partial \varphi^2} + \frac{\partial^2 T}{\partial z^2} \right) + \frac{\dot{\Phi}}{\rho c_p} \tag{7-24}$$

当研究对象是球状物体时，采用如图 7-5 所示的球坐标系（r，θ，φ）比较方便，类似

地球坐标系中的导热微分方程为

$$\rho c_p \frac{\partial T}{\partial t} = \frac{1}{r^2}\frac{\partial}{\partial r}\left(\lambda r^2 \frac{\partial T}{\partial r}\right) + \frac{1}{r^2\sin\theta}\frac{\partial}{\partial \theta}\left(\lambda\sin\theta\frac{\partial T}{\partial \theta}\right) + \frac{1}{r^2\sin^2\theta}\frac{\partial}{\partial \varphi}\left(\lambda\frac{\partial T}{\partial \varphi}\right) + \dot{\Phi} \qquad (7\text{-}25)$$

当 λ 为常数时，上式可简化为

$$\frac{\partial T}{\partial t} = a\left[\frac{1}{r}\frac{\partial^2(rT)}{\partial r^2} + \frac{1}{r^2\sin\theta}\frac{\partial}{\partial \theta}\left(\sin\theta\frac{\partial T}{\partial \theta}\right) + \frac{1}{r^2\sin^2\theta}\frac{\partial^2 T}{\partial \varphi^2}\right] + \frac{\dot{\Phi}}{\rho c_p} \qquad (7\text{-}26)$$

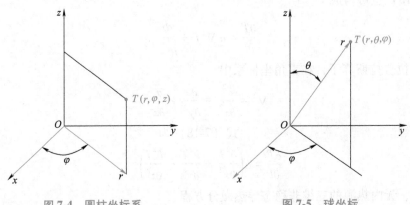

图 7-4　圆柱坐标系　　　　　图 7-5　球坐标

　　傅里叶导热定律描述了导热物体内部的温度梯度和热流密度之间的关系，而导热微分方程式则描述了导热物体内部温度随时间和空间变化的一般关系。通过求解导热微分方程可以得到温度在导热体中的分布，进而根据傅里叶导热定律可以得到热流量。因此两式在求解导热问题时相互辅助。

　　实际中，许多问题往往是以上一般导热微分方程所描述问题的特例，如对于简单的一维稳态导热，导热微分方程可简化为 $\frac{\mathrm{d}^2 T}{\mathrm{d}x^2}=0$；而这时傅里叶导热定律表达式 $q=-\lambda\frac{\mathrm{d}T}{\mathrm{d}x}$ 中，q 为常数，如对傅里叶定律表达式两边求导一次，同样可以得到 $\frac{\mathrm{d}^2 T}{\mathrm{d}x^2}=0$。因此，傅里叶导热定律表达式和导热微分方程式在形式上是一致的。

　　导热微分方程式是描述导热过程共性的数学表达式，对于任何导热过程，无论是稳态还是非稳态，一维还是多维，上述导热微分方程都适用。因此，导热微分方程是求解一切导热问题的出发点和基础。

7.2.3　定解条件

　　上面导出的导热微分方程是描述物体温度随空间坐标及时间变化的一般性关系式，它是在一定的假设条件下根据微元体在导热过程中的能量守恒和傅里叶导热定律建立起来的，在推导过程中没有涉及导热过程的具体特点，所以它适用于无穷多个的导热过程，有无穷多个解。

　　求解导热问题，实质上可归结为对导热微分方程的求解。通过数学方法，可获得导热微分方程的通解。然而，对于实际工程问题而言，如要得出具体导热问题的温度分布，还必须

辅助特定的定解条件。因此，要完整地描述某个具体的导热过程，除了导热微分方程之外，还必须说明导热过程的具体特点，即给出导热微分方程的单值性条件或定解条件，使导热微分方程具有唯一解。

一般来说，单值性条件包括几何条件、物理条件、初始条件和边界条件四个方面。

（1）几何条件　说明参与导热过程的物体的几何形状和尺寸大小，它决定了温度场的空间分布特点及进行分析时所采用的坐标系。

（2）物理条件　说明导热物体的物理特征，如物体的热物性参数（λ、ρ、c_p 等）的数值及其特点，是常物性（物性参数为常数）还是变物性（一般指物性参数随温度而变化），是否随时间变化；物体内是否有内热源及其大小和分布情况。

（3）初始条件　给出导热过程开始时物体内部的温度分布情况，说明导热过程随时间变化的特点，如是稳态导热还是非稳态导热。对于非稳态导热，必须给出过程开始时物体内部的温度分布规律，称为非稳态导热过程的初始条件，一般形式为

$$T|_{t=0} = f(x, y, z) \tag{7-27}$$

如果导热过程开始时物体内部的温度分布均匀，则初始条件简化为

$$T|_{t=0} = T_0 = 常数 \tag{7-28}$$

（4）边界条件　给出物体边界上的温度或与外界的传热情况，体现"外因"对物体内部温度分布（内因）的影响。边界条件用于说明导热物体边界上的热状态，以及与周围环境之间的相互作用。例如，边界上的温度、热流密度分布及物体通过边界与周围环境之间的热量传递情况等。边界条件可分为下面三类。

1）第一类边界条件。给出物体边界上的温度分布及其随时间的变化规律，一般形式为

$$t > 0 \text{ 时}, T_w = f(x, y, z, t) \tag{7-29}$$

如果在整个导热过程中物体边界上的温度为定值，则式（7-29）简化为

$$t > 0 \text{ 时}, T_w = 常数$$

当常数为 0 时，则称为第一类齐次边界条件。齐次边界条件在求解微分方程时可以使问题得到简化，因而求解时经常使用变量替换将边界条件齐次化。

2）第二类边界条件。给出物体边界上的热流密度分布及其随时间的变化规律，一般形式为

$$t > 0 \text{ 时}, q_w = f(x, y, z, t) \tag{7-30}$$

由傅里叶导热定律，式（7-30）可变为

$$t > 0 \text{ 时}, -\lambda \left(\frac{\partial T}{\partial n} \right)_w = f(x, y, z, t) \tag{7-31}$$

所以第二类边界条件给出了边界面法线方向的温度变化率，但边界温度 T_w 未知。若物体边界处表面绝热，则为第二类齐次边界条件，即

$$q_w = 0$$

3）第三类边界条件。给出边界上物体表面与周围流体间的表面传热系数 h 及流体温度 T_f。根据边界面的热平衡，由物体内部导向边界面的热流密度应该等于从边界面传给周围流体的热流密度，于是由傅里叶导热定律和牛顿冷却公式可得到第三类边界条件的一般形式为

$$-\lambda \left(\frac{\partial T}{\partial n} \right)_w = h(T_w - T_f) \tag{7-32}$$

式（7-32）建立了物体内部温度在边界处的变化率与边界处表面对流换热之间的关系，所以第三类边界条件也称为对流边界条件。

从第三类边界条件表达式可以看出，在一定情况下，第三类边界条件将转化为第一类边界条件或第二类边界条件：当 h 非常大时，边界温度近似等于已知的流体温度，$T_w \approx T_f$，这时第三类边界条件转化为第一类边界条件；当 h 非常小时，$h \approx 0$，$q_w = 0$，这相当于第二类边界条件。

上述三类边界条件都是线性的，所以也称为线性边界条件。如果导热物体的边界处除了对流换热还存在与周围环境之间的辐射换热，则由物体边界面的热平衡可得出这时的边界条件为

$$-\lambda \left(\frac{\partial T}{\partial n} \right)_w = h(T_w - T_f) + q_\tau \tag{7-33}$$

式中，q_τ 为物体边界表面与周围环境之间的净辐射传热热流密度，q_τ 与物体边界面和周围环境温度的四次方有关，此外，还与物体边界面与周围环境的辐射特性有关，所以式（7-33）为温度的复杂函数。这种对流换热与辐射换热叠加的复合换热边界条件是非线性的边界条件。本篇主要讨论具有线性边界条件的导热问题。

在确定了导热问题的微分方程和边界条件及初始条件后，即可求解。目前，导热问题的求解方法有多种，应用广泛的主要有分析解法、数值解法和实验研究法。本篇主要介绍常用的几何形态规则物体的导热问题的分析解法。

7.3 一维稳态导热

根据导热微分方程，物体内部各点的温度随时间和空间发生变化，当物体温度不随时间发生变化，与时间无关时为稳态导热。一般来说，绝对的稳态传热是不存在的，所谓稳态传热，只是在一定的时间范围内，物体的温度变化足够小，将其近似处理的情况。在流体中除导热外还有对流换热，很难出现单纯的导热，因此，稳定导热一般只存在于固体中。在工程领域中，经常可见大量的稳态导热问题，有些问题在一定条件下可以简化成一维稳态导热，即温度仅沿一个方向变化。工程上常见的典型一维稳态导热为大平壁导热、长圆筒壁导热和球壳导热，采用直接积分法即可获得其分析解。

7.3.1 平壁一维稳态导热

平壁是工程上最常见的一种实际物体，如房间的墙壁、各种加热炉的炉壁。实践经验表明，当平壁长度和宽度是厚度的 8~10 倍时，可以忽略沿平壁长度和宽度方向上的导热，只需考虑平壁厚度方向上的导热，平壁导热便简化成沿厚度方向的一维导热问题。

1. 单层无限大平壁导热

设单层无限大平壁由均匀材料组成，无内热源，厚度为 δ，导热系数为 λ，平壁两表面的温度分别为 T_1 和 T_2，且 $T_1 > T_2$。稳定导热时，平壁内的温度分布如图 7-6 所示。此时平壁内的等温面为垂直于 x 轴的平行平面。热沿 x 轴方向传导，这是一维稳定导热问题，故平壁内导热微分方程为

$$\frac{\mathrm{d}^2 T}{\mathrm{d}x^2} = 0 \qquad\qquad (7-34)$$

边界条件为：$x=0$ 时，$T=T_1$；$x=\delta$ 时，$T=T_2$。

对式（7-34）连续两次积分，并代入边界条件，可以得到平壁内温度分布表达式

$$\frac{T - T_1}{T_2 - T_1} = \frac{x}{\delta} \qquad\qquad (7-35)$$

或

$$T = \frac{T_2 - T_1}{\delta}x + T_1$$

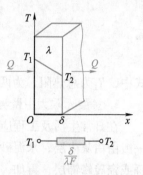

图 7-6 单层大平壁导热

由于 δ、T_1 和 T_2 都是定值，由式（7-35）可知大平壁内稳定导热时，其内部温度呈线性分布，且与其厚度和平壁两侧温差有关。

根据傅里叶定律可以求得通过无限大平壁的热流密度和热流量

$$q = -\lambda \frac{\mathrm{d}T}{\mathrm{d}x} = \frac{T_1 - T_2}{\dfrac{\delta}{\lambda}} \qquad\qquad (7-36)$$

$$Q = Aq = \frac{T_1 - T_2}{\dfrac{\delta}{\lambda A}} \qquad\qquad (7-37)$$

式中，A 是平壁面积；$\dfrac{\delta}{\lambda}$、$\dfrac{\delta}{\lambda A}$ 分别为单位面积导热热阻和总导热热阻。

式（7-36）和式（7-37）揭示了热流密度（或热流量）、导热系数、厚度、温差四个物理量之间的内在联系。例如，对于一块给定材料和厚度的平壁，已知其热流密度时，可求出平壁两表面之间的温差。

在某些情况下，壁面温度不一定均匀一致，但是如果分布区温度相差较小，则可以取平均温度作为壁面温度，同时把壁面视为等温面，并用式（7-36）或式（7-37）进行计算。

在工程上，常把两块不同材料的单层平壁压合成单层组合平壁，如图 7-7 所示。设组合平壁的厚度 δ 远小于其高和宽，组合平壁两边的温度分别为 T_1 和 T_2（$T_1>T_2$），无内热源。如果组合平壁的导热系数 λ_1 和 λ_2 相差不大，则可以排除通过组合面热流的影响，仍然按一维导热计算。根据式（7-37）分别求得通过两块单层平壁的热流量为

$$Q_1 = \frac{T_1 - T_2}{\dfrac{\delta}{\lambda_1 A_1}} = \frac{T_1 - T_2}{R_{\lambda_1}}$$

$$Q_2 = \frac{T_1 - T_2}{\dfrac{\delta}{\lambda_2 A_2}} = \frac{T_1 - T_2}{R_{\lambda_2}}$$

图 7-7 单层组合平壁导热

通过整个组合平壁的总热流量为两者之和

$$Q = Q_1 + Q_2 = \frac{T_1 - T_2}{\dfrac{1}{R_{\lambda_1}} + \dfrac{1}{R_{\lambda_2}}} = \frac{T_1 - T_2}{R_\lambda} \tag{7-38}$$

式中，R_λ 为总热阻，为两个热阻并联得到。

2. 多层无限大平壁导热

在日常生活及工程应用中，经常遇到由几层不同材料组成的多层平壁，例如，房屋墙壁一般由白灰内层、水泥砂浆层和红砖（或青砖）主体层构成，高级的楼房还有一层水泥沙砾或瓷砖修饰层；再如，锅炉的炉墙一般由耐火砖砌成的内层、用于隔热的夹气层或保温层以及普通砖砌的外墙构成，大型锅炉还外包一层钢板。当这种多层平壁的表面温度均匀不变时，其导热也是一维稳态导热。有了热阻的概念，就可以很方便地计算多层平壁的导热，把每一层当作一个热阻，若忽略接触热阻，则导热的总热阻由各个热阻串联而成。

在单层平壁的基础上，利用热阻的概念，借用比较熟悉的串、并联电路电阻的计算公式来计算热转移过程的总热阻，从而可方便地计算出多层平壁的温度分布。如图 7-8 所示，由三层面积均为 A 的不同材料组成的复合平壁，各层的厚度分别为 δ_1、δ_2 和 δ_3，导热系数分别为 λ_1、λ_2 和 λ_3；若复合平壁两侧维持恒定的温度 T_1 和 T_4，通过各层的热流密度均为 q。如各层之间紧密接触，则在稳态导热情况下，经过各层平壁的热流量都相同，根据式（7-37）可以求得各层的热流量表达式

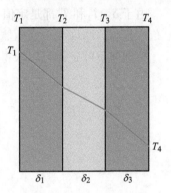

图 7-8 多层组合平壁导热

$$Q = \frac{T_1 - T_2}{\dfrac{\delta_1}{\lambda_1 A}},$$

$$Q = \frac{T_2 - T_3}{\dfrac{\delta_2}{\lambda_2 A}},$$

$$Q = \frac{T_3 - T_4}{\dfrac{\delta_3}{\lambda_3 A}}$$

对应地，各层的热阻如下

$$R_1 = \frac{\delta_1}{\lambda_1 A} = \frac{T_1 - T_2}{Q}$$

$$R_2 = \frac{\delta_2}{\lambda_2 A} = \frac{T_2 - T_3}{Q}$$

$$R_3 = \frac{\delta_3}{\lambda_3 A} = \frac{T_3 - T_4}{Q}$$

将上述三式移项并相加，得

$$Q = \frac{T_1 - T_4}{R} = \frac{T_1 - T_4}{\dfrac{\delta_1}{\lambda_1 A} + \dfrac{\delta_2}{\lambda_2 A} + \dfrac{\delta_3}{\lambda_3 A}} \tag{7-39}$$

或

$$q = \frac{T_1 - T_4}{\dfrac{\delta_1}{\lambda_1} + \dfrac{\delta_2}{\lambda_2} + \dfrac{\delta_3}{\lambda_3}} \tag{7-40}$$

式中，R 为总热阻

$$R = R_1 + R_2 + R_3 = \frac{\delta_1}{\lambda_1 A} + \frac{\delta_2}{\lambda_2 A} + \frac{\delta_3}{\lambda_3 A}$$

由上式可知，多层平壁的导热热流密度或热流量决定于总温差和总热阻。求出导热热流密度或热流量以后，即可求得各层界面接触的温度，如第一层与第二层界面接触温度 T_2，第二层与第三层界面接触温度 T_3 分别为

$$T_2 = T_1 - q\frac{\delta_1}{\lambda_1}$$

$$T_3 = T_2 - q\frac{\delta_2}{\lambda_2}$$

对于紧密接触的 n 层无限大平壁的稳定导热过程，根据式（7-39）和式（7-40）演推，可得

$$Q = \frac{(T_1 - T_{n+1})}{\displaystyle\sum_{i=1}^{n} \frac{\delta_i}{\lambda_i A}} \tag{7-41}$$

$$q = \frac{Q}{A} = \frac{(T_1 - T_{n+1})}{\displaystyle\sum_{i=1}^{n} \frac{\delta_i}{\lambda_i}} \tag{7-42}$$

多层平壁导热在工程实际中比较常见，例如，加热炉炉墙一般由内层耐火砖层、中间隔热砖层和外层普通砖层组成。如果已知炉墙两侧面上的温度、各层的导热系数及厚度则可根据式（7-41）和式（7-42）求得热流量和热流密度，并进一步求得各层分界面上的温度。

上面的讨论都假定导热系数是常数。若导热系数是温度的线性函数，即 $\lambda = \lambda_0(1+bT)$，仍可认为导热系数是常数，只要将 λ 用平均温度下的 $\overline{\lambda}$ 值代替即可。例如，对于单层平壁，由傅里叶定律，有

$$q = -\lambda(T)\frac{\mathrm{d}T}{\mathrm{d}x}$$

分离变量并积分得

$$\int_{x_1}^{x_2} q\,\mathrm{d}x = -\int_{T_1}^{T_2} \lambda(T)\,\mathrm{d}T$$

将 $\lambda = \lambda_0(1+bT)$ 代入上式，整理得到

$$q = \left[\lambda_0 \left(1 + b\frac{T_1 + T_2}{2} \right) \right] \frac{T_1 - T_2}{\delta}$$

上式可写成

$$q = \frac{\overline{\lambda}}{\delta}(T_1 - T_2) \tag{7-43}$$

其中 $\overline{\lambda} = \lambda_0[1 + b(T_1 + T_2)/2]$

它正好是 T_1 与 T_2 的平均温度下的导热系数值。

在分析多层平壁导热时，都假设层与层之间接触非常紧密，相互接触的表面具有相同的温度。实际上，当两固体表面直接接触时，无论固体表面看上去多么光滑，都不是一个理想的平整表面，总存在一定的粗糙度。实际的两个固体表面之间不可能完全接触，只能是局部的、甚至存在点接触，如图7-9所示。只有在界面上那些真正接触的点上，温度才是相等的。当未接触的空隙中充满空气或其他气体时，由于气体的导热系数远小于固体，就会对两个固体间的导热过程产生附加热阻 R_C，称之为接触热阻。由于接触热阻的存在，使导热过程中两个接触表面之间出现温差 ΔT_C。根据热阻的定义

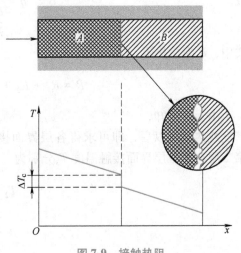

图 7-9 接触热阻

$$\Delta T_C = Q R_C$$

因此，热流量 Q 越大，接触热阻产生的温差就越大。故对于高热流密度场合，接触热阻的影响不容忽视。例如，大功率可控硅元件，热流密度高于 10^6W/m^2，元件与散热器之间的接触热阻产生较大的温差，影响可控硅元件的散热，必须设法减小接触热阻。

影响接触热阻的主要因素有如下几种：

（1）相互接触物体的表面粗糙度　表面粗糙度值越高，接触热阻越大。

（2）相互接触物体的表面硬度　在其他条件相同的情况下，两个都比较坚硬的表面之间接触面积较小，因此接触热阻较大；而两个硬度较小或一个硬、一个软的表面之间接触面积较大，因此接触热阻较小。

（3）相互接触物体的表面之间压力　显然，加大压力会使两个物体直接接触的面积加大、中间空隙变小，接触热阻也就随之减小。

工程上，为了减小接触热阻，应尽可能抛光接触表面，加大接触压力；甚至在接触表面之间增加一层导热系数大、硬度小的纯铜箔或银箔，或者在接触面上涂一层导热油（也称导热姆，一种导热系数较大的有机混合物），在一定的压力下，可将接触空隙中的气体排挤掉，显著减小导热热阻。

由于接触热阻的影响因素非常复杂，至今仍无统一规律可循，只能通过实验加以确定。

【例 7-1】　考虑一个尺寸为 10mm×10mm×0.7mm 的硅片，散热量为 20W，电路印制在硅片的背面，硅片所有的热量传递给正面，经由正面散出。①如果硅的导热系数为 125 W/(m·℃)，硅片背面与正面的温度差为多少？②若硅片通过一种厚度为 0.1mm、导热系数为 5W/(m·℃) 的热界面材料与一金属块相连，穿过这种热界面材料的温度差是多少？

解：1）根据傅里叶导热定律得

$$Q = Aq = \frac{T_1 - T_2}{\dfrac{\delta}{\lambda A}}$$

$$\Delta T = T_1 - T_2 = \frac{Q\delta}{\lambda A} = \frac{20 \times 0.0007}{125 \times 0.0001}\text{℃} = 1.12\text{℃}$$

这表示硅片正面的温度小于背面的温度（即工作面的温度比另一面的温度高1.12℃）。

2）若硅片通过热界面材料与一金属块相连，则穿过该热界面材料的温度差为

$$\Delta T = T_1 - T_2 = \frac{Q\delta}{\lambda A} = \frac{20 \times 0.0001}{5 \times 0.0001}\text{℃} = 4\text{℃}$$

这表明硅片通过热界面材料的温差几乎是硅片自身温差的4倍，这也是微电子封装中，很多研究工作用于开发高导热系数的界面材料，以减小这种温度差的缘故。

【例7-2】 双层玻璃窗具有一定的隔音隔热效果。某一双层玻璃窗，高1.5m，宽1m，玻璃厚3mm，玻璃的导热系数 $\lambda = 0.5\text{W}/(\text{m}\cdot\text{K})$，双层玻璃窗间的空气夹层厚度为5mm，夹层中的空气完全静止，空气的导热系数 $\lambda = 0.025\text{W}/(\text{m}\cdot\text{K})$。如果测得冬季室内外玻璃表面温度分别为15℃和5℃，试求玻璃窗的散热损失，并比较玻璃与空气夹层的导热热阻。

解：这是一个三层平壁的稳态导热问题。根据式（7-39），散热损失为

$$Q = \frac{T_{w1} - T_{w4}}{R_{\lambda_1} + R_{\lambda_2} + R_{\lambda_3}} = \frac{T_{w1} - T_{w4}}{\dfrac{\delta_1}{A\lambda_1} + \dfrac{\delta_2}{A\lambda_2} + \dfrac{\delta_3}{A\lambda_3}}$$

$$= \frac{15 - 5}{\dfrac{0.003}{1.5 \times 0.5} + \dfrac{0.005}{1.5 \times 0.025} + \dfrac{0.003}{1.5 \times 0.5}}\text{W} = 70.8\text{W}$$

由上可见，单层玻璃的导热热阻为0.004K/W，而空气夹层的导热热阻为0.167K/W，是玻璃的33.3倍。如果采用单层玻璃窗，则散热损失为

$$Q' = \frac{10}{0.004}\text{W} = 2500\text{W}$$

此散热损失约为双层玻璃窗散热损失的35倍。显然采用双层玻璃窗可以大大减少散热损失，节约能源。

【例7-3】 金属材料进行热处理或热加工时，需使用加热炉，其炉墙通常由三层材料叠合组成，最里层为耐火黏土砂衬，其 $\lambda_1 = 1.039\text{W}/(\text{m}\cdot\text{K})$，$\delta_1 = 120\text{mm}$；中间层是硅藻土，其 $\lambda_2 = 0.14\text{W}/(\text{m}\cdot\text{K})$，$\delta_2 = 75\text{mm}$；最外层为红砖，其 $\lambda_3 = 0.692\text{W}/(\text{m}\cdot\text{K})$，$\delta_3 = 100\text{mm}$。炉内、外表面温度分别为 $T_1 = 900\text{℃}$ 和 $T_4 = 60\text{℃}$。试计算通过此多层平壁的热流密度，并确定各界面上的温度。

解：热流密度

$$q = \frac{(T_1 - T_4)}{\sum\limits_{i=1}^{3} \dfrac{\delta_i}{\lambda_i}} = \frac{900 - 60}{\dfrac{0.120}{1.039} + \dfrac{0.075}{0.14} + \dfrac{0.100}{0.692}}\text{W/m}^2 = 1055.67\text{W/m}^2$$

黏土砂衬与硅藻土间界面温度为

$$T_2 = T_1 - q\frac{\delta_1}{\lambda_1} = \left(900 - 1055.67 \times \frac{0.120}{1.039}\right) ℃ = 778.1℃$$

硅藻土与红砖间界面温度为

$$T_3 = T_2 - q\frac{\delta_2}{\lambda_2} = \left(778.1 - 1055.67 \times \frac{0.075}{0.14}\right) ℃ = 212.6℃$$

7.3.2 圆管一维稳态导热

工程应用中，许多导热体都是圆筒形，如热风管道、蒸汽管道和轧机辊子等，当圆筒壁的长度比半径大很多时，圆筒壁的导热也可以近似地作为沿半径方向一维稳态导热处理。

1. 单层无限长圆筒壁导热

设有一单层圆筒壁，如图 7-10 所示，已知圆筒壁的长度为 l，内、外半径分别为 r_1 和 r_2，两个壁面分别维持均匀而恒定的温度 T_1 和 T_2，且无内热源。

关于圆筒壁此时的温度分布，由于传热面积（$2\pi rl$）随着 r 的增加而增加，而流过各传热面积的热流量在一维稳态情况下都相同，由傅里叶定律可知温度的变化必然随 r 的增加而逐步趋缓。下面采用圆柱坐标系，来求解圆筒壁的温度分布和通过圆筒壁的热流密度。假设导热系数 λ 为常数，根据圆柱坐标系下非稳态导热微分方程式（7-23），在稳态、常物性、无内热源时，圆柱坐标系下的导热微分方程简化为

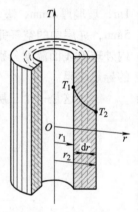

图 7-10 圆筒壁导热分析

$$\frac{d}{dr}\left(r\frac{dT}{dr}\right) = 0 \tag{7-44}$$

边界条件为

$$r = r_1 \text{ 时}, T = T_1$$
$$r = r_2 \text{ 时}, T = T_2$$

对微分方程积分两次可得

$$T = c_1\ln r + c_2$$

代入边界条件后得

$$c_1 = \frac{T_2 - T_1}{\ln(r_2/r_1)}$$

$$c_2 = T_1 - \frac{T_2 - T_1}{\ln(r_2/r_1)}\ln r_1$$

将常数项 c_1 和 c_2 代入，故圆筒壁温度分布为

$$T = T_1 + \frac{T_2 - T_1}{\ln(r_2/r_1)}\ln\frac{r}{r_1} \tag{7-45}$$

由上可见，在无内热源、导热系数为常数的一维圆筒壁上的温度分布不是直线，而是呈对数

函数曲线，其斜率为

$$\frac{\mathrm{d}T}{\mathrm{d}r} = \frac{T_2 - T_1}{r\ln(r_2/r_1)}$$

根据傅里叶定律，流过圆筒壁的热流密度 q_r 为

$$q_r = -\lambda \frac{\mathrm{d}T}{\mathrm{d}r} = \frac{\lambda}{r} \cdot \frac{T_1 - T_2}{\ln(r_2/r_1)} \tag{7-46}$$

由于不同半径处圆筒的截面积不同，因此通过圆筒壁的热流密度在不同半径处也不相同，热流密度 q_r 与半径 r 成反比。在稳态条件下，流过整个圆筒壁的总热流量 Q 与半径无关，有

$$Q = \frac{2\pi l\lambda(T_1 - T_2)}{\ln(r_2/r_1)} \tag{7-47}$$

按照热阻的定义可知单层圆筒壁的导热热阻为

$$R = \frac{\ln(r_2/r_1)}{2\pi l\lambda} \tag{7-48}$$

在稳定条件下圆筒壁的热流量是个不变的常量，与半径 r 无关；但热流密度是个变量，因为导热面积随半径而变化。因此为了工程计算方便，常按单位管长计算热流量，记为 q_l，单位为 W/m，即

$$q_l = \frac{Q}{l} = \frac{2\pi\lambda(T_1 - T_2)}{\ln(r_2/r_1)}$$

在工程实际中，为了简化计算，对于直径较大而厚度较薄的圆筒壁可以作为平壁处理，采用下式计算热流量

$$Q = \frac{\lambda}{\delta}A(T_1 - T_2) = \frac{2\pi\lambda}{\delta} r_m l(T_1 - T_2) \tag{7-49}$$

式中，r_m 是圆筒壁的平均半径，$r_m = (r_1 + r_2)/2$；δ 是圆筒壁的厚度，$\delta = r_2 - r_1$。

2. 多层无限长圆筒壁导热

工程上广泛应用由不同材料组合成的多层圆筒壁，如冲天炉的炉壁和加保温层的热风管道等，多层圆筒壁内温度分布由各层内温度分布对数曲线组成。与分析多层平壁导热一样，通过多层圆筒壁的热流量可按总温差和总热阻来计算。

对于由 n 层不同材料组成的多层圆筒壁，其半径分别为 r_n，导热系数为 λ_n，圆筒壁内外两侧流体温度恒定分别为 T_{f1} 和 T_{f2}，且 $T_{f1} > T_{f2}$，圆筒壁间的表面传热系数分别为 h_1 和 h_2。根据单层圆筒壁导热，按照串联热阻叠加特性，可以直接得到长度为 L 的多层圆筒壁导热热流量计算式

$$Q = \frac{T_1 - T_{n+1}}{\sum_{i=1}^{n} \frac{1}{2\pi L}\frac{1}{\lambda_i}\ln\left(\frac{r_{i+1}}{r_i}\right)} \tag{7-50}$$

或在考虑圆筒壁与周围环境传热的情况下，用传热过程总温差与总热阻表示

$$Q = \frac{T_{f1} - T_{f2}}{\frac{1}{2\pi r_1 L h_1} + \sum_{i=1}^{n} \frac{1}{2\pi L\lambda_i}\ln\left(\frac{r_{i+1}}{r_i}\right) + \frac{1}{2\pi r_{n+1} L h_2}} \tag{7-51}$$

如果已知多层圆筒壁各层的导热系数、半径及内、外侧面的温度，可以按照式（7-46）求得通过圆筒壁导热热流量 Q，然后分别列出单层圆筒壁导热公式，即可求得各层接触面上的温度，其计算公式应为

$$T_{i+1} = T_i - \frac{Q}{2\pi L\lambda_i}\ln\left(\frac{r_{i+1}}{r_i}\right) \tag{7-52}$$

【例7-4】 蒸汽管道可用于采暖、通风及工业用气等。一热电厂有一外径为 60mm、壁厚为 3mm 的蒸汽管道，管壁导热系数 $\lambda_1 = 54W/(m \cdot K)$；管道外壁上包有厚度为 50mm 的石棉保温层，导热系数 $\lambda_2 = 0.15W/(m \cdot K)$；管内蒸汽温度 $T_{f1} = 150℃$，表面传热系数 $h_1 = 120W/(m^2 \cdot K)$；管外空气温度 $T_{f2} = 20℃$，表面传热系数 $h_2 = 10W/(m^2 \cdot K)$。试求通过单位长度管壁的导热热流量 q_l。

解：蒸汽管道的长度比外径尺寸要大得多，可视为无限长圆筒壁。通过单位长度管壁的总热阻组成为：

1）单位长度管壁内表面对流换热热阻 R_1

$$R_1 = \frac{1}{2\pi r_1 h_1} = \frac{1}{2\pi(30-3) \times 0.001 \times 120}m \cdot K/W = 0.0491m \cdot K/W$$

2）单位长度管壁导热热阻 R_2

$$R_2 = \frac{\ln(r_2/r_1)}{2\pi \lambda_1} = \frac{\ln(30/27)}{2\pi \times 54}m \cdot K/W = 5.3736 \times 10^{-4}m \cdot K/W$$

3）单位长度保温材料导热热阻 R_3

$$R_3 = \frac{\ln(r_3/r_2)}{2\pi\lambda_2} = \frac{\ln(80/30)}{2\pi \times 0.15}m \cdot K/W = 1.0407m \cdot K/W$$

4）单位长度管壁外表面对流换热热阻 R_4

$$R_4 = \frac{1}{2\pi r_3 h_2} = \frac{1}{2\pi \times 80 \times 0.001 \times 10}m \cdot K/W = 0.1989m \cdot K/W$$

通过单位长度管壁的导热热流量

$$q_l = \frac{Q}{l} = \frac{T_{f1} - T_{f2}}{R_1 + R_2 + R_3 + R_4} = \frac{150 - 20}{1.2893}W/m = 100.8(W/m)$$

【例7-5】 温度为 120℃ 的空气从导热系数 $\lambda_1 = 18W/(m \cdot K)$ 的不锈钢管内流过，表面传热系数 $h_1 = 65W/(m^2 \cdot K)$，管内径 $d_1 = 25mm$，厚度为 4mm。管子外表面处于温度为 15℃ 的环境中，外表面自然对流的表面传热系数 $h_2 = 6.5W/(m^2 \cdot K)$。①求每米长管道的热损失；②为了将热损失降低 80%，在管道外壁覆盖导热系数为 0.04W/(m · K) 的保温材料，求所需的保温层厚度；③若要将热损失降低 90%，求保温层厚度。

解：这是一个含有圆管导热的传热过程，总热阻为

$$R = \frac{1}{h_1 A_1} + \frac{\ln(d_2/d_1)}{2\pi l\lambda_1} + \frac{1}{h_2 A_2} = \frac{1}{2\pi}\left(\frac{1}{65 \times 0.0125} + \frac{\ln(33/25)}{18} + \frac{1}{6.5 \times 0.0165}\right)K/W$$
$$= 1.6823K/W$$

① 每米长管道的热损失为

$$Q = \frac{\Delta T}{R} = \frac{120 - 15}{1.6823} W = 62.4 W$$

② 设覆盖保温材料后的半径为 r_3，由所给条件和热阻的概念有

$$\frac{\Phi_{保温}}{\Phi_{光管}} = 0.2 = \frac{R_{光管}}{R_{保温}}$$

$$\frac{\dfrac{1}{h_1 A_1} + \dfrac{\ln(d_2/d_1)}{2\pi l \lambda_1} + \dfrac{1}{h_2 A_2}}{\dfrac{1}{h_1 A_1} + \dfrac{\ln(d_2/d_1)}{2\pi l \lambda_1} + \dfrac{\ln(d_3/d_2)}{2\pi l \lambda_2} + \dfrac{1}{h_2 A_3}} = 0.2$$

即

$$\frac{\dfrac{1}{65 \times 0.0125} + \dfrac{\ln(33/25)}{18} + \dfrac{1}{6.5 \times 0.0165}}{\dfrac{1}{65 \times 0.0125} + \dfrac{\ln(33/25)}{18} + \dfrac{\ln(r_3/0.0165)}{0.04} + \dfrac{1}{6.5 r_3}} = 0.2$$

由以上超越方程解得 $r_3 = 0.123 m$，故保温层厚度为 $(123 - 16.5) mm = 106.5 mm$。

③ 若要将热损失降低 90%，按上面方法可得 $r_3 = 1.07 m$。

这时所需的保温层厚度为 $(1.07 - 0.0165) m = 1.05 m$。

由此可见，热损失降低到一定程度后，若要再提高保温效果，将会使保温层厚度大大增加。

7.3.3 圆球一维稳态导热

设单层球壳的内壁半径为 r_1，外壁半径为 r_2，内外壁的温度分别为 T_1 和 T_2（$T_1 > T_2$），导热系数 λ 为常数。等温面为同心球面，温度只沿径向改变，故为一维导热。根据球坐标系下的非稳态导热微分方程，简化后可以得到描述稳态导热时的球壳内温度分布的微分方程

$$\frac{d}{dr}\left(r^2 \frac{dT}{dr}\right) = 0 \tag{7-53}$$

边界条件：

$$当 r = r_1 时，T = T_1$$
$$当 r = r_2 时，T = T_2$$

对式（7-53）积分求解，并代入边界条件，可求得球壳壁内温度分布

$$T = \frac{r_1 r_2}{r_2 - r_1}\left(\frac{1}{r_1} - \frac{1}{r}\right)(T_1 - T_2) \tag{7-54}$$

式（7-54）表明，导热系数为常数时，球壳内的温度分布按双曲线规律变化。根据式（7-54）的温度分布和傅里叶定律，可得到通过球壳壁的热流量计算式

$$Q = -\lambda A \frac{dT}{dr} = -\lambda\left(4\pi r^2 \frac{dT}{dr}\right)$$

$$Q = \frac{1}{\frac{1}{4\pi\lambda}\left(\frac{1}{r_1} - \frac{1}{r_2}\right)}(T_1 - T_2) = \frac{2\pi\lambda(T_1 - T_2)}{\frac{1}{d_1} - \frac{1}{d_2}} = \frac{2\pi\lambda \, d_1 d_2 (T_1 - T_2)}{d_2 - d_1} \tag{7-55}$$

式中，$\frac{1}{4\pi\lambda}\left(\frac{1}{r_1} - \frac{1}{r_2}\right)$ 为单层球壳壁的导热热阻。

同理，可以得到多层球壳壁的热流量表达式

$$Q = \frac{(T_1 - T_{n+1})}{\sum\limits_{i=1}^{n} \frac{1}{4\pi\lambda_i}\left(\frac{1}{r_i} - \frac{1}{r_{i+1}}\right)} \tag{7-56}$$

根据式（7-56）可以得到各层球壁之间界面温度计算式

$$T_i = T_{i+1} + \frac{Q}{4\pi\lambda_i}\left(\frac{1}{r_i} - \frac{1}{r_{i+1}}\right) \tag{7-57}$$

【例 7-6】 测定颗粒状材料常用的球壁导热仪由两同心球壳组成，其材质为纯铜板，导热热阻可忽略不计。内外层球壳之间填满砂子，内层球壳中装有电热丝，通电后所产生的热量通过内层球壳壁、被测材料层及外球壁向外散出，工况稳定后读取数据。在具体实验中测得内球壳壁温度 $T_1 = 85.5℃$，外球壳壁温度 $T_2 = 45.7℃$，通过电热丝的电流 $I = 251\text{mA}$，电压为 52V。已知内、外球壳半径 R_1、R_2 分别为 40mm 和 80mm，试确定所测砂子的导热系数。

解：$Q = IU = 0.251 \times 52\text{W} = 13.1\text{W}$

根据式（7-55），可得

$$Q = \frac{2\pi\lambda \, d_1 d_2 (T_1 - T_2)}{d_2 - d_1}$$

代入数据可得

$$\lambda = \frac{Q(d_2 - d_1)}{2\pi \, d_1 d_2 (T_1 - T_2)} = \frac{13.1 \times (0.16 - 0.08)}{2\pi \times 0.08 \times 0.16 \times (85.5 - 45.7)}\text{W/(m · K)} = 0.327\text{W/(m · K)}$$

7.4 二维稳态导热

7.3 节分析了简单的一维稳态导热问题，在许多实际导热问题中，一维导热的简化分析方法不能满足工程计算需求，必须引入多维稳态导热。而对于多维稳态导热问题，采用分析解法求解要困难得多，只有对少数几何形状、边界条件简单的情况，才能获得分析解，得出温度分布和热流密度等。对于多维导热问题，有三种可能的求解方法，包括分析解法、数值解法和形状因子法。当无法得出分析解时可采用数值解法，借助计算机求得问题的解。本节主要简单介绍二维稳态导热问题的分析解。

考虑一矩形物体的导热，若物体在垂直于纸面的方向上很长，则可认为是二维问题，如图 7-11 所示。矩形的长和宽分别为 a 和 b，若物体的导热系数为常数，无内热源，三个边界上的温度均为 T_1，而第四个边界为复杂的温度分布函数，如正弦分布，则可以得到问题的分析解。问题的数学描述如下。

对于二维无内热源的稳态导热过程，其导热微分
方程可简化为

$$\frac{\partial^2 T}{\partial x^2} + \frac{\partial^2 T}{\partial y^2} = 0 \qquad (7\text{-}58)$$

其边界条件为

当 $x = 0$ 时，$T = T_1$

当 $x = a$ 时，$T = T_1$

当 $y = 0$ 时，$T = T_1$

当 $y = b$ 时，$T = T_1 + T_m \sin(\pi x/a)$

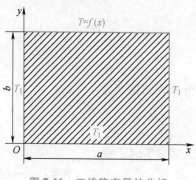

图 7-11 二维稳态导热分析

为得到更多的齐次边界条件，进行变量替换，定义过余温度为 $\theta = T - T_1$，则微分方程和
边界条件变为

$$\frac{\partial^2 \theta}{\partial x^2} + \frac{\partial^2 \theta}{\partial y^2} = 0 \qquad (7\text{-}59)$$

$$x = 0 \text{ 时}, \theta = 0 \qquad (7\text{-}60)$$

$$x = a \text{ 时}, \theta = 0 \qquad (7\text{-}61)$$

$$y = 0 \text{ 时}, \theta = 0 \qquad (7\text{-}62)$$

$$y = b \text{ 时}, \theta = T_m \sin(\pi x/a) \qquad (7\text{-}63)$$

可用分离变量法来求解此问题，设问题的解为

$$\theta(x, y) = X(x) Y(y) \qquad (7\text{-}64)$$

$X(x)$ 仅为 x 的函数，$Y(y)$ 仅为 y 的函数，代入微分方程可得

$$-\frac{1}{X} \cdot \frac{d^2 X}{dx^2} = \frac{1}{Y} \cdot \frac{d^2 Y}{dy^2}$$

由于上式左边只与 x 有关，而右边只与 y 有关，故左、右两边应恒等于同一常数 l，

$$-\frac{1}{X} \cdot \frac{d^2 X}{dx^2} = l, \quad \frac{1}{Y} \cdot \frac{d^2 Y}{dy^2} = l$$

这里 l 有三种可能（$=0$，<0，>0），若 $l = 0$，则微分方程的解为

$$X = c_1 + c_2 x, Y = c_3 + c_4 y$$

$$\theta = (c_1 + c_2 x)(c_3 + c_4 y)$$

这个解满足不了 x 方向为正弦函数的边界条件。故 $l = 0$ 是不可能的。

若 $l < 0$，令 $l = -\beta^2$，则

$$\frac{d^2 X}{dx^2} - \beta^2 X = 0, \quad \frac{d^2 Y}{dy^2} + \beta^2 Y = 0$$

微分方程的解为

$$X = c_1 e^{-\beta x} + c_2 e^{\beta x}, Y = c_3 \cos(\beta y) + c_4 \sin(\beta y)$$

$$\theta = (c_1 e^{-\beta x} + c_2 e^{\beta x})[c_3 \cos(\beta y) + c_4 \sin(\beta y)]$$

同样这个解也满足不了 x 方向为正弦函数的边界条件，故只有 $l > 0$ 才能满足第四个边界条
件。令 $l = \beta^2$，这样可得两个常微分方程，即

$$\frac{\mathrm{d}^2 X}{\mathrm{d}x^2} + \beta^2 X = 0$$

$$\frac{\mathrm{d}^2 Y}{\mathrm{d}y^2} - \beta^2 Y = 0$$

微分方程的特解为

$$X = c_1 \cos(\beta x) + c_2 \sin(\beta x)$$

$$Y = c_3 \mathrm{e}^{-\beta y} + c_4 \mathrm{e}^{\beta y}$$

代入式（7-64）得

$$\theta = [c_1 \cos(\beta x) + c_2 \sin(\beta x)](c_3 \mathrm{e}^{-\beta y} + c_4 \mathrm{e}^{\beta y})$$

由边界条件式（7-60）~式（7-63）得

$$c_1 = 0, c_3 = -c_4, \sin(a\beta) = 0$$

又由 $\sin(a\beta) = 0$ 得

$$\beta_n = \frac{n\pi}{a}, n = 1, 2, \cdots$$

对每一个 β，都可以得到一个特解为

$$\theta = c \sin(\beta x)(\mathrm{e}^{\beta y} - \mathrm{e}^{-\beta y})$$

通解是所有这些特解之和，这样通解便为无穷级数，即

$$\theta(x,y) = \sum_{n=1}^{\infty} c_n \sin\frac{n\pi x}{a} \sinh\frac{n\pi y}{a} \tag{7-65}$$

其中，c_n 是 β_n 的常数项，由边界条件式（7-63）确定

$$T_m \sin\frac{\pi x}{a} = \sum_{n=1}^{\infty} c_n \sin\frac{n\pi x}{a} \sinh\frac{n\pi b}{a}$$

将上式左边按傅里叶级数展开，然后和右边对比可得

$$c_1 = \frac{\sinh(\pi y/a)}{\sinh(\pi b/a)} T_m, c_n = 0, n = 2, 3, \cdots$$

最终得二维温度分布为

$$T(x,y) = \frac{\sinh(\pi y/a)}{\sinh(\pi b/a)} \sin\frac{\pi x}{a} T_m + T_1 \tag{7-66}$$

　　值得一提的是，若第四个边界温度不是正弦分布，而是另一常数 T_2，则可按照上面类似的过程求解温度场，不同的是最后一步确定常数时，所有的 c_n 均不为零，最终解不是一项，而是一无穷级数

$$T = (T_2 - T_1)\frac{2}{\pi}\sum_{n=1}^{\infty}\frac{(-1)^{n+1} + 1}{n}\sin\frac{n\pi x}{a}\frac{\sinh(n\pi y/a)}{\sinh(n\pi b/a)} + T_1 \tag{7-67}$$

7.5　非稳态导热

　　在分析稳态导热问题之后，再来讨论非稳态导热问题。非稳态导热是指温度场不仅随空间位置变化，而且还随时间变化的导热过程，许多工程实际问题都涉及非稳态导热过程，如材料加工中的加热、冷却、熔化与凝固，金属在加热炉内加

拓展视频

青藏铁路精神

热，金属零件热处理时的退火和淬火，铸型烘干，铸件凝固，焊件冷却，动力机械的起动、停机、变工况运行等。即便是稳态导热，其初期阶段也常存在非稳态导热。由此可见，非稳态导热对材料类、冶金类专业具有很大的实际意义。绝大多数非稳态导热过程都是由于边界条件变化引起的，如大气温度变化引起的地表层、房屋建筑墙壁温度变化与导热过程，热加工、热处理工艺中工件在加热或冷却时的温度变化和导热过程有关。一般来说，当边界的传热情况突然变化时，随着时间的推移，物体内的温度场将由表及里逐渐发生变化。如果边界维持变化后的传热状态，则非稳态过程将过渡到稳态过程。

非稳态导热有不同的类型，根据温度场随时间的变化规律不同，非稳态导热分为周期性非稳态导热和非周期性非稳态导热。周期性非稳态导热是在周期性变化边界条件下发生的导热过程，如内燃机气缸的气体温度随热力循环发生周期性变化，气缸壁的导热就是周期性非稳态导热。非周期性非稳态导热通常是在瞬间变化的边界条件下发生的导热过程，如热处理工件的加热或冷却等，一般物体的温度随时间的推移逐渐趋近于恒定值。本篇仅讨论非周期性非稳态导热。

非稳态导热的微分方程及其定解条件在前面已讨论过，它们是求解所有非稳态导热问题的基础。非稳态导热物体的温度场表示为

$$T = f(x, y, z, t)$$

它比稳态导热多了一个时间变量，因此求解非稳态导热问题要比稳态导热更为复杂。工程上，对于非稳态导热往往要求解决以下问题：

1) 物体的某一部分从初始温度上升或下降到某一确定的温度后所需的时间，或经某一时间后物体各部分的温度是否上升或下降到某一指定值。

2) 物体在非稳态导热过程中的温度分布，为求解材料的热应力和热变形提供必要的基础。

3) 物体在非稳态导热过程中的温升速率。

4) 某一时刻物体表面的热流量或从某一时刻起一定时间后表面传递的总热量。

7.5.1　非稳态导热的基本概念

为进一步了解非稳态导热过程，先分析一块初始温度均匀的平壁在边界条件突然变化时的导热情况。设平壁的初始温度为T_0，过程开始时，令其左侧表面的温度突然升高到T_1并维持不变，如图7-12a所示，其右侧与温度为T_0的空气接触。左侧温度变化后，随着时间增加，温度变化波及范围不断扩大，平壁内的温度也逐渐升高，分别如图7-12b、c所示；经历一段时间后，最后趋于稳定。若物体的导热系数为常数，则稳定后的温度分布如图7-12d所示。

虽然稳定后平壁的温度分布是直线，但平壁温度升高的过程中，温度分布并不是直线，而是超越曲线，如在$\tau = \tau_2$时刻，平壁的温度分布是如图7-12b所示的曲线，图中CD区间的温度还是初始温度没有改变，而AC区间的温度已经升高了。这里A、B、C、D为平壁厚度方向的几个等分截面，这几个截面的温度和通过它们的热流量随时间的变化可以用图7-13定性地表示。图7-13a所示为各截面温度随时间的变化，可以看出，截面B的温度比截面A的温度要延迟一段时间才开始升高，截面C和截面D的温度又分别要延迟更长一段时间才

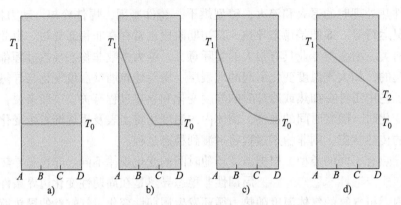

图 7-12　非稳态导热在不同时刻物体的温度分布

a) $\tau=\tau_1$　b) $\tau=\tau_2$　c) $\tau=\tau_3$　d) $\tau=\tau_4$

开始升高，截面 D 的温度最终将升高为 T_2。图 7-13b 所示为通过各截面的热流量随时间的变化。通过截面 A 的热流量是从最高值不断减小，在其他各截面的温度开始升高之前，通过此截面的热流量是零，温度开始升高之后，热流量才开始增加。这说明温度变化要积聚或消耗热量，在垂直于热流方向的不同截面上的热流量是不同的。但随着过程的进行，差别越来越小，达到稳态后，通过各截面的热流量就相等了。如图 7-13b 所示，每两条曲线之间的面积代表升温过程中两个截面之间所积聚的能量。

从图 7-12 和图 7-13 可以看出，在 $\tau=\tau_3$ 时刻之前的阶段，物体内的温度分布受初始温度分布的影响较大，称此阶段为非稳态导热过程的初始状况阶段，又称为非正规状况阶段。$\tau=\tau_3$ 时刻之后，初始温度分布的影响已经消失，物体内的温度分布主要受边界条件的影响，这一阶段称为非稳态导热过程的正规状况阶段。

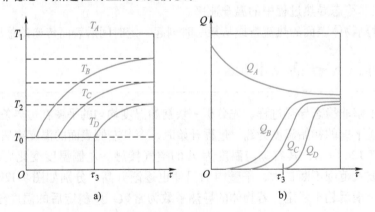

图 7-13　A、B、C、D 四个截面的温度和通过的热流量随时间的变化

a) 温度曲线　b) 热流量曲线

非稳态导热时，若物体所处的边界条件是对流边界条件，则存在两个热阻，一个是边界对流换热热阻，另一个是物体内部的导热热阻。设有一块厚度为 2δ 的大平壁，导热系数为 λ，初始温度为 T_0，突然将它置于温度为 T_∞ 的流体中冷却，表面传热系数为 h。考虑面积热阻时，物体内部导热热阻为 δ/λ，边界对流换热热阻为 $1/h$。这两个热阻的相对值会有三种

不同的情况：① $1/h \ll \delta/\lambda$；② $1/h \gg \delta/\lambda$；③ $1/h \approx \delta/\lambda$。对应的非稳态温度场在平板中会有以下三种情况，如图 7-14 所示。

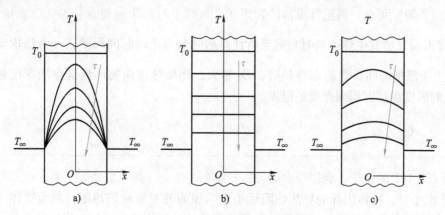

图 7-14　不同情况下的非稳态温度场
a) $1/h \ll \delta/\lambda$　b) $1/h \gg \delta/\lambda$　c) $1/h \sim \delta/\lambda$

1) $1/h \ll \delta/\lambda$，这时对流换热热阻很小，平壁表面温度一开始就和流体温度基本相同，传热热阻主要表现为平壁内部的导热热阻，故内部存在温度梯度，随着时间的推移，平壁的总体温度逐渐降低，如图 7-14a 所示。

2) $1/h \gg \delta/\lambda$，这时传热热阻主要是边界对流换热热阻，因而平壁表面和流体存在明显的温差。这一温差随着时间的推移和平壁总体温度的降低而逐渐减小，由于这时导热热阻很小，可以忽略不计，故同一时刻平壁内部的温度可近似认为是相同的，如图 7-14b 所示。

3) $1/h \approx \delta/\lambda$，由于导热热阻和对流热阻是同一量级，都不能忽略不计，因而，一方面，平壁表面和流体存在温差，另一方面，平壁内部也存在温度梯度，如图 7-14c 所示。

由上面的分析可知，平壁的非稳态温度分布完全取决于导热热阻和对流换热热阻的比值，可用无量纲数，又称准则数来表示这一比值。

毕欧（Biot）数用 Bi 表示，定义为导热热阻与对流换热热阻的比值，即

$$Bi = \frac{R_\lambda}{R_h} = \frac{\delta/\lambda}{1/h} = \frac{\delta h}{\lambda} \tag{7-68}$$

式中，δ 是物体特征长度；λ 是物体导热系数；h 是表面传热系数。如果 δ 用物体的体积 V 与传热物体的表面积 A 之比来表示，则毕欧数可写作 $Bi_V = \dfrac{hV}{\lambda A}$。

由毕欧数的定义可知，当 Bi 很小时，同一时刻平壁内部的温度分布近似均匀（或可将平壁看作薄材），这时求解非稳态导热问题就变得相当简单，温度分布只与时间有关，与位置无关。

傅里叶准数的形式为

$$Fo = \frac{at}{\delta^2} = \frac{t}{\dfrac{\delta^2}{a}} \tag{7-69}$$

式中，a 是热扩散率；t 是时间。若上式中特征长度 δ 也用 V/A 表示，则傅里叶准数可写作

$$Fo_V = \frac{at}{(V/A)^2}$$

由式（7-69）可知，傅里叶准数的物理意义为两个时间间隔相除后得到的无量纲时间。t 是从物体表面开始发生热扰动时刻起至所计算的时刻为止的时间间隔；$\frac{\delta^2}{a}$ 为热扰动扩散到 δ^2 的面积上所需的时间。非稳态导热时，Fo 越大，环境热量向物体内部穿透深度越深，物体内各点的温度越接近周围介质的温度。

7.5.2　集总参数法

根据 7.5.1 节的讨论，利用毕欧数可以判断在非稳态导热时物体内部温度分布的均匀程度。当 Bi 很小时，物体内部的导热热阻远小于其表面的对流换热热阻，因而物体内部各点的温度在任一时刻都趋于均匀，物体的温度分布只是时间的函数，与空间位置无关。对于这种情况下的非稳态导热问题，求解就变得比较简单，只需求出温度随时间的变化规律，以及温度变化过程中物体放出或吸收的热量。这种忽略物体内部导热热阻的简化分析方法称为集总参数法，即把质量与热容量汇总到一点。根据式（7-68），在以下三种情况下，Bi 的值将很小：①物体的导热系数相当大；②所讨论物体的几何尺寸很小；③表面传热系数很小。这几种情况都可以使用集总参数法求解非稳态导热问题。

1. 温度函数

设有一任意形状的物体，如图 7-15 所示，体积为 V，表面面积为 A，密度 ρ、比热容 c_p 及导热系数 λ 为常数，无内热源，初始温度为 T_0。过程开始时突然将该物体放入温度恒定为 T_∞ 的流体之中（设 $T_0 > T_\infty$），由于温度差的存在，物体与环境之间便会发生热量传递，且物体表面和流体之间对流换热的表面传热系数 h 为常数，需要确定该物体在冷却过程中温度随时间的变化规律以及放出的热量。该热传递过程的阻力来自两个方

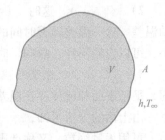

图 7-15　集总参数法示意图

面，一是物体内部的导热热阻，二是物体外表面与环境流体间的对流换热热阻。普通情况下这是一个多维的非稳态导热问题，当固体内部的热阻很小或导热系数很大时，导热阻力可忽略不计，此问题可以采用集总参数法进行分析。描述这类物体的非稳态导热的微分方程就可以根据能量守恒定律导出一种简单的形式。

在符合集总参数法的情况下，由能量守恒定律，单位时间物体热力学能的变化量应该等于物体表面与流体之间的对流换热量，即

$$\rho c_p V \frac{dT}{d\tau} = -hA(T - T_\infty) \tag{7-70}$$

引入过余温度 $\theta = T - T_\infty$，式（7-70）变为

$$\rho c_p V \frac{d\theta}{d\tau} = -hA\theta$$

由初始温度为 T_0 可得出初始条件为

$$\theta(0) = T_0 - T_\infty = \theta_0 \tag{7-71}$$

对式（7-71）分离变量，有

$$\frac{\mathrm{d}\theta}{\theta} = -\frac{hA}{\rho c_p V}\mathrm{d}\tau$$

对上式两边积分得

$$\int_{\theta_0}^{\theta} \frac{\mathrm{d}\theta}{\theta} = -\int_0^{\tau} \frac{hA}{\rho c_p V}\mathrm{d}\tau$$

得出其解为

$$\ln\frac{\theta}{\theta_0} = -\frac{hA\tau}{\rho c_p V}$$

或

$$\frac{\theta}{\theta_0} = \exp\left(-\frac{hA}{\rho c_p V}\tau\right) \tag{7-72}$$

式（7-72）中指数部分可进行如下变换

$$-\frac{hA\tau}{\rho c_p V} = -\frac{hV}{\lambda A}\cdot\frac{\lambda A^2\tau}{\rho c_p V^2} = \frac{-h(V/A)}{\lambda}\cdot\frac{a\tau}{(V/A)^2} = -Bi_V\cdot Fo_V \tag{7-73}$$

式中，$V/A=l$ 具有长度量纲，可作为特征长度，称为集总参数系统的特征尺寸；hl/λ 为毕欧数 Bi_V；$a\tau/l^2$ 是另一无量纲量，称为傅里叶数，记为 Fo_V；下角标 V 表示特征长度为 V/A。

很容易计算出，对于厚度为 2δ 的无限大平壁，$l=\delta$；对于半径为 R 的圆柱，$l=R/2$；对于半径为 R 的圆球，$l=R/3$。

这样，整个指数是无量纲的，它是两个特征数的乘积。由集总参数法得出的物体温度随时间的变化关系为

$$\frac{\theta}{\theta_0} = \frac{T-T_\infty}{T_0-T_\infty} = \exp(-Bi_V Fo_V) \tag{7-74}$$

式（7-74）表明，物体的过余温度 θ 按负指数规律变化。在过程开始阶段，θ 变化很快，这是由于开始阶段物体和流体之间的温差大，传热速度快造成的。随着温差的减小，θ 变化的速度也越来越缓慢，如图 7-16a 所示。

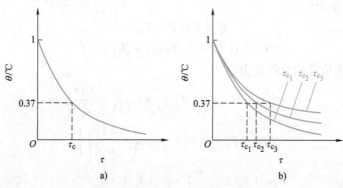

图 7-16　过余温度随时间的变化

a）给定时间常数下　b）不同时间常数下

2. 时间常数

进一步对指数部分进行分析可以发现，指数中 $\frac{hA}{\rho c_p V}$ 与时间倒数 $\frac{1}{\tau}$ 的量纲相同，当 $\tau=$

$\dfrac{\rho c_p V}{hA}$时，由式（7-74）可得

$$\frac{\theta}{\theta_0} = \frac{T - T_\infty}{T_0 - T_\infty} = \mathrm{e}^{-1} = 0.368$$

故定义

$$\tau_c = \frac{\rho c_p V}{hA} \tag{7-75}$$

为时间常数，记为 τ_c。这样，当 $\tau = \tau_c$ 时，物体的过余温度为初始过余温度的 36.8%。时间常数越小，过余温度变化到特定值所需要的时间就越短，表明物体的温度变化就越快，物体也就越迅速地接近周围流体的温度，如图 7-16b 所示。这说明，时间常数反映了物体对周围环境温度变化响应的快慢，时间常数越小，则响应快；时间常数越大，则响应慢。

由时间常数的定义可知，影响时间常数大小的主要因素是物体的热容量 $\rho c_p V$ 和物体表面的对流换热条件 hA。物体的热容量越小，表面的对流换热越强，物体的时间常数越小，时间常数反映了两种影响的综合效果。利用热电偶测量流体温度，总是希望热电偶的时间常数越小越好，因为时间常数越小，热电偶越能迅速地反映被测流体的温度变化，所以，热电偶端部的触点总是做得很小，用其测量流体温度时，也总是设法强化热电偶端部的对流换热。

如果几种不同形状的物体都用同一种材料制作，并且和周围流体之间的表面传热系数也都相同，均满足使用集总参数法的条件，则由式（7-75）可以看出，单位体积表面积越大的物体，时间常数越小，在初始温度相同的情况下，放在温度相同的流体中被冷却（或加热）的速度越快。例如：在体积一定和其他条件相同时，所有形状中圆球的表面积最小，因而圆球的时间常数最大，冷却（或加热）速度最慢。而做成其他形状，如柱体或长方体，则可使时间常数变小，冷却（或加热）速度加快。

物体温度随时间的变化规律确定之后，就可以计算物体和周围环境之间交换的热量。在 τ 时刻，表面热流量为

$$Q = hA(T - T_\infty)$$

可得

$$Q = hA(T_0 - T_\infty)\exp(-Bi_V Fo_V) \tag{7-76}$$

从 $\tau = 0$ 到 τ 时刻所传递的总热量为

$$\begin{aligned}
Q &= \int_0^\tau Q\mathrm{d}\tau = (T_0 - T_\infty)\int_0^\tau hA\exp\left(-\frac{hA\tau}{\rho c_p V}\right)\mathrm{d}\tau \\
&= (T_0 - T_\infty)\rho c_p V\left[1 - \exp\left(-\frac{hA\tau}{\rho c_p V}\right)\right] \\
&= \rho c_p V \theta_0\left(1 - \frac{\theta}{\theta_0}\right) = \rho c_p V \theta_0(1 - \mathrm{e}^{-Bi_V Fo_V})
\end{aligned}$$

令 $Q_0 = \rho c_p V\theta_0$，表示物体温度从 T_0 变化到周围流体温度 T_∞ 所放出或吸收的总热量，则从 $\tau = 0$ 到 τ 时刻物体所传递的总热量为

$$Q = Q_0(1 - \mathrm{e}^{-Bi_V Fo_V}) \tag{7-77}$$

上面的分析不管对物体冷却还是加热都适用。式（7-76）或式（7-77）中，正的 Q 值表示 $T_0 - T_\infty > 0$，物体被冷却，负值表示物体被加热。

7.5.1 节中已经指出，Bi_V 是物体内部的导热热阻和表面对流换热热阻之比，即内外热阻之比。Bi_V 越小，表明内部导热热阻越小或外部热阻越大，从而内部温度就越均匀，用集总参数法计算所得的误差就越小。在用热电偶测温时，一般使 Bi_V 为 0.001 量级或更小，这时集总参数法是非常准确的。

分析指出，对于形如平板、柱体和球体这一类的物体，若

$$Bi_V = \frac{h(V/A)}{\lambda} < 0.1M \tag{7-78}$$

则物体中各点过余温度的偏差小于 5%，可以近似使用集总参数法。式中，M 是与形状有关的因子；对于无限大平板，$M=1$；对于无限长圆柱，$M=1/2$；对于球体，$M=1/3$。

前面已得出：对于厚度为 2δ 的无限大平壁，$l = \dfrac{V}{A} = \delta$；对于半径为 R 的圆柱，$l = \dfrac{R}{2}$；对于半径为 R 的球体，$l = \dfrac{R}{3}$。故对于厚度为 2δ 的大平壁，半径为 R 的长圆柱和半径为 R 的球体，若特征长度分别取 δ 和 R，则式（7-78）可统一为 $Bi_V < 0.1$。

【例 7-7】 用热电偶测量流体温度时，已知流体温度为 200℃，插入流体前热电偶触点温度为 20℃。假定热电偶触点为球形，直径为 1mm，其密度 $\rho = 8000 \text{kg/m}^3$，$\lambda = 52$ W/(m·℃)，$c_p = 418 \text{J}/(\text{kg·℃})$，触点表面与流体之间的表面传热系数 $h = 120 \text{W}/(\text{m·℃})$，试求热电偶指示温度达 199℃ 时所需的时间。

解：首先计算 Bi_V，判断能否用集总参数法求解。

$$Bi_V = \frac{h(V/A)}{\lambda} = \frac{h\left[\dfrac{\pi D^3}{6}/(\pi D^2)\right]}{\lambda} = \frac{h \cdot \dfrac{D}{6}}{\lambda} = \frac{120 \times 0.001}{6 \times 52} = 0.00038 < 0.033$$

满足集总参数法求解条件，进而可得到

$$\tau = -\frac{\rho c_p V}{hA} \ln \frac{T - T_\infty}{T_0 - T_\infty} = -\frac{\rho c_p D}{6h} \ln \frac{T - T_f}{T_0 - T_f} = -\left(\frac{8000 \times 418 \times 0.001}{6 \times 120} \ln \frac{199 - 200}{20 - 200} \right) \text{s}$$

$$= 24.1 \text{s}$$

【例 7-8】 零件的使用要求决定了材料的选择及其加工工艺，中高碳钢材料通常需要淬火热处理。已知一初始温度为 800℃、直径为 100mm 的钢球，将其投入 50℃ 的循环水中淬火冷却，表面传热系数 $h = 50 \text{W}/(\text{m}^2 \cdot \text{K})$，试求钢球中心温度达到 100℃ 所需要的时间。已知钢球的密度 $\rho = 7800 \text{kg/m}^3$，比定压热容 $c_p = 470 \text{J}/(\text{kg·K})$，导热系数为 35W/(m·K)。

解：首先判断能否用集总参数法求解，毕欧数为

$$Bi_V = \frac{h(R/3)}{\lambda} = \frac{50 \times (0.05/3)}{35} = 0.0238 < \frac{0.1}{3}$$

故可以用集总参数法求解。根据式（7-74），有

$$\frac{\theta}{\theta_0} = \frac{T - T_\infty}{T_0 - T_\infty} = e^{-Bi_V Fo_V}$$

将已知条件代入上式，得

$$\frac{100℃ - 50℃}{800℃ - 50℃} = e^{-0.0238Fo_V}$$

可解得 $Fo_V = 113.78$，即

$$\frac{a\tau}{\left(\dfrac{R}{3}\right)^2} = 113.78$$

由此可得

$$\tau = \frac{113.78\,(R/3)^2}{\dfrac{\lambda}{\rho c_p}} = \frac{113.78 \times \left(\dfrac{0.05}{3}\right)^2}{\dfrac{35}{7800 \times 470}}s = 3311s \approx 55min$$

即钢球中心温度达到 100℃ 需要 55min。

7.5.3 一维非稳态导热的分析解法

当 Bi_V 数很大，不能满足式（7-78）的条件时，表明界面的对流换热热阻远小于固体内部的导热热阻，用集总参数法求解非稳态导热会带来较大的误差，必须考虑物体的几何形状及大小，采用其他方法求解，如精确分析解法求解。导热微分方程、初始条件和边界条件完整地描述了一个特定的非稳态导热问题，非稳态导热问题的求解是在规定的初始条件和边界条件下求解导热微分方程，基于目前在数学上对导热微分方程的求解水平，仅可以求出部分非稳态导热问题的分析解。

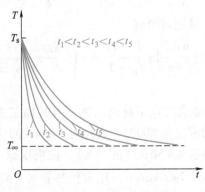

图 7-17 半无限大平板受热
时温度随时间的分布

1. 表面温度不变时的一维非稳态导热

设具有平表面的物体初始温度为 T_0，平表面温度突然升高到 T_s 并保持不变。在热传导过程中，物体内部总有远离表面处的温度不受表面温度的影响，仍保持为 T_0。图 7-17 所示为平面厚度方向（x 轴方向）板内温度 T 随时间 t 的分布情况。例如，半无限大平板的加热或冷却，工业炉炉底对不太深处地基或土壤的加热，无过热的纯金属液浇入有平表面的型腔，凝固

102

程中砂型内温度分布的变化（此时砂型界面温度可近似看作恒定）等均属于这种情况。

常物性、一维非稳态导热方程为

$$\frac{\partial T}{\partial t} = a\frac{\partial^2 T}{\partial x^2}$$

初始条件：　　　　　　　　　　　　$t = 0$ 时, $T = T_0$

边界条件：　　　　　　　　　　　　$x = 0$ 时, $T = T_s$

　　　　　　　　　　　　　　　　$x \to \infty$ 时, $T = T_0$

引入过余温度，令 $\theta = T - T_s$，将微分方程和边界条件化为齐次方程，得

$$\frac{\partial \theta}{\partial t} = a\frac{\partial^2 \theta}{\partial x^2}$$

初始条件：$t = 0$ 时, $\theta = T - T_s = \theta_0$。边界条件：$x = 0$ 时, $\theta = 0$。$x \to \infty$ 时, $T = T_0$ 的原边界条件下采用分离变量法求解时可不用。

利用前面介绍的分离变量法求解步骤，可求得上式的特解为

$$\frac{\theta}{\theta_0} = \frac{T - T_s}{T_0 - T_s} = \frac{2}{\sqrt{\pi}}\int_0^{\frac{x}{2\sqrt{at}}} \exp(-\eta^2)\,\mathrm{d}\eta = \mathrm{erf}\left(\frac{x}{2\sqrt{at}}\right) \qquad (7\text{-}79)$$

式中，$\mathrm{erf}\left(\dfrac{x}{2\sqrt{at}}\right)$ 为 $\dfrac{x}{2\sqrt{at}}$ 的误差函数，可由本书附录7查得。

易知对该函数有，$\mathrm{erf}(0) = 0$, $\mathrm{erf}(\infty) = 1$。

式（7-79）即为半无限大物体中的温度场表达式。此形式的表达式非常重要，在热量传输和质量传输中会经常遇到。

利用式（7-79）可以计算出任意给定时刻 t 时离受热表面距离为 x 处的温度，也可以计算出在 x 点处达到某一温度 T 所需的时间。

查附录7可知，当 $\dfrac{x}{2\sqrt{at}} = 2$ 时，$\mathrm{erf}\,(2) = 0.99532$，从而 $\dfrac{\theta}{\theta_0} = 99.53\%$，故当 $\dfrac{x}{2\sqrt{at}} \geq 2$ 时，x 处的温度仍为 T_0。如果 $x \geq 4\sqrt{at}$，则 t 时刻 x 处的温度尚未变化。由这一结果可将半无限大物体提升为一个概念，即对初始温度均匀、厚度为 2δ 的平壁，当一个侧面的温度突然变化到另一个温度时，若 $\delta \geq 4\sqrt{at}$，则在 t 时刻之前，平壁可采用半无限大模型。

图 7-18 所示为式（7-79）的图解。根据已知的 x 及 t，用 $\dfrac{x}{\sqrt{at}}$ 可由图 7-18 查得 $\dfrac{T-T_s}{T_0-T_s}$ 后算出温度 T，或进行相反的运算。

利用式（7-79）及傅里叶定律可以求出通过平板受热表面（$x = 0$）处的瞬时热流密度 q_x。

$$q_x = -\lambda\frac{\partial T}{\partial x}\bigg|_{x=0} = \lambda(T_s - T_0)\frac{1}{\sqrt{\pi a t}}\exp\left(-\frac{x^2}{4at}\right)\bigg|_{x=0}$$

或　　　　$$q_x = \lambda(T_s - T_0)\frac{1}{\sqrt{\pi a t}} \qquad (7\text{-}80)$$

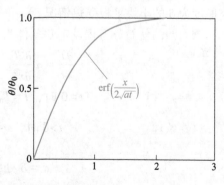

图 7-18　式（7-79）曲线

不难看出，q_x 随着时间 t 的增加而递减，单位为 W/m^2。

在 $0\sim t$ 这段时间内，将 q_x 在 $0\sim t$ 内积分即可得到流过每单位面积受热表面的热量 Q_t。

$$Q_t = \int_0^t \lambda (T_s - T_0) \frac{1}{\sqrt{\pi a t}} \mathrm{d}t = 2\lambda (T_s - T_0)\sqrt{\frac{t}{\pi a}} = 2\sqrt{\frac{t}{\pi}}\sqrt{\rho c_p \lambda}(T_s - T_0) \qquad (7\text{-}81)$$

式中，$\sqrt{\rho c_p \lambda}$ 为吸热系数，代表物体的吸热能力。式（7-80）表明，对半无限大物体在第一类边界条件下的非稳态导热，界面上的瞬时热流量与时间的平方根成反比，而在 $0\sim t$ 时间内，交换的总热量则与时间的平方根成正比。

金属铸造工艺过程中，由于砂型的导热系数小，型壁较厚，可按半无限大平板问题来处理。利用上述所获得的公式，可计算砂型中特定位置在 t 时刻达到的温度，以及铸件传入砂型的瞬时热流密度和在某一时间段内传入砂型的累计热量，通过合理选用不同造型材料，可以调控凝固过程及铸件质量。

> **【例 7-9】** 在金属液态成形过程中，将液态金属浇入金属铸型中，金属液把热量传递给金属型壁并通过型壁散失热量，进行凝固可获得相应铸件。已知一大型平板状铸件在金属型中凝固冷却，金属型内侧表面温度维持在 1300℃ 不变，金属型初始温度为 25℃，热扩散率为 $1.58\times10^{-5}\,\text{m}^2/\text{s}$，试确定浇注后 2h，金属型中离内侧表面 80mm 处的温度。
>
> **解：** 首先确定 N 值，然后通过附录查找 $\mathrm{erf}(N)$。
>
> $$N = \frac{x}{2\sqrt{at}} = \frac{0.08}{2\sqrt{1.58\times10^{-5}\times2\times3600}} = 0.352$$
>
> 从附录查找得到 $\mathrm{erf}(0.352) = 0.3813$，代入式（7-79）可求得温度
>
> $$T = T_s + (T_0 - T_s)\mathrm{erf}(0.352) = [1300 + (25 - 1300)\times0.3813]℃ = 814℃$$

2. 表面有对流换热时的一维非稳态导热

设有一块厚度为 2δ 的无限大平板，初始温度为 T_0。在初始瞬间将它置于温度为 T_∞ 的流体中（$T_\infty > T_0$），如图 7-19 所示。流体与平板表面间的表面传热系数 h 为常数。

将 x 轴的原点置于平板中心截面上，此为对称受热，只需研究厚度为 δ 的半块平板受热情况。

该问题的偏微分方程及定解条件为

$$\frac{\partial T}{\partial t} = a \frac{\partial^2 T}{\partial x^2}$$

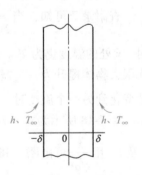

图 7-19　无限大平板加热

初始条件：　　　　　$t=0$ 时，$T=T_0$

边界条件：　　　　$t>0$ 时，$x=0$ 处，$\dfrac{\partial T}{\partial x}=0$（对称性）

$$x=\delta\ \text{处，}\ -\lambda\frac{\partial T}{\partial x}=h(T_0-T)$$

引入过余温度，令 $\theta = T - T_\infty$，边界条件化为齐次，即

$$\frac{\partial \theta}{\partial t} = a \frac{\partial^2 \theta}{\partial x^2}$$

初始条件：$\qquad\qquad t = 0$ 时，$\theta = T_0 - T_\infty = \theta_0$

边界条件：$\qquad t > 0$ 时，$x = 0$ 处，$\dfrac{\partial \theta}{\partial x} = 0$；$x = \delta$ 处，$\dfrac{\partial \theta}{\partial x} + \dfrac{h}{\lambda} \theta = 0$

利用分离变量法，求得无限大平板中温度分布表达式为

$$\frac{\theta}{\theta_0} = \frac{T - T_\infty}{T_0 - T_\infty} = 2 \sum_{n=1}^{\infty} \frac{\sin(\lambda_n \delta)}{\lambda_n \delta + \sin(\lambda_n \delta)\cos(\lambda_n \delta)} \exp(-\lambda_n^2 a t) \cos(\lambda_n x) \tag{7-82}$$

式中的 λ_n 可由下式确定

$$\cot(\lambda_n \delta) = \frac{\lambda_n \delta}{\dfrac{h}{\lambda}\delta} = \frac{\lambda_n \delta}{Bi}$$

设 $\eta_n = \lambda_n \delta$，则式（7-82）可以写成下式

$$\frac{\theta}{\theta_0} = \frac{T - T_\infty}{T_0 - T_\infty} = 2 \sum_{n=1}^{\infty} \frac{\sin \eta_n \cos\left(\eta_n \dfrac{x}{\delta}\right)}{\eta_n + \sin \eta_n \cos \eta_n} \exp(-\eta_n^2 Fo) \tag{7-83}$$

式（7-83）中，η_n 是 Bi 的函数，因而平板中的温度分布是 Bi、Fo 以及 $\dfrac{x}{\delta}$ 的函数，式（7-83）可以写成

$$\frac{\theta}{\theta_0} = \frac{T - T_\infty}{T_0 - T_\infty} = f\left(Bi, Fo, \frac{x}{\delta}\right) \tag{7-84}$$

在物理现象中，物理量不是单个地起作用，而是以准则数这种组合量发挥作用。无量纲数组成的方程改变了表达形式，但并没有改变其描述现象的本质。这种把方程组的解归结为准则关系式是认识上的一个飞跃，它更深刻地反映了物理现象的本质，并且使变量的数目大幅度减少，这样不仅利于表述求解的结果，也更有利于实验。

在实际中采用式（7-84）计算 $\dfrac{\theta}{\theta_0}$ 非常不方便，因而在工程上根据式（7-84）作出了计算 $\dfrac{\theta}{\theta_0}$ 的诺谟图，图 7-20 所示为其中的一种，称为海斯勒姆图（Heisler Charts）。该图是计算平板中心截面上的无量纲过余温度 $\dfrac{\theta_m}{\theta_0}$ 的诺谟图，图中以 Fo（即 $\dfrac{at}{\delta^2}$）为横坐标，$\dfrac{1}{Bi}$ 作为参变量，由这两个数值可以查得相应的 $\dfrac{\theta_m}{\theta_0}$。如果要计算距中心截面为 x 处的温度，可以在查出的 $\dfrac{\theta_m}{\theta_0}$ 值上再乘以距离校正系数 $\dfrac{\theta}{\theta_m}$。$\dfrac{\theta}{\theta_m}$ 的值可以根据 $\dfrac{1}{Bi}$ 的值从相应的诺谟图上查取。图 7-21 所示为查取无限大平板的距离校正系数 $\dfrac{\theta}{\theta_m}$ 值的诺谟图。

对于半径为 R 的无限长圆柱或球体，采用分离变量法同样可以求得其温度分布的分析解，无量纲过余温度也是 Bi、Fo 及无量纲距离 $\dfrac{r}{R}$ 的函数。r 是欲确定温度的那一点的半径，

105

$Bi = \dfrac{hR}{\lambda}$，$Fo = \dfrac{at}{R^2}$ 都是以半径 R 作为特征尺寸。为了实用计算方便，这些分析也都制成诺谟图，可在有关文献中查找。

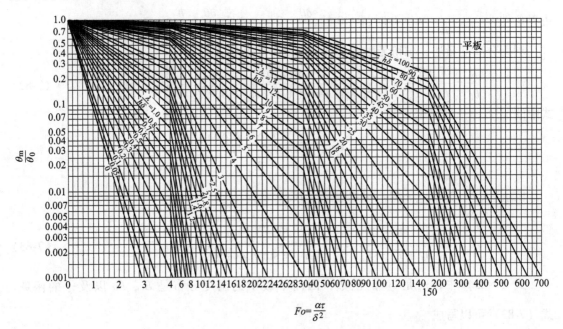

图 7-20　厚度为 2δ 的无限大平板的中心温度诺谟图

需要指出的是，在上述求解过程中，曾假设平板处于受热状态，但是所得解对于冷却的情况也是适用的，另外上面给出的图线仅适用于恒温介质的边界条件以及 $Fo>0.2$ 的情况。

106

【例 7-10】　一块厚度为 $\delta=100\mathrm{mm}$ 的钢板放入温度为 $1000℃$ 的炉中加热，钢板单面受热，另一面近似绝热。钢板初始温度 $T_0=20℃$，加热过程中平均表面传热系数 $h=174\mathrm{W/(m^2 \cdot K)}$，钢板导热系数 $\lambda=34.8\mathrm{W/(m \cdot K)}$，$a=0.555×10^{-5}\mathrm{m^2/s}$。试计算：

1）钢板受热表面的温度达到 $500℃$ 时所需要的时间。

2）此时截面上的最大温差。

解：该问题相当于厚度为 200mm 的平板在恒温介质边界条件下对称受热的情况。

1）求表面达 $500℃$ 所需要时间 t。

$$Bi = \frac{h\delta}{\lambda} = \frac{174 × 0.1}{34.8} = 0.5$$

$$\frac{x}{\delta} = 1.0$$

由图 7-21 查得平板表面上的距离校正系数，$\dfrac{\theta}{\theta_\mathrm{m}}=0.8$。

根据已知数据，平板表面上的无量纲过余温度为

$$\frac{\theta}{\theta_0} = \frac{T - T_\infty}{T_0 - T_\infty} = \frac{500 - 1000}{20 - 1000} = 0.51$$

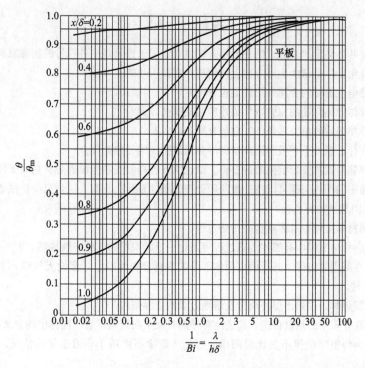

图 7-21 无限大平板的距离校正系数诺谟图

由于
$$\frac{\theta}{\theta_0} = \frac{\theta_m}{\theta_0} \cdot \frac{\theta}{\theta_m}$$

故得
$$\frac{\theta_m}{\theta_0} = \frac{\theta}{\theta_0} \bigg/ \frac{\theta}{\theta_m} = \frac{0.51}{0.8} = 0.637$$

根据 $\dfrac{\theta_m}{\theta_0}$ 以及 Bi 值，由图 7-20 查得 $Fo = 1.2$，于是

$$t = Fo\frac{\delta^2}{a} = 1.2 \times \frac{0.1^2}{0.555 \times 10^{-5}}\text{s} = 2.16 \times 10^3\text{s}$$

2）求表面温度为 500℃ 时钢板截面上的最大温差 ΔT_{max}。

由 $\dfrac{\theta_m}{\theta_0} = 0.637$ 得

$$T_m = 0.637\theta_0 + T_\infty = [0.637 \times (20 - 1000) + 1000]\text{℃} = 370\text{℃}$$

式中，T_m 是钢板绝热面温度（或 200mm 厚钢板中心截面温度），在厚度方向上，中心截面温度最低。

钢板厚度截面上最大温差为

$$\Delta T_{max} = (500 - 376)\text{℃} = 124\text{℃}$$

习 题

7-1 写出傅里叶导热定律表达式的一般形式，说明适用条件及式中各符号的物理意义。

7-2 请写出直角坐标系三个坐标方向上的傅里叶定律表达式。

7-3 为什么导电性能好的金属导热性能也好？

7-4 对一个具体导热问题的完整数学描述应包括哪些方面？

7-5 什么是导热问题的单值性条件？它包含哪些内容？

7-6 试说明在什么条件下平板和圆筒壁的导热可以按一维导热处理。

7-7 根据对导热系数主要影响因素的分析，试说明在选择和安装保温隔热材料时要注意哪些问题。

7-8 扩展表面中的导热问题可以按一维问题处理的条件是什么？有人认为只要扩展表面细长，就可按一维问题处理，你同意这种观点吗？

7-9 举例说明材料工程中有哪些稳态传热过程。

7-10 举例说明材料工程中有哪些传热过程可简化为半无限厚物体的一维传热。

7-11 对于正在凝固的铸件，其凝固成固体部分的两侧分别为砂型（假设无气隙）及固液分界面，试列出两侧的边界条件。

7-12 焊条电弧焊时，试列出焊件周边及熔池边缘的边界条件。

7-13 结合多孔介质中的热量传递，简述纯粹导热只发生在密实不透明固体中的含义。

7-14 有人认为傅里叶定律不显含时间项，因此该定律不能用于非稳态导热情况，你如何理解这个问题？

7-15 液态纯铝和纯铜分别在熔点（铝熔点为 660℃，铜熔点为 1083℃）浇入同样造型材料构成的两个砂型中，砂型的密实度也相同。试问两个砂型的蓄热系数哪个大？为什么？

7-16 一厚度为 40mm 的无限大平壁，其稳态温度分布为：$T = 180 - 1800x^2$。若平壁材料导热系数 $\lambda = 50 W/(m \cdot K)$，试求：

(1) 平壁两侧表面处的热流密度。

(2) 平壁中是否有内热源？若有的话，它的强度是多大？

7-17 有一厚为 20mm 的平面墙，导热系数为 $1.3 W/(m \cdot K)$。为使每平方米墙的热损失不超过 500W，在外表面覆盖了一层导热系数为 $0.12 W/(m \cdot K)$ 的保温材料。已知复合壁两侧的温度分别为 750℃ 及 45℃，试确定此时保温层的厚度。

7-18 冲天炉热风管道的内、外直径分别为 160mm 和 170mm，管外覆盖厚度为 80mm 的石棉隔热层，管壁和石棉的导热系数分别为 $\lambda_1 = 58.2 W/(m \cdot ℃)$、$\lambda_2 = 0.116 W/(m \cdot ℃)$。已知管道内表面温度为 240℃，石棉层表面温度为 40℃，求每米长管道的热损失。

7-19 一冷藏室的墙由钢皮、矿渣棉及石棉板三层叠合构成，各层的厚度依次为 1mm、150mm、10mm；导热系数分别为 $45 W/(m \cdot K)$、$0.07 W/(m \cdot K)$、$0.1 W/(m \cdot K)$。冷藏室的有效传热面积为 40m²，室内外温度分别为 -2℃ 及 30℃，室内外壁面的表面传热系数可分别按 $3 W/(m^2 \cdot K)$ 及 $10 W/(m^2 \cdot K)$ 计算。为维持冷藏室温度恒定，试确定冷藏室内的冷却排管每小时需带走的热量。

7-20 一块铝板厚 50mm，具有均匀的初始温度 200℃，突然放入温度为 70℃ 的对流环境中，表面传热系数 $h = 525 W/(m^2 \cdot K)$。铝板导热系数 $\lambda = 215 W/(m \cdot K)$，密度为 2700kg/m³，比热容 $c_p = 948 J/(kg \cdot K)$。求 1min 后距离表面 12.5mm 处铝板的温度和此时单位面积铝板上散出的总热量。

7-21 俗语说："冰冻三尺，非一日之寒"。试根据下列数据计算冬天冰冻三尺需几日之寒。设土壤原来温度为 4℃，受寒潮影响，土壤表面突然下降到 -10℃，土壤物性：$\lambda = 0.6 W/(m \cdot K)$，$a = 0.194 \times 10^{-6} m^2/s$，且 λ 和 a 不随冰冻变化。

7-22 一炉墙厚度为 0.18m，由平均导热系数为 $1.2 W/(m \cdot K)$ 的材料建成，墙的一侧包有平均导热系数为 0.12W/(m·K) 的保温材料，使其单位面积的漏热不超过 1600W/m²。假设炉墙两侧的壁面温度分别为 50℃ 和 1800℃，试计算所需的保温层厚度。

7-23 一个加热炉的耐火墙采用镁砖砌成，其厚度 $\delta = 370mm$。已知镁砖内外侧表面温度分别为 1650℃ 和 300℃，求通过每平方米炉墙的热损失。

7-24 外径为 100mm 的蒸汽管道，密度为 20kg/m³ 的超细玻璃棉毡作为覆盖隔热层。已知蒸汽管外壁温度为 400℃，要求隔热层外表面温度不超过 50℃，而且每米长管道散热量小于 163W，试确定所需隔热层的厚度。

7-25 一直径为 500mm、高为 800mm 的钢锭，初始温度为 30℃，被推入 1200℃ 的加热炉内。设各表面同时受热，各面上表面传热系数均为 $h = 180W/(m^2·℃)$。已知钢锭的 $\lambda = 40W/(m·K)$，$a = 8×10^{-6}m^2/s$，试确定 3h 后在中央高度截面上半径为 0.13m 处的温度。

7-26 一碳含量 $w_C \approx 0.5\%$ 的曲轴，加热到 600℃ 后置于 20℃ 的空气中回火。曲轴的质量为 7.84kg，表面积为 870cm²，比热容为 418.7J/(kg·℃)，密度为 7800kg/m³，导热系数为 42.0W/(m·℃)，冷却过程的平均表面传热系数为 29.1W/(m²·℃)，试确定曲轴中心冷却到 30℃ 所经历的时间。

7-27 已知某飞机座舱是由多层材料的内外壁组成。内壁由厚度为 1mm 的铝镁合金组成，其导热系数为 160W/(m·K)；外壁由厚度为 2mm 的软铝作为蒙皮，其导热系数为 200W/(m·K)；并有 10mm 厚的超细玻璃棉作为绝热层，其导热系数为 0.03W/(m·K)；内外壁之间有一空气空腔，其厚度为 20mm，空气导热系数为 0.025W/(m·K)。假设座舱温度为 20℃，飞机飞行在高空处的外壁温度为 -30℃，在忽略空腔内自然对流的条件下，试确定空调系统供应每平方米面积座舱的热流量是多少？

7-28 一圆筒壁的外径为 100mm、厚度为 10mm，内、外壁的温度分别为 100℃ 和 60℃，测得通过该圆筒壁每米管长的热损失为 50W/m，试确定该圆管材料的导热系数。

7-29 热电厂中有一直径为 0.2m 的过热蒸汽管道，钢管壁厚 8mm，钢材的导热系数 $\lambda_1 = 45W/(m·K)$，管外包有厚度 $\delta = 0.12m$ 的保温层，保温材料的导热系数 $\lambda_2 = 0.1W/(m·K)$，管内壁面温度 $T_{w1} = 300℃$，保温层外壁面温度 $T_{w3} = 50℃$。试求单位管长的散热损失。

7-30 一直径为 5cm，初始温度为 450℃ 的小钢球，其比热容 $c_p = 0.46kJ/(kg·℃)$，导热系数为 35W/(m·℃)，突然将其放入温度恒为 100℃，表面传热系数 $h = 10W/(m^2·K)$ 的环境中，试求小钢球达到 150℃ 所需的时间。

7-31 已知一大型平板状铸件在砂型中凝固冷却，砂型内侧表面温度维持在 1200℃ 不变，砂型初始温度为 20℃，热扩散率为 $2.41×10^{-7}m^2/s$，试确定浇注后 1.5h 砂型中离内侧表面 50mm 处的温度。

第8章

对流换热

本章知识结构图：

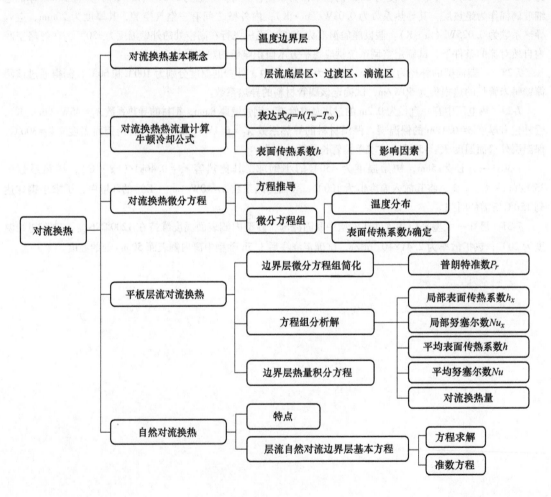

第 8 章知识结构图

8.1 对流换热基本概念

对流换热是发生在流体和与之接触的固体壁面之间的热量传递过程，是宏观热对流与微观热传导的综合传热过程，如图 8-1 所示，它表示流体以来流速度 u_∞ 和来流温度 T_∞ 流过一个温度为 T_s 的固体壁面的流动传热问题。由于涉及流体运动，对流换热中，热量的传递过程较为复杂，分析处理较为困难。因此，在对流换热过程的研究和应用上，常采用实验和数值分析的处理方法。

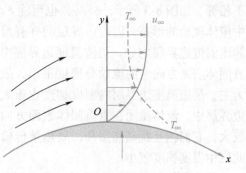

图 8-1 对流过程示意图

在动量传输篇中已经知道，当流体流过固体表面时，表面附近存在速度边界层，边界层可以是层流边界层或湍流边界层，但是紧靠固体表面总是存在层流边界层。与速度边界层相类似，当流体掠过一固体平面时，如果流体与固体壁面之间存在温差而进行对流换热，则在靠近固体壁面附近会形成一层具有温度梯度的温度边界层，也称热边界层。图 8-2 所示为流体沿固体壁面法线方向上的温度变化情况。横坐标表示流体温度 T，纵坐标表示距固体壁面距离 y。在固体壁面处（$y=0$），流体温度等于固体壁面温度 T_s，随着离固体壁面距离的增加，流体温度升高（$T_\infty > T_s$）或降低（$T_s > T_\infty$），直到其等于流体主流的温度 T_∞。热边界层的厚度用 δ_T 表示，随着流过平面距离的增加而增加，随着雷诺数 Re 的增大而减小。

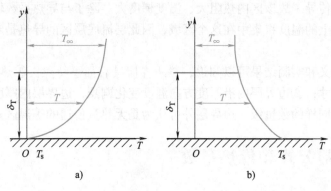

图 8-2 温度边界层
a) $T_\infty > T_s$　b) $T_s > T_\infty$

温度边界层的产生主要是由于壁面附近存在速度边界层，当流体速度较低时，沿 y 轴方向的热传递主要依靠传导。由傅里叶定律有

$$q = -\lambda \frac{dT}{dy}$$

式中，λ 为流体的导热系数，其值一般很小，如 30℃ 时空气的 $\lambda = 2.67 \times 10^{-2}$ W/(m·K)；在温度边界层的外边缘，流体速度比较高，沿 y 轴方向传递的热量很快被沿 x 轴方向流过的

流体带走，此处热传递强度大，而温度梯度小。

速度边界层和温度边界层既有联系又相互区别。流动中流体的温度分布受速度分布影响，但是两者的分布曲线并不相同。通常情况下，速度边界层和温度边界层厚度并不相等，如图 8-3 所示，$\delta > \delta_T$，也可能 $\delta < \delta_T$。根据边界层中流体流动的形态，温度边界层同样有层流温度边界层和湍流温度边界层之分。层流温度边界层中，流体微团在垂直固体表面方向上的流动分速度很小，故热量传输以传导为主，层流温度边界层内温度梯度也很大。而在湍流温度边界层中，流体微团在垂直固体表面方向上的流动分速度较大，它们相互扰动和掺和，故热量传输以对流为主，在此层中温度梯度较小。

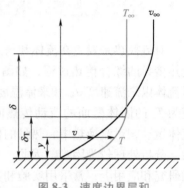

图 8-3　速度边界层和温度边界层的比较

湍流条件下的温度边界层，可以划分为三个区域，在固体壁面法线方向上，依次分为湍流区、过渡区和层流底层区。

（1）湍流区　该区内流体沿固体壁面法线方向的分速度很大，质点的对流换热作用远大于分子微观运动的导热作用，湍流涡动引起的流体掺混强烈，故热阻极小，可以看作是等温区。

（2）过渡区　该区内湍流涡动大为减弱，固体壁面法线方向的流体分速度较小，质点的对流换热作用与分子微观运动的导热作用程度相等，热阻明显增加，故该区内温度梯度不能忽略。

（3）层流底层区　固体壁面法线方向的流体分速度趋近于零，对流换热作用消失，热量传输完全依靠热传导。故该区内热阻大，温度梯度大。除了与导热系数较大的流体外，对流换热中有一半以上的温度将集中在这个区域，因此层流底层区的导热是对流换热中的限制环节。

由热边界层定义和实测结果可以知道，热边界层具有如下特点：①热边界层厚度 δ_T 远小于物体的特征尺寸；②边界层内沿厚度方向温度变化剧烈，边界层内厚度方向的导热和流动方向的对流具有同样的数量级，边界层外可认为是无热量传递的等温区。

8.2　牛顿冷却公式和传热系数

8.2.1　牛顿冷却公式

对流换热是一种复杂的热量传递过程，其传热量的基本计算公式是牛顿冷却公式，即

$$q = h(T_w - T_\infty) \tag{8-1}$$

式中，q 是对流换热热流密度，单位为 W/m^2；h 是表面传热系数，单位为 $W/(m^2 \cdot \text{℃})$；T_w 是壁面温度，单位为 ℃；T_∞ 是纵掠平壁流体的主流温度，单位为 ℃。

另一方面，流体沿壁面流动时，由于流体的黏性作用，贴壁层流流体速度为零，只能以导热的方式传递热量。根据傅里叶定律，壁面处传导的热流密度 q 可以写成

$$q = -\lambda \left(\frac{\partial T}{\partial y}\right)_{y=0} \tag{8-2}$$

式中，λ 是流体的导热系数，单位为 $W/(m \cdot ℃)$；$\left(\dfrac{\partial T}{\partial y}\right)_{y=0}$ 是壁面上流体的温度变化率。

贴壁处对流换热的热流密度等于穿过边界层的导热热流密度。由式（8-1）和式（8-2）得到表面传热系数与贴壁处流体层温度的一般关系式为

$$h = \frac{-\lambda}{T_w - T_\infty} \left(\frac{\partial T}{\partial y}\right)_{y=0} \tag{8-3}$$

式（8-3）就是对流换热微分方程，它把表面传热系数 h 与流体的温度场联系起来。这表明，表面传热系数 h 的求解有赖于流体温度场的求解。式（8-3）清晰地表明：求解一个对流换热问题，得到该问题的表面传热系数或交换的热流量，就必须首先获得流场的温度分布，即温度场；然后确定壁面上的温度梯度；最后计算出在参考温差下的表面传热系数。因此，对流换热问题与导热问题一样，寻找流体系统的温度场的支配方程，并力图求解方程而获得温度场是处理对流换热问题的主要工作。由于流体系统中流体运动影响着流场的温度分布，因而流体系统的速度分布（速度场）也是要同时确定的，即必须找出速度场的场方程，并加以求解。然而，对于较为复杂的对流换热问题，在建立了流场方程之后，求出分析解是非常困难的。因此，通常采用实验求解和数值求解。尽管如此，实验关系式的形式及准则的确定还是建立在场方程的基础上，数值求解的代数方程组也是从场方程或守恒定律推导得出。

8.2.2 表面传热系数及其影响因素

牛顿冷却公式给出了表面传热系数的定义式，但它并没有揭示传热系数与各影响因素的内在联系。如前所述，表面传热系数的影响因素可归结为以下四个方面：流动状态及流动起因、流体的物理性质、流体有无相变和传热面的几何形状、大小及相对位置。

1. 流动状态和流动起因

流体的流动状态分为层流和湍流。这两种流动状态流体的传热有很大的差别，具有不同的规律。层流时，流体沿平行于流道轴心线的流线流动，没有跨越流线的分速度。沿流道壁面法线方向的热量传递，只能依靠流体分子的迁移运动即热传导方式。湍流时，流体质点运动的流线是杂乱无章的，不仅在平行于流道壁面方向（轴向）有对流，而且由于相邻流层之间的不断扰动混合，形成涡流流动，以致在壁面法线方向（横向）也有对流。因此，湍流时的热量传递，除依靠导热方式外，主要依靠涡流流动，即流体质点从一个流层向相邻流层的随机运动传递热量，使传热大大增强。所以湍流传热要比层流传热强烈，湍流表面传热系数也较大。

驱使流体以某一流速在壁面上流动的起因有两种。一种是由于流体内部冷、热各部分密度不同所产生的浮升力作用而引起的，这种流动称为自然对流，如冬季室内空气沿暖气片表面自下而上的自然对流。另一种是流体受迫对流（也称强迫对流），即流体在泵、风机或水压头等作用下产生的流动。一般来说，强迫对流的流速要比自然对流的高，因而表面传热系数也大，这些已由理论分析和实验证实。如空气自然对流的表面传热系数约为 $5 \sim 25W/(m^2 \cdot ℃)$，而其

强迫对流的表面传热系数可达 $10 \sim 100 W/(m^2 \cdot \text{℃})$。因此，通常对流换热问题可分为自然对流换热（也称自由流动换热）和强迫对流换热（被动流动换热）两大类。

2. 流体的物理性质

由于流体的物理性质不同，对流换热过程可以是各种各样的。流体的物理性质可因流体的种类、温度和压力的不同而变化。本篇主要研究某些物质的物理性质单调变化和变化很小时的传热过程，并且，在对流换热理论分析中，将假定流体物理性质在所研究的温度范围内为常数。

影响流体传热的物性参数主要有导热系数 λ、比热容 c_p、密度 ρ、黏度 η 和体膨胀系数 α_V 等。导热系数 λ 大，则流体内部、流体与壁面之间的导热热阻就小，换热系数较大，故气体的表面传热系数一般低于液体的传热系数，液体中水的传热系数较高，而液态金属又比水的传热系数高。从能量输送对传热的影响来分析，密度 ρ 大的流体，单位体积能携带更多的热量，相应的通过对流作用转移热量的能力大，故表面传热系数也大。例如，20℃时水和空气的比热容相差悬殊。在造成强迫对流情况下，水的表面传热系数约为空气的 $100 \sim 150$ 倍。黏度系数大的流体，流动时沿壁面的摩擦阻力也大，在相同的流速下，动力黏度大的流体的边界层较厚，因此减弱了对流换热，表面传热系数较小。

3. 流体有无相变

相变对对流换热的影响主要体现在两个方面，一是由于相变伴随着潜热的产生，因此会使表面传热系数大大提高；另外由于相变会使流动的状态发生很大的变化，进而影响到表面传热系数的大小。当然，相变对于传热的影响是从这两个方面综合考虑的。

4. 传热面的几何形状、大小及相对位置

传热壁面的几何形状和尺寸、壁面与流体的相对几何关系（平行、垂直于壁面等）、壁面粗糙度和管道进口形状等对于对流换热有严重的影响。例如，强制对流时，决定层流或湍流的是雷诺数，其中的 L 是几何特征尺寸；流体沿平板流动时，L 为平板长度。一般短板上只出现层流边界层，而长板常出现湍流边界层。

8.2.3 对流换热过程的分类

由于对流换热是发生在流体与固体界面上的热交换过程，流体的流动和固体壁面的几何形状及相互接触的方式都会不同程度地影响对流换热的效果，这构成了许许多多复杂的对流换热过程。为了研究问题的条理性和系统性，可按不同的方式将对流换热过程进行分类。在传热学中，对流换热过程通常按如下方式分类：

1）按流体运动是否与时间相关，分为非稳态对流换热和稳态对流换热。

2）按流体运动的起因，分为自然对流换热和强制对流换热。

3）按流体与固体壁面的接触方式，分为内部流动换热和外部流动换热。

4）按流体的运动状态，分为层流流动传热和湍流流动传热。

5）按流体在传热过程中是否发生相变或存在多相的情况，分为单相流体对流换热和多相流体对流换热。

对于实际的对流换热过程，按照上述的分类，总是可以将其归入相应的类型之中。例如，在外力推动下流体的管内流动传热是属于强制内部流动传热，既可以为层流亦可为湍流，还可以有相变发生，使之从单相流动变为多相流动。再如，竖直的热平板在空气中冷却过程是属于外部自然对流换热（或称大空间自然对流换热），可以为层流亦可为湍流，在空气中冷却不可能有相变，应为单相流体传热；但是如果是在饱和水中则会发生沸腾传热，这就是带有相变的多相传热过程。

8.3 对流换热微分方程

对流换热是流体中的热量传递过程，涉及流体运动造成的热量携带和流体分子运动的热量传导（或扩散）。因此，流体的温度场与流体的速度场密切相关。要确立温度场和速度场就必须找出支配方程组，这包括从质量守恒定律导出的连续性方程、从动量守恒定律导出的动量微分方程，及从能量守恒定律导出的能量微分方程。对流换热微分方程组一般包括：对流换热微分方程，能量微分方程，x、y、z 三个方向的动量微分方程和连续性方程，下面分别给出介绍。

8.3.1 能量微分方程

在流体中取任一微元体 $\mathrm{d}x\mathrm{d}y\mathrm{d}z$，根据热力学第一定律，对图 8-4 所示的微元体进行能量守恒分析，可建立起描述流体能量传递的能量微分方程，以该控制体为分析对象，可以得到以下的关系

$$\boxed{\text{净进入控制体的总能量的速率}} + \boxed{\text{传给控制体内流体的热量速率}} + \boxed{\text{外力对控制体的做功的速率}} = \boxed{\text{控制体内总的能量的积累速率}}$$

$$(8\text{-}4)$$

设流体在 x、y、z 方向的速度分别为 v_x、v_y、v_z。先观察 x 方向上对流的热量流入和流出情况。在 $\mathrm{d}t$ 时间内，由平行于 x 方向进入控制体的热量为

$$Q'_x = \rho c_p T v_x \mathrm{d}y\mathrm{d}z\mathrm{d}t \tag{8-5}$$

平行于 x 方向流出控制体的热量为

$$Q'_{x+\mathrm{d}x} = \rho c_p \left[T + \frac{\partial T}{\partial x}\mathrm{d}x \right]\left[v_x + \frac{\partial v_x}{\partial x}\mathrm{d}x \right]\mathrm{d}y\mathrm{d}z\mathrm{d}t \tag{8-6}$$

在 $\mathrm{d}t$ 时间内，由 x 方向进入控制体的净能量经整理并略去高阶微小量，得

$$Q'_x - Q'_{x+\mathrm{d}x} = -\rho c_p\left[v_x\frac{\partial T}{\partial x} + T\frac{\partial v_x}{\partial x} \right]\mathrm{d}x\mathrm{d}y\mathrm{d}z\mathrm{d}t \tag{8-7}$$

同理可得 $\mathrm{d}t$ 时间内，平行 y 方向进入控制体的净能量为

$$Q'_y - Q'_{y+\mathrm{d}y} = -\rho c_p\left[v_y\frac{\partial T}{\partial y} + T\frac{\partial v_y}{\partial y} \right]\mathrm{d}x\mathrm{d}y\mathrm{d}z\mathrm{d}t \tag{8-8}$$

平行 z 方向进入控制体的净能量为

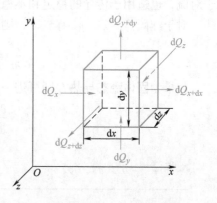

图 8-4 微元体对流换热控制图

$$Q'_z - Q'_{z+\mathrm{d}z} = -\rho c_p\left[v_z\frac{\partial T}{\partial z} + T\frac{\partial v_z}{\partial z} \right]\mathrm{d}x\mathrm{d}y\mathrm{d}z\mathrm{d}t \tag{8-9}$$

传给控制体内流体的热量速率以导热方式进行，有

$$Q_1 = \lambda \left[\frac{\partial^2 T}{\partial x^2} + \frac{\partial^2 T}{\partial y^2} + \frac{\partial^2 T}{\partial z^2} \right] \mathrm{d}x\mathrm{d}y\mathrm{d}z\mathrm{d}t \tag{8-10}$$

外力对控制体的做功速率

$$Q_2 = 0 \tag{8-11}$$

控制体内总能量的积累速率

$$Q_3 = \rho c_p \frac{\partial T}{\partial t} \mathrm{d}x\mathrm{d}y\mathrm{d}z\mathrm{d}t \tag{8-12}$$

将式（8-7）~式(8-12)代入文字方程式（8-4），得到下式

$$\frac{\partial T}{\partial t} + v_x \frac{\partial T}{\partial x} + v_y \frac{\partial T}{\partial y} + v_z \frac{\partial T}{\partial z} + T\left(\frac{\partial v_x}{\partial x} + \frac{\partial v_y}{\partial y} + \frac{\partial v_z}{\partial z} \right) = \frac{\lambda}{\rho c_p} \left[\frac{\partial^2 T}{\partial x^2} + \frac{\partial^2 T}{\partial y^2} + \frac{\partial^2 T}{\partial z^2} \right] \tag{8-13}$$

又因为

$$\frac{\partial v_x}{\partial x} + \frac{\partial v_y}{\partial y} + \frac{\partial v_z}{\partial z} = 0$$

所以得到

$$\frac{\partial T}{\partial t} + v_x \frac{\partial T}{\partial x} + v_y \frac{\partial T}{\partial y} + v_z \frac{\partial T}{\partial z} = \frac{\lambda}{\rho c_p} \left[\frac{\partial^2 T}{\partial x^2} + \frac{\partial^2 T}{\partial y^2} + \frac{\partial^2 T}{\partial z^2} \right] \tag{8-14}$$

或

$$\frac{\partial T}{\partial t} + v_x \frac{\partial T}{\partial x} + v_y \frac{\partial T}{\partial y} + v_z \frac{\partial T}{\partial z} = a \left[\frac{\partial^2 T}{\partial x^2} + \frac{\partial^2 T}{\partial y^2} + \frac{\partial^2 T}{\partial z^2} \right] \tag{8-15}$$

表示成更简练的数学形式

$$\frac{\mathrm{D}T}{\mathrm{D}t} = a \nabla^2 T \tag{8-16}$$

式中，$\dfrac{\mathrm{D}}{\mathrm{D}t}$ 为实体导数，$\dfrac{\mathrm{D}}{\mathrm{D}t} = \dfrac{\partial}{\partial t} + v_x \dfrac{\partial}{\partial x} + v_y \dfrac{\partial}{\partial y} + v_z \dfrac{\partial}{\partial z}$；$\nabla^2$ 为拉普拉斯算子，$\nabla^2 T = \dfrac{\partial^2 T}{\partial x^2} + \dfrac{\partial^2 T}{\partial y^2} + \dfrac{\partial^2 T}{\partial z^2}$；$a$ 为热扩散系数。

式（8-14）~式（8-16）为热量平衡方程，又称傅里叶-克希霍夫导热微分方程，既适用于对流，也适用于传导的稳定和不稳定传热。

对于纯固体导热，没有流动，则式（8-15）可简化为

$$\frac{\partial T}{\partial t} = a \left[\frac{\partial^2 T}{\partial x^2} + \frac{\partial^2 T}{\partial y^2} + \frac{\partial^2 T}{\partial z^2} \right]$$

如果为固体稳态导热，则可进一步简化为

$$\frac{\partial^2 T}{\partial x^2} + \frac{\partial^2 T}{\partial y^2} + \frac{\partial^2 T}{\partial z^2} = 0$$

8.3.2 动量微分方程

能量微分方程的求解与动量微分方程（速度场）有关。动量微分方程已在第 4 章推导出，稳态常物性下，动量微分方程式为

$$x \text{ 方向：} \rho X - \frac{\partial p}{\partial x} + \eta \left(\frac{\partial^2 v_x}{\partial x^2} + \frac{\partial^2 v_x}{\partial y^2} + \frac{\partial^2 v_x}{\partial z^2} \right) = \rho \left(v_x \frac{\partial v_x}{\partial x} + v_y \frac{\partial v_x}{\partial y} + v_z \frac{\partial v_x}{\partial z} \right)$$

y 方向：$\rho Y - \dfrac{\partial p}{\partial y} + \eta \left(\dfrac{\partial^2 v_y}{\partial x^2} + \dfrac{\partial^2 v_y}{\partial y^2} + \dfrac{\partial^2 v_y}{\partial z^2} \right) = \rho \left(v_x \dfrac{\partial v_y}{\partial x} + v_y \dfrac{\partial v_y}{\partial y} + v_z \dfrac{\partial v_y}{\partial z} \right)$

z 方向：$\rho Z - \dfrac{\partial p}{\partial z} + \eta \left(\dfrac{\partial^2 v_z}{\partial x^2} + \dfrac{\partial^2 v_z}{\partial y^2} + \dfrac{\partial^2 v_z}{\partial z^2} \right) = \rho \left(v_x \dfrac{\partial v_z}{\partial x} + v_y \dfrac{\partial v_z}{\partial y} + v_z \dfrac{\partial v_z}{\partial z} \right)$

8.3.3 连续性微分方程

连续性微分方程式已在第 4 章给出，即

$$\frac{\partial v_x}{\partial x} + \frac{\partial v_y}{\partial y} + \frac{\partial v_z}{\partial z} = 0$$

以上对流换热微分方程、能量守恒方程、动量守恒方程、连续性微分方程，共同构成了边界层对流换热微分方程组。六个方程求解六个未知量 h、T、v_x、v_y、v_z 和 p，方程组是封闭的，理论上可以求解。

从式（8-3）可以看出，要求得表面传热系数 h，除了需要知道流体的导热系数 λ 外，还需要知道壁面温度 T_w 和流体温度 T_∞ 之差及壁面上流体温度的变化率 $\left(\dfrac{\partial T}{\partial y} \right)_{y=0}$。而 $(T_w - T_\infty)$ 和 $\left(\dfrac{\partial T}{\partial y} \right)_{y=0}$ 都可由流体边界层中温度的分布确定。因此，根据动量守恒方程、连续性微分方程，求出流体边界层中的温度分布后，再利用式（8-3）即可求得 h 值。

8.4 平板层流对流换热

流体流过平板时的对流换热问题，可利用第一篇中普朗特提出的边界层概念，归结为边界层对流换热问题求解。

本节讨论无内热源，常物性不可压缩流体、稳定流过平板的层流对流换热，如图 8-5 所示。为便于分析，此处仅讨论二维问题。

8.4.1 边界层对流换热微分方程组

与动量传输中平面边界层流动布拉休斯解一样，认为流体在主流区中的流速、温度和固体表面特征尺寸（如平板表面对流换热时的平板长度 L）的数量级为 1，而边界层厚度 δ 和 δ_T 比 L 小得多，其数量级为小于 1 的 δ'，通过对对流换热时热量平衡方程和动量平衡方程中各项数量级的比较，略去比 δ' 数量级更小的项，使方程式简化到可以求解的程度。

设温度为 T_∞ 的流体以恒定速度 v_∞ 掠过温度恒定为 T_s 的平板（$T_s < T_\infty$），随着流体沿平板流动距离的增加，温度边界层的厚度 δ_T 也不断增大。温度边界层中的流体温度不仅与平板法向 y 有关，而且在流体流动方向 x 上也有变化。稳定传热时，根据式（8-13）可以得到

边界层流体中热量平衡方程及量级分析

$$v_x \frac{\partial T}{\partial x} \quad + \quad v_y \frac{\partial T}{\partial y} \quad = a \quad \left(\frac{\partial^2 T}{\partial x^2} \quad + \quad \frac{\partial^2 T}{\partial y^2} \right)$$

$$1 \frac{1}{1} \qquad\qquad \delta' \frac{1}{\delta'} \qquad\qquad \delta'^2 \left(\frac{1}{1} \qquad\qquad \frac{1}{\delta'^2} \right)$$

117

根据量级比较，x 方向的二阶导数 $\dfrac{\partial^2 T}{\partial x^2}$ 项可以忽略，于是上式可以简化为

$$v_x \frac{\partial T}{\partial x} + v_y \frac{\partial T}{\partial y} = a \frac{\partial^2 T}{\partial y^2} \qquad (8\text{-}17)$$

此式即为边界层热量平衡微分方程。

由动量传输已知不可压缩流体沿平板层流流动时，其动量方程和连续性方程分别为

$$v_x \frac{\partial v_x}{\partial x} + v_y \frac{\partial v_x}{\partial y} = \nu \frac{\partial^2 v_x}{\partial y^2} \text{（边界层动量微分方程）} \qquad (8\text{-}18)$$

$$\frac{\partial v_x}{\partial x} + \frac{\partial v_y}{\partial y} = 0 \text{（连续性方程）} \qquad (8\text{-}19)$$

由式（8-17）及式（8-18）可见，两个方程的形式完全一致，这表明边界层内动量传输和热量传输规律相似，且系数 ν 和 a 具有相同量纲。如果把动量扩散系数 ν 和热量扩散系数 a 相除，则得到一个无量纲的特征数，称为普朗特（Prandtl）数，用 Pr 表示，即

$$Pr = \frac{\nu}{a} \qquad (8\text{-}20)$$

Pr 是对流换热分析中一个重要的特征数，它反映了流体动量扩散和热量扩散的相对程度，是流体物性参数的组合。因此，它也可看作是流体的物性对于对流换热的影响。

特别是对于 $\nu = a$ 的流体，如果速度边界条件与温度边界条件又相似，则温度分布与速度分布完全相似，温度边界层的厚度 δ_T 与动量边界层（速度边界层）的厚度 δ 相等。如果 $\nu \neq a$，则温度分布曲线与速度分布曲线并不相同，因此温度边界层的厚度与动量边界层的厚度也不相等。$\nu > a$ 时，$\delta > \delta_T$；$\nu < a$ 时，$\delta < \delta_T$。图 8-5 所示为不同流体 Pr 数的大致数量级范围，由此图可见，气体的 Pr 数接近于 1，且几乎不随温度变化，故其 $\delta \approx \delta_T$；对于一般液体、有机液体（如水、酒精等），由于其 λ 较小，$Pr > 1$，故其 $\delta > \delta_T$，而对于液态金属，由于其 λ 值较大，$Pr \ll 1$，故其 $\delta_T \gg \delta$。

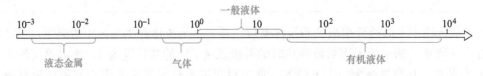

图 8-5　不同流体普朗特数 Pr 的大致范围

将边界层动量平衡方程、能量平衡方程、质量平衡方程、传热微分方程合在一起便得到边界层对流换热微分方程组，即

$$h = \frac{-\lambda \left(\dfrac{\partial T}{\partial y} \right)_{y=0}}{T_w - T_\infty} \qquad (8\text{-}3)$$

$$v_x \frac{\partial T}{\partial x} + v_y \frac{\partial T}{\partial y} = a \frac{\partial^2 T}{\partial y^2}$$

$$v_x \frac{\partial v_x}{\partial x} + v_y \frac{\partial v_x}{\partial y} = \nu \frac{\partial^2 v_x}{\partial y^2}$$

$$\frac{\partial v_x}{\partial x} + \frac{\partial v_y}{\partial y} = 0$$

8.4.2 边界层对流换热微分方程组的分析解

求解对流换热微分方程组还必须给出反映传热过程特点的边界条件。对于恒壁温平板的层流传热问题，边界条件为

$$y=0 \text{ 时}, \ v_x=0, \ v_y=0, \ T=T_w;$$
$$y=\infty \text{ 时}, \ v_x=v_\infty, \ T=T_\infty。$$

利用边界层对流换热微分方程组和边界条件，可以求出传热边界层温度场，然后利用式（8-3）求解出表面传热系数 h。

图 8-6 给出了采用精确解法得到的最终结果，它们是以流体内的温度 T 是 y 和 x 的函数形式来表示的。纵坐标上的无量纲温度数群 θ 包含了流体内部温度 T、流体的平均温度 T_m 及壁温 T_0。图中各条曲线对应不同的普朗特数，当 $Pr=1$ 时，边界层中温度分布曲线与速度分布曲线相同，因此调整普朗特数可以使温度分布和速度分布相似。

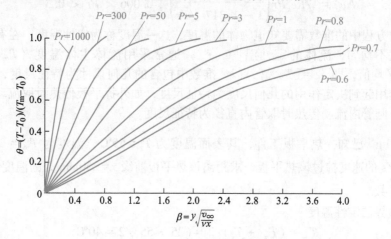

图 8-6 各种 Pr 下的平板上层流边界层内的无量纲温度分布

知道了温度分布，就可以求出表面传热系数 h。根据图 8-6 中所给的结果，可以求得层流范围局部表面传热系数 h_x 的表达式为

$$h_x = 0.332\lambda Pr^{\frac{1}{3}} \sqrt{\frac{v_\infty}{\nu x}}, Pr \geqslant 0.6 \tag{8-21}$$

如果用无量纲数群表示，则有

$$Nu_x = 0.332 Pr^{\frac{1}{3}} Re_x^{\frac{1}{2}} \tag{8-22}$$

式中，Nu_x 为局部努塞尔（Nusselt）数，$Nu_x = h_x \dfrac{x}{\lambda}$。努塞尔数的物理意义为相同温度条件下对流传热速率与传导传热速率之比。

通过求 $x = 0 \sim L$ 区间内 h_x 的平均值，可以得到平均表面传热系数 h

$$h = \frac{1}{L}\int_0^L h_x \mathrm{d}x = 0.664\lambda Pr^{\frac{1}{3}}\sqrt{\frac{v_\infty}{\nu L}}, \quad Pr \geqslant 0.6 \qquad (8\text{-}23)$$

$$\text{或} \quad Nu = 0.664Pr^{\frac{1}{3}}Re_L^{\frac{1}{2}} \qquad (8\text{-}24)$$

式中，Re_x 为任一 x 处的雷诺数，Re_L 为平板长 L 处的雷诺数，Nu 为平均努塞尔数。

比较式（8-21）与式（8-23）可知

$$h = 2h_x$$

上式表明，对于恒壁温纵掠平板传热，整块板的平均表面传热系数是板长终点处局部表面传热系数的两倍。但是在实际中，当平板长度超过一定限度以后，边界层由层流转变成湍流，上述公式不再适用。

式（8-22）及式（8-24）仅适用于 $Pr \geqslant 0.6$ 的条件，故不能用于液态金属。对于液态金属，如果以均匀壁温作为边界条件，可以采用下式近似计算局部表面传热系数

$$Nu_x = \sqrt{Re_x Pr}\left(\frac{0.564}{1 + 0.90\sqrt{Pr}}\right) \qquad (8\text{-}25)$$

如果壁面热流密度均匀，则推荐用下式计算局部表面传热系数

$$Nu_x = 0.458Pr^{0.343}\sqrt{Re_x}, Pr > 0.5 \qquad (8\text{-}26)$$

$$Nu_x = \sqrt{Re_x Pr}\left(\frac{0.880}{1 - 1.317\sqrt{Pr}}\right), \ 0.006 < Pr < 0.3 \qquad (8\text{-}27)$$

确定准数方程中的准数需要知道物体的温度，这一温度称为定性温度。在有传热的过程中，流体温度不均匀，流体的定性温度（T_m）通常采用流体主体温度（T_∞）与壁面温度（T_w）的平均值，即 $T_m = (T_\infty + T_w)/2$。准数中包含的几何尺寸为特征尺度，在对流换热过程中一般选用起到决定作用的几何尺度为特征尺度，如外掠平板传热时取流动方向的长度为特征尺度，圆管内流动传热时取管内直径为特征尺度。

120

【例 8-1】 已知一热平板工件，其表面温度为 $T_s = 55℃$，温度为 $T_\infty = 25℃$ 的水以 $v_\infty = 1.2\mathrm{m/s}$ 的速度掠过该热平板，求距离该热平板前缘 $x = 250\mathrm{mm}$ 处的温度梯度及局部表面传热系数。

解：边界层定性温度

$$T_m = (T_\infty + T_s)/2 = (25 + 55)/2 = 40℃$$

根据平均温度查得水的物性参数为：$\lambda = 0.634\mathrm{W/(m \cdot K)}$；$\nu = 0.659 \times 10^{-6}\ \mathrm{m^2/s}$；$Pr = 4.31$。

根据式（8-21）可计算局部表面传热系数

$$h_x = 0.322\lambda Pr^{\frac{1}{3}}\sqrt{\frac{v_\infty}{\nu x}} = \left(0.322 \times 0.634 \times \sqrt[3]{4.31} \times \sqrt{\frac{1.2}{0.659 \times 10^{-6} \times 0.25}}\right)\mathrm{W/(m^2 \cdot K)}$$

$$= 924.48\mathrm{W/(m^2 \cdot K)}$$

根据式（8-3）计算壁面处水的温度梯度

$$\left(\frac{\partial T}{\partial y}\right)_{y=0} = -\frac{h_x}{\lambda}(T_\infty - T_s) = -\left[\frac{924.48}{0.634} \times (25 - 55)\right]℃/\mathrm{m} = 4.37 \times 10^4\ ℃/\mathrm{m}$$

8.4.3 边界层热量积分方程及其解

事实上，平板边界层对流换热精确解法的适用范围有限，数学分析难度也大。动量传输中的冯·卡门近似积分解同样可近似地用于求解平板边界层对流换热问题。在此解法中，边界层积分方程组包括边界层动量积分方程式和边界层热量积分方程式。通过这些方程的积分，可以求出动量边界层厚度 δ 及温度边界层厚度 δ_T，然后再由传热微分方程式求出表面传热系数 h，积分方程组的解称为近似积分解或近似解。采用近似积分解法时要引入一些纯经验的假设，且只能用于符合边界层特性的流动中。近似积分解步骤简单，能在许多迄今无法用数学分析求得精确解的情况下，获得满足工程实际需要的结果，因而具有重要的实际意义。

1. 边界层热量积分方程

设温度恒定为 T_∞ 的流体，以恒定速度 v_∞ 流过平板，形成厚度分别为 δ 和 δ_T 的速度边界层和温度边界层。由于大多数流体的普朗特数均大于1（液体金属及气体除外），可以认为 $\delta > \delta_T$，为了简化问题，推导热量平衡方程时使用同样的假设。

在边界层内，在垂直图面方向上取单位厚度的微元体 $\mathrm{d}x \cdot L$，如图 8-7 所示。

根据前文中数量级分析，$\dfrac{\partial^2 T}{\partial x^2} \ll \dfrac{\partial^2 T}{\partial y^2}$，因此，在推导热量积分方程时，仅考虑 y 方向的导热。根据能量守恒定律，有

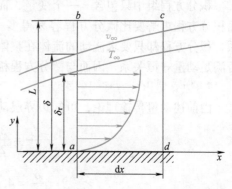

图 8-7 推导边界层能量积分方程的微元体

$$[\text{对流带入的热流量}] + [\text{壁面导入的热流量}] = [\text{对流带出的热流量}] \tag{8-28}$$

式（8-28）中各项分析如下。

1）通过 ab 面进入微元体的热流量为

$$\rho c_p \int_0^L v_x T \mathrm{d}y$$

2）通过 bc 面进入微元体的质量流量为

$$\rho \frac{\mathrm{d}}{\mathrm{d}x} \left(\int_0^L v_\infty \, \mathrm{d}y \right) \mathrm{d}x$$

这部分流体带入的热流量为

$$\rho c_p T_\infty \frac{\mathrm{d}}{\mathrm{d}x} \left(\int_0^L v_\infty \, \mathrm{d}y \right) \mathrm{d}x$$

3）通过 ad 面导入微元体的热流量为

$$-\lambda \left(\frac{\partial T}{\partial y} \right)_{y=0} \mathrm{d}x$$

4）通过 cd 面带出微元体的热流量为

$$\rho c_p \int_0^L v_x T \mathrm{d}y + \rho c_p \frac{\mathrm{d}}{\mathrm{d}x} \left(\int_0^L v_x T \mathrm{d}y \right) \mathrm{d}x$$

将上述热流量诸式代入式（8-28）中，整理得

$$\frac{\mathrm{d}}{\mathrm{d}x}\int_0^L (T_\infty - T)v_x\mathrm{d}y = a\left(\frac{\partial T}{\partial y}\right)_{y=0}$$

由于假设 $\delta > \delta_T$，温度边界层外的流体温度都为 T_∞，故可把上式积分的上限由 L 移至 δ_T。因此，上式可以改写为

$$\frac{\mathrm{d}}{\mathrm{d}x}\int_0^{\delta_T} (T_\infty - T)v_x\mathrm{d}y = a\left(\frac{\partial T}{\partial y}\right)_{y=0} \tag{8-29}$$

式（8-29）即为边界层热量积分方程。对于层流和湍流边界层，该方程均适用。

由动量传输可知，边界层动量积分方程为

$$\frac{\mathrm{d}}{\mathrm{d}x}\left[\int_0^{\delta} (v_\infty - v_x)v_x\mathrm{d}y\right] = \nu\left(\frac{\partial v_x}{\partial y}\right)_{y=0}$$

积分方程组中只包含 x 一个变量，而微分方程则是 x、y 两个方向上的偏微分方程。因而积分方程求解要比微分方程容易得多。微分方程式要求每个流体质点都满足动量守恒关系，积分方程却只要求流动的流体在整体上满足动量守恒关系，而不去深入考究每个质点是否满足动量守恒关系，因而与微分方程相比，积分方程要粗糙一些，其解也被称为近似解。

2. 边界层积分方程组的求解

由前述动量传输理论，可知边界层动量积分方程的解为

$$\frac{v_x}{v_\infty} = \frac{3}{2}\left(\frac{y}{\delta}\right) - \frac{1}{2}\left(\frac{y}{\delta}\right)^3$$

$$\frac{\delta}{x} = 4.64\sqrt{\frac{\nu}{xv_\infty}} = \frac{4.64}{\sqrt{Re_x}}$$

通过此两式可求得边界层的速度场，代入式（8-29）进行求解，可获得边界层的温度场。对式（8-29）应分两种情况求解：

1）温度边界层厚度 δ_T 小于速度边界层厚度 δ 时，在 $y \leqslant \delta_T$ 时，流体速度分布应为 $v_x = v_x(y) = \frac{3}{2}\cdot\frac{v_\infty}{\delta}y - \frac{1}{2}\cdot\frac{v_\infty}{\delta^3}y^3$。

2）温度边界层厚度 δ_T 大于速度边界层厚度 δ 时，当 $0 \leqslant y \leqslant \delta_T$ 时，速度分布应分成两段。在 $0 \leqslant y \leqslant \delta$ 段中，$v_x = v_x(y) = \frac{3}{2}\cdot\frac{v_\infty}{\delta}y - \frac{1}{2}\cdot\frac{v_\infty}{\delta^3}y^3$，而当 $\delta \leqslant y \leqslant \delta_T$ 时，$v_x = v_\infty$，故积分需分段进行，使求解过程变得复杂。考虑大多数流体的 Pr 数大于或接近 1，$\delta > \delta_T$，因此，作为一种方法的介绍，这里只对 $\delta > \delta_T$ 时的温度场进行求解。

引入过余温度 $\theta = T - T_s$，式（8-29）变为

$$\frac{\mathrm{d}}{\mathrm{d}x}\left[\int_0^{\delta_T} (\theta_\infty - \theta)v_x\mathrm{d}y\right] = a\left(\frac{\partial \theta}{\partial y}\right)_{y=0} \tag{8-30}$$

边界条件：$y = 0$ 时，$\theta = 0$

$y = \delta_T$ 时，$\theta = T_\infty - T_s = \theta_\infty$

假设边界层的温度分布式为一个三次四项式

$$\theta = a + by + cy^2 + dy^3$$

利用边界条件求出此式中的各项系数，从而得到边界层内温度分布的表达式

$$\frac{\theta}{\theta_\infty} = \frac{3}{2}\left(\frac{y}{\delta_T}\right) - \frac{1}{2}\left(\frac{y}{\delta_T}\right)^3 \tag{8-31}$$

将式（5-19）和式（8-31）代入式（8-30）中，得

$$\frac{d}{dx}\left\{\theta_\infty v_\infty \delta\left[\frac{3}{20}\left(\frac{\delta_T}{\delta}\right)^2 - \frac{3}{280}\left(\frac{\delta_T}{\delta}\right)^4\right]\right\} = \frac{3}{2}a\frac{\theta}{(\delta_T/\delta)\,\delta}$$

考虑$(\delta_T/\delta) \leqslant 1$，可以忽略其四次方项，并利用$\delta = 4.64\sqrt{\dfrac{\nu x}{v_\infty}}$消去上式中的$\delta$，同时又保留$\dfrac{\delta_T}{\delta}$

可以得到

$$\left(\frac{\delta_T}{\delta}\right)^3 + \frac{4}{3}x\frac{d}{dx}\left(\frac{\delta_T}{\delta}\right)^3 = \frac{13}{14}\frac{1}{Pr} \tag{8-32}$$

边界条件：$x = x_0$ 时，$\left(\dfrac{\delta_T}{\delta}\right)^3 = 0$，$\delta_T = 0$

式（8-32）是一个关于$\left(\dfrac{\delta_T}{\delta}\right)^3$的一阶非齐次常微分方程式，其解为

$$\frac{\delta_T}{\delta} = \frac{1}{1.026\sqrt[3]{Pr}}\sqrt[3]{1 - \left(\frac{x_0}{x}\right)^{\frac{3}{4}}} \tag{8-33}$$

如果在平板前缘$x = 0$处便开始进行传热，则$x_0 = 0$，式（8-33）简化成为

$$\frac{\delta_T}{\delta} = \frac{1}{1.026\sqrt[3]{Pr}} \tag{8-34}$$

严格来说，式（8-33）和式（8-34）只能用于$\dfrac{\delta_T}{\delta} < 1$、$Pr > 1$的流体，而气体的$Pr$数都比

1小，且气体的Pr数最小值大体上在0.65左右，相应地$\dfrac{\delta_T}{\delta} \approx 1.12$，应用式（8-33）或式（8-34）所引起的误差并不大，因此除了液态金属以外，对各种流体，式（8-33）和式（8-34）均可适用。

将从式（8-31）求得的$\left(\dfrac{\partial T}{\partial y}\right)_{y=0}$表达式代入传热微分方程 [式（8-3）] 中，可得到层流范围局部表面传热系数h_x的表达式

$$h_x = \frac{3}{2}\frac{\lambda}{\delta_T} \tag{8-35}$$

将式（8-34）中的δ_T表达式代入式（8-35），并用式（5-21）中的δ表达式代替式（8-34）中的δ，得局部表面传热系数为

$$h_x = 0.332\lambda\frac{\sqrt[3]{Pr}}{\sqrt[3]{1 - (x_0/x)^{\frac{3}{4}}}}\sqrt{\frac{v_\infty}{\nu x}} \tag{8-36}$$

或用无量纲形式表示

$$\frac{h_x x}{\lambda} = 0.332\,Pr^{\frac{1}{3}}\sqrt{\frac{v_\infty x}{\nu}}\frac{1}{\sqrt[3]{1 - (x_0/x)^{\frac{3}{4}}}} \tag{8-37}$$

当全板长上都进行传热时，$x_0 = 0$，式（8-37）简化为

$$\frac{h_x x}{\lambda} = 0.332 Pr^{\frac{1}{3}} \sqrt{\frac{v_\infty x}{\nu}} \tag{8-38}$$

式（8-37）、式（8-38）等号左边的无量纲项即为 Nu_x，而 $\frac{v_\infty x}{\nu}$ 即为 Re_x，故式（8-37）、式（8-38）可以表示成局部努塞尔数

$$Nu_x = 0.332 Pr^{\frac{1}{3}} Re_x^{\frac{1}{2}} \frac{1}{\sqrt[3]{1 - (x_0/x)^{\frac{3}{4}}}} \tag{8-39}$$

$$Nu_x = 0.332 Pr^{\frac{1}{3}} Re_x^{\frac{1}{2}} \tag{8-40}$$

而平均表面传热系数的表达式应为

$$h = \frac{1}{L} \int_0^L h_x \mathrm{d}x = 0.664 \lambda Pr^{\frac{1}{3}} \sqrt{\frac{v_\infty}{\nu L}} \tag{8-41}$$

写成无量纲形式，平均努塞尔准数为

$$Nu = 0.664 Pr^{\frac{1}{3}} Re^{\frac{1}{2}} \tag{8-42}$$

将式（8-40）、式（8-42）与8.4.2节解表面传热微分方程组求得的结果相比，可见结果完全一样。因此，式（8-40）、式（8-42）只适用于层流边界层情况，从平板上某处流体流动变为湍流开始，此两式便不再适用。

【例 8-2】 一尺寸为 0.5m×0.5m 的正方形平板状太阳能集热器水平放置在一房顶上，温度为 $T_\infty = 25℃$ 的空气流过其表面，太阳能集热器平板表面温度为 $T_s = 35℃$，空气流速 $v_\infty = 14\mathrm{m/s}$。试求：

1）距离平板前缘 100mm、200mm、300mm、400mm、500mm 处的速度边界层与温度边界层的厚度。

2）平板前缘最初 500mm 一段长度的传热量。

解：$T_m = \frac{1}{2} \times (25 + 35)℃ = 30℃$，查空气的物理性质参数为：$\lambda = 2.67 \times 10^{-2}$ W/(m · K)；$\nu = 16 \times 10^{-6} \mathrm{m^2/s}$；$Pr = 0.701$。

1）$x = 0.5\mathrm{m}$ 处有

$$Re = \frac{v_\infty x}{\nu} = \frac{14 \times 0.5}{16 \times 10^{-6}} = 4.375 \times 10^5$$

可按层流流动计算，其速度边界层厚度计算

$$\delta = 4.64 \sqrt{\frac{\nu x}{v_\infty}} = 4.64 \sqrt{\frac{16 \times 10^{-6}}{14}} \sqrt{x} = 4.96 \times 10^{-3} \sqrt{x}$$

温度边界层厚度为

$$\delta_T = \frac{\delta}{1.026 \sqrt[3]{Pr}} = \frac{\delta}{1.026 \sqrt[3]{0.701}} = 1.1\delta$$

计算结果见表8-1。

表 8-1 计算的速度边界层及温度边界层厚度

x/m	δ/m	δ_T/m
0.1	1.57×10^{-3}	1.73×10^{-3}
0.2	2.22×10^{-3}	2.44×10^{-3}
0.3	2.72×10^{-3}	2.99×10^{-3}
0.4	3.14×10^{-3}	3.45×10^{-3}
0.5	3.51×10^{-3}	3.86×10^{-3}

2）计算平板的平均表面传热系数

$$Nu = 0.664 Pr^{\frac{1}{3}} Re^{\frac{1}{2}} = 0.664 \times \sqrt[3]{0.701} \times \sqrt{4.375 \times 10^5} = 390$$

$$h = \frac{\lambda}{x} Nu = \left(\frac{2.67 \times 10^{-2}}{0.5} \times 390 \right) W/(m^2 \cdot K) = 20.84 W/(m^2 \cdot K)$$

平板与空气的传热量为

$$Q = hA(T_s - T_\infty) = 20.84 \times 0.5 \times 0.5 \times (35 - 25) W = 52.1 W$$

【例 8-3】 205℃的油以 0.3m/s、的速度流过长 3.0m、宽 0.9m 的平板，板温为 216℃，试计算距板端 1m 和 3m 处的 δ、δ_T，并计算板油间对流传热量。已知油的物性：

$$T_m = \frac{1}{2} \times (205 + 216)℃ = 210.5℃, \quad \lambda = 0.120 W/(m \cdot ℃), \quad \nu = 2.0 \times 10^{-6} m^2/s, \quad Pr = 40。$$

解：根据

$$\delta = \frac{4.64x}{Re_x^{1/2}}, \quad \delta_T = \delta \times 0.976 Pr^{-1/3}, \quad h_x = 0.332 \frac{\lambda}{x} Re_x^{\frac{1}{2}} Pr^{\frac{1}{3}}, \quad h_L = 2h_x$$

计算 Re_x $x = 1.0$ 时，$Re_x = \frac{vL}{\nu} = \frac{0.3 \times 1.0}{2.0 \times 10^{-6}} = 1.5 \times 10^5 < 5 \times 10^5$

$$x = 3.0 \text{ 时}, Re_x = \frac{vL}{\nu} = \frac{0.3 \times 3.0}{2.0 \times 10^{-6}} = 4.5 \times 10^5 < 5 \times 10^5$$

$$\delta_{1.0} = \frac{4.64 \times 1.0}{(1.5 \times 10^5)^{1/2}} mm = 12mm, \delta_{T,1.0} = 12 \times 0.976 \times 40^{-1/3} mm = 3.42mm$$

$$\delta_{3.0} = \frac{4.64 \times 3.0}{(4.5 \times 10^5)^{1/2}} mm = 21mm, \delta_{T,3.0} = 21 \times 0.976 \times 40^{-1/3} mm = 6mm$$

$$h_L = \left[2 \times 0.332 \times \frac{0.12}{3.0} \times (4.5 \times 10^5)^{1/2} \times 40^{1/3} \right] W/(m^2 \cdot ℃) = 61 W/(m^2 \cdot ℃)$$

$$Q = h_L (T_w - T_\infty) A = [61 \times (216 - 205) \times 3 \times 0.9] W = 1.8 \times 10^3 W$$

8.5 自然对流换热

8.5.1 自然对流换热的特点

静止流体一旦与不同温度的固体表面接触，热边界层中的流体受到固体表面温度的影响，其温度和密度将发生变化，在浮力的作用下将产生流体的上下运动，这种流动称为自然对流。自然对流下的热量传输过程，即为自然对流传热。

下面以大空间内垂直平板为例，说明自然对流形成的边界层特点。图 8-8 所示为自然对流边界层的发展，图 8-9 所示为边界层中的速度分布和温度分布。

由图 8-8 可以看出，由于竖平壁表面温度大于周围空气的温度，从而使表面附近的空气温度上升，密度下降，产生浮力而沿表面向上运动。运动过程也会在竖平壁表面附近产生一个边界层，由于自然对流流速较低，所以边界层较厚且沿高度方向逐渐加厚。开始时为层流，发展到一定程度后变为湍流，由层流到湍流的临界转变点由 $Gr \cdot Pr$ 确定，一般认为 $Gr \cdot Pr > 1 \times 10^9$ 时为湍流。Gr 称为格拉晓夫准数，是自然对流传热中起决定作用的准数，其定义式为

$$Gr = \frac{g\beta\Delta T L^3}{\nu^2}$$

其中，g 为重力加速度；β 为流体热膨胀系数；L 为特征长度（平壁长度）；ν 为流体运动黏度；$\Delta T = T_w - T_\infty$ 为壁面与流体的温度差。

由 Gr 的定义式可知，Gr 准数的含义为 $\dfrac{浮力 \cdot 惯性力}{阻力}$，Gr 的值越大，表明自然对流越强烈。

由图 8-9 可以看出，边界层内的速度分布在 $y = 0$ 和 $y \geqslant \delta$ 处均为零，因而在边界层内存在一个速度最大值。温度分布在 $y = 0$ 处，$T = T_w$；在 $y \geqslant \delta$ 处，$T = T_f$。

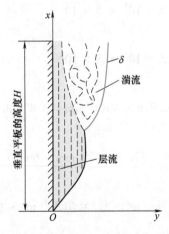

图 8-8　自然对流边界层的发展

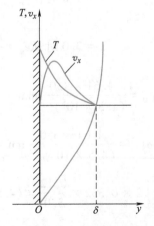

图 8-9　边界层中的速度分布和温度分布

126

在自然对流换热中，由于层流边界层和湍流边界层内的流动规律不同，对流换热状况也将发生变化。图 8-10 所示为热竖平壁自然对流局部表面传热系数 h_x 沿平壁高度的变化情况。在层流边界层内，随着边界层厚度的增加，导热热阻增大，h_x 沿壁的高度下降。当层流边界层转变为湍流边界层时，由于湍流引起的强化传热作用，h_x 逐渐增加；至湍流区的某一点时，湍流已充分发展而不再增强，h_x 达到一个稳定值，与壁的高度无关。

在工程技术领域，按表面所处周围空间的特点，一般将自然对流分成两大类，即大空间自然对流换热和有限空间自然对流换热。如果流体在表面发展的自然对流边界层不受周围其他表面的影响，边界层能够充分发展，称为大空间自然对流换热；反之，称为有限空间自然对流换热。大空间自然对流换热并不要求周围空间无限大，只要表面附近的其他表面对该表面的自然对流边界层不产生影响，就可称为大空间自然对流换热。下面主要介绍大空间自然对流换热的计算。

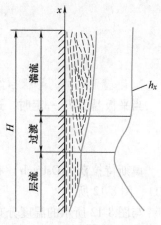

图 8-10　空气沿热竖平壁局部自然表面传热系数 h_x 的变化

8.5.2　垂直平板自然对流换热

1. 层流自然对流边界层基本方程

如图 8-9 所示，壁面高度方向设为 x 坐标，垂直壁面方向设为 y 坐标。自然对流时，应考虑重力 g 的作用和高度方向上的静止压力 p 的变化。因此，由动量传输理论中的 N-S 方程可求得垂直平板自然对流动量平衡方程为

$$\rho v_x \frac{\partial v_x}{\partial x} + \rho v_y \frac{\partial v_x}{\partial y} = -\frac{\partial p}{\partial x} - \rho g + \frac{\partial}{\partial y}\left(\eta \frac{\partial v_x}{\partial y}\right) \tag{8-43}$$

设主流体的密度为 ρ_∞，主流体处于静力学的平衡状态，则有

$$\frac{\partial p}{\partial x} = \frac{\partial p_\infty}{\partial x} = -\rho_\infty g$$

代入式（8-43）中得

$$\rho v_x \frac{\partial v_x}{\partial x} + \rho v_y \frac{\partial v_x}{\partial y} = (\rho_\infty - \rho) g + \frac{\partial}{\partial y}\left(\eta \frac{\partial v_x}{\partial y}\right)$$

将流体的体膨胀系数 β 写成差商形式，$\beta = \dfrac{\rho_\infty - \rho}{\rho(T - T_\infty)}$，将其代入上式中，得

$$v_x \frac{\partial v_x}{\partial x} + v_y \frac{\partial v_x}{\partial y} = g\beta(T - T_\infty) + \nu \frac{\partial^2 v_x}{\partial y^2} \tag{8-44}$$

可以用与求解沿平板的强制流动传热完全一样的方法导出热量平衡方程。因而，沿垂直平板自然对流的层流边界层基本微分方程组（连续性方程、动量平衡方程及热量平衡方程）为

$$\frac{\partial v_x}{\partial x} + \frac{\partial v_y}{\partial y} = 0$$

$$v_x \frac{\partial v_x}{\partial x} + v_y \frac{\partial v_x}{\partial y} = g\beta(T - T_\infty) + \nu \frac{\partial^2 v_x}{\partial y^2}$$

$$v_x \frac{\partial T}{\partial x} + v_y \frac{\partial T}{\partial y} = a \frac{\partial^2 T}{\partial y^2} \tag{8-45}$$

2. 等壁温时垂直平板自然对流换热的精确解

当平板温度 T_s 一定时，边界层方程的边界条件为

$$y = 0 \text{ 时}, v_x = 0, v_y = 0, T = T_s$$

$$y = \infty \text{ 时}, v_x = 0, T = T_\infty$$

奥斯特拉茨（Ostrach）在较宽的普朗特数范围内对上述方程进行求解，其结果如图 8-11、图 8-12 所示。

与图 8-12 所示的温度分布相对应的局部表面传热系数 h_x 与局部努塞尔数 Nu_x 的表达式如下

$$h_x = 0.676\lambda x^{-1} \left(\frac{Pr}{0.861 + Pr} \right)^{\frac{1}{4}} \left(Pr \frac{Gr}{4} \right)^{\frac{1}{4}} \tag{8-46}$$

$$Nu_x = 0.676 \left(\frac{Pr}{0.861 + Pr} \right)^{\frac{1}{4}} \left(Pr \frac{Gr}{4} \right)^{\frac{1}{4}} \tag{8-47}$$

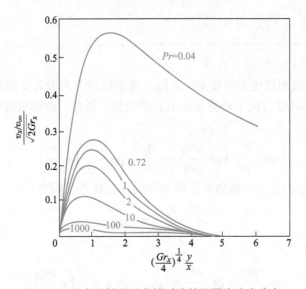

图 8-11　垂直平板附近自然对流的无因次速度分布

对于高度为 L 的平板，由于 h_x 与 $x^{-\frac{1}{4}}$ 成正比，故其平均表面传热系数 h 的表达式为

$$h = \frac{1}{L} \int_0^L h_x \mathrm{d}x = \frac{4}{3} h_x$$

将式（8-46）代入其中，并取 $x = L$，则

$$h = 0.902\lambda L^{-1} \left(\frac{Pr}{0.861 + Pr} \right)^{\frac{1}{4}} \left(Pr \frac{Gr}{4} \right)^{\frac{1}{4}} \tag{8-48}$$

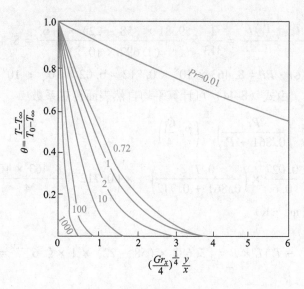

图 8-12　垂直平板附近自然对流无因次温度分布

$$Nu = \frac{hL}{\lambda} = 0.902 \left(\frac{Pr}{0.861 + Pr} \right)^{\frac{1}{4}} \left(Pr \frac{Gr}{4} \right)^{\frac{1}{4}} \tag{8-49}$$

上述表达式适用于 $0.00835 \leqslant Pr \leqslant 1000$，及 $10^4 < Gr \cdot Pr < 10^{10}$ 的层流条件，对于液态金属，上述公式同样适用。

当 $0.6 < Pr < 10$ 时，常用简单的公式进行计算

$$Nu = 0.59 (Gr \cdot Pr)^{\frac{1}{4}} \tag{8-50}$$

当 $Pr = 0.702$ 时，式（8-50）可以简化为

$$Nu = \left(\frac{Gr}{4} \right)^{\frac{1}{4}} \tag{8-51}$$

对于大多数气体，Pr 数非常接近 0.7，即使温度高达 1649℃，也几乎是常数，因此可以直接把式（8-51）应用于气体的层流自然对流换热。

【例 8-4】　有一高度 $L = 0.6\text{m}$，宽度 $B = 1\text{m}$ 的合金平板，垂直悬挂于 $T_f = 22℃$ 的空气中，平板温度 $T_s = 58℃$，试求平均表面传热系数和合金平板的散热流量。

解：以合金平板温度与空气温度的平均温度 T_m 作为定性温度

$$T_m = (T_s + T_f)/2 = (58 + 22)/2℃ = 40℃$$

根据 T_m 值，查附录 1 得空气的物理性质参数：$\lambda = 0.027\text{W}/(\text{m} \cdot \text{K})$；$\nu = 1.697 \times 10^{-5} \text{m}^2/\text{s}$；$Pr = 0.712$。

对于空气

$$\beta = \frac{1}{T_m} = \frac{1}{40 + 273} \text{K}^{-1} = \frac{1}{313} \text{K}^{-1}$$

格拉晓夫数计算如下

$$Gr = \frac{g\beta(T_s - T_f)L^3}{\nu^2} = \frac{1}{313} \times \frac{9.81 \times (58 - 22) \times 0.6^3}{(1.697 \times 10^{-5})^2} = 8.463 \times 10^8$$

$$Gr \cdot Pr = 8.463 \times 10^8 \times 0.712 = 6.02 \times 10^8 < 10^9$$

因此属于层流状态，由式（8-44）可计算平均自然表面传热系数

$$h = 0.902\lambda L^{-1}\left(\frac{Pr}{0.861 + Pr}\right)^{\frac{1}{4}}\left(Pr\frac{Gr}{4}\right)^{\frac{1}{4}}$$

$$= \left[0.902 \times \frac{0.027}{0.6} \times \left(\frac{0.712}{0.861 + 0.712}\right)^{\frac{1}{4}} \times \left(0.712 \times \frac{8.463 \times 10^8}{4}\right)^{\frac{1}{4}}\right] \text{W}/(\text{m}^2 \cdot \text{K})$$

$$= 3.688\text{W}/(\text{m}^2 \cdot \text{K})$$

合金平板散热流量

$$Q = h(T_s - T_f)L \times B = [3.688 \times (58 - 22) \times 1 \times 0.6]\text{W} = 79.67\text{W}$$

对于大空间自然对流换热，在工程实际中，经常采用一些简单的准数方程式计算自然表面传热系数的 h 值

$$Nu = C(Gr \cdot Pr)^n \tag{8-52}$$

不同条件下自然对流换热准数方程式见表8-2，表中给出了公式中 C、n 的取值和适用范围。

表8-2　不同条件下自然对流传热准数方程式

加热表面形状与位置	流态	准数方程	特征尺寸	$Gr \cdot Pr$ 范围
垂直平板及圆柱体	层流	$Nu = 0.59(Gr \cdot Pr)^{\frac{1}{4}}$	$L = H$（高）	$10^4 \sim 10^9$
	湍流	$Nu = 0.13(Gr \cdot Pr)^{\frac{1}{3}}$		$10^9 \sim 10^{13}$
水平圆柱	层流	$Nu = 0.53(Gr \cdot Pr)^{\frac{1}{3}}$	$L = D$（直径）	$10^4 \sim 10^9$
	湍流	$Nu = 0.13(Gr \cdot Pr)^{\frac{1}{4}}$		$10^9 \sim 10^{13}$
水平板热面朝上	层流	$Nu = 0.54(Gr \cdot Pr)^{\frac{1}{4}}$	正方形：$L = L$ 长方形：$L = \frac{L_1 + L_2}{2}$	$10^5 \sim 2 \times 10^7$
	湍流	$Nu = 0.14(Gr \cdot Pr)^{\frac{1}{3}}$	圆形：$L = 0.9D$	$2 \times 10^7 \sim 3 \times 10^{10}$
水平板热面朝下	层流	$Nu = 0.27(Gr \cdot Pr)^{\frac{1}{4}}$	同上	$3 \times 10^5 \sim 3 \times 10^{10}$
长方形固体 $L_1 \times L_2 \times L_3$，$L_3$ 为高度	层流	$Nu = 0.6(Gr \cdot Pr)^{\frac{1}{4}}$	$\frac{1}{L} = \frac{1}{\frac{L_1 + L_2}{2}} + \frac{1}{L_3}$	$10^4 \sim 10^9$

习　题

8-1　能不能直接从牛顿冷却公式出发，用实测的方法求得表面传热系数？为什么？

8-2　结合实际问题，简述对流换热的影响因素。

8-3 外掠平壁层流边界层内，为什么存在壁面法线方向（y 向）的速度？

8-4 在对流换热的理论分析中，边界层理论有何重要意义？

8-5 为什么 $Pr>1$ 的流体，$\delta>\delta_T$？

8-6 为什么热量传递和动量传递具有相似性？雷诺类比适用于什么条件？

8-7 当流体流过一温度较高的平板时，从平板前缘开始，就会形成速度边界层和温度边界层。①假如流体为气体，两个边界层哪个发展得更快？②边界层内的速度分布和温度分布相互之间有无影响？

8-8 由对流换热微分方程［式（8-3）］可知，该式中没有出现流体速度，因此有人认为表面传热系数与流体速度场无关，试分析这一说法的正确性。

8-9 在流体温度边界层中，何处温度梯度的绝对值最大？为什么？

8-10 已知温度为 T_∞ 的流体外掠平板，在距前缘 x 位置处的壁面附近温度分布为 $T(y)=A-By-Cy^2$，A、B 和 C 均为常数，试求局部表面传热系数。

8-11 在某实验室内设计的自然对流换热实验，到太空中是否仍然有效，为什么？

8-12 15℃的水以 3m/s 的速度外掠平壁，试计算距平壁前缘 100mm 处的边界层内的质量流量及流动边界层的平均厚度。

8-13 标准大气压力（约 101.325kPa）下，温度 $T_f=52$℃的空气以 $v_\infty=10$m/s 的速度外掠壁温 $T_w=148$℃的平板。试求距前缘 50mm、100mm、150mm 处的流动边界层厚度、热边界层厚度、局部表面传热系数。

8-14 在 1.2 大气压力（1atm=101.325kPa）下，温度为 27℃的空气以 2m/s 的速度流过壁面温度为 53℃、长度为 1m 的平板，试计算距前缘分别为 30cm、50cm 处的边界层厚度，局部表面传热系数，并求出单位板宽的传热量。

8-15 平板长 0.3m，以 0.9m/s 的速度在 25℃的水中纵向运动，求平板上边界层的最大厚度，并绘出它的速度分布曲线（积分方程解）。

8-16 在外掠平板传热问题中，试计算 25℃的空气及水达到临界雷诺数各自所需的板长。取流速 $v=$ 1m/s 计算。

8-17 空气以 10m/s 的流速外掠表面温度为 128℃的平板。流速方向上平板长度为 300mm，宽度为 100mm。已知空气温度为 52℃，试求对流换热量（热流量）。

8-18 长 10m、外径为 0.3m 的包扎蒸汽管，外表面温度为 55℃，求在 25℃的空气中水平与垂直两种方式安装时单位管长的散热量。

8-19 20℃的空气在常压下以 10m/s 的速度流过平板，板面温度 $T_w=60$℃，求距前缘 200mm 处的速度边界层和温度边界层的厚度，以及局部表面传热系数、平均表面传热系数和单位宽度的传热量。

第9章

辐射换热

本章知识结构图：

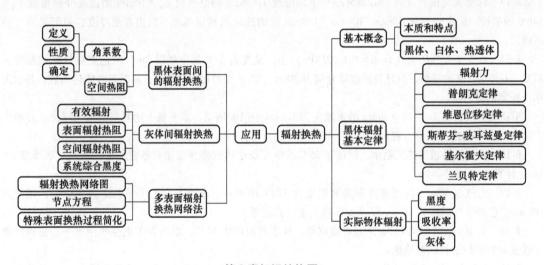

第 9 章知识结构图

9.1 热辐射基本概念

9.1.1 热辐射的本质和特点

物体以电磁波的方式向外发射能量的过程称为辐射，所发射的能量称为辐射能。物体可由多种原因产生电磁波，从而发射辐射能。如无线电台利用强大的高频电流通过天线向空间发出无线电波，就是辐射过程的例子。如果辐射能的发射是由于物体本身的温度引起的，则称为热辐射。热辐射是辐射的一种形式，与其他形式的辐射并无本质的区别，只是波长不同而已。按照波长的不同，电磁波可分为：无线电波、红外线、可见光、紫外线、伦琴射线（X 射线）、γ 射线等。它们的波长和频率的排列如图 9-1 所示。

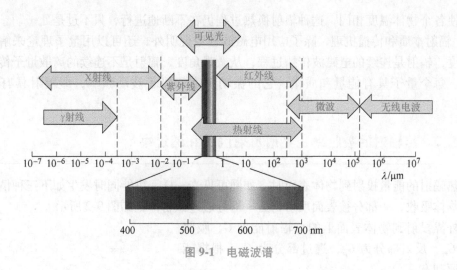

图 9-1 电磁波谱

理论上，热辐射的电磁波波长可从零到无穷大，但波长为 $0.1\sim100\mu m$ 的电磁波热效应最显著，通常把这一波长范围的电磁波称为热射线。它主要包括可见光和红外线，也有少量的紫外线。

各种不同形式的辐射虽然产生的原因不同，但并无本质差别，它们都以电磁波的方式传输能量，而且各种电磁波都以光速在空间进行传播。电磁波的速率、波长和频率有如下关系

$$c = \nu \cdot \lambda \tag{9-1}$$

式中，c 是电磁波的传播速率，单位为 m/s，真空中为 $3\times10^{8}\mathrm{m/s}$；$\nu$ 是频率，单位为 $\mathrm{s^{-1}}$；λ 是波长，单位为 m，常用单位为 μm。

工程上经常遇到的热辐射都是由温度在 2000K 以下物体发出的，波长集中在 $0.76\sim40\mu m$，所说的热辐射主要是指红外辐射。例如，加热金属在 600℃ 以下时，表面颜色几乎没有变化，此时金属向外发射不可见的红外线，因此肉眼无法看见。如对金属继续加热，则金属表面先变为暗红色，继而出现鲜红色、黄色，甚至白色，说明金属已经发光。这时，金属向外发射辐射能，除了大部分不可见的红外线以外，还有红光、黄光、蓝光等可见光的能量，因此肉眼可以观察到颜色的变化。

处于实际热力状态下的物体都在不间断地向外界发射辐射能，同时也不间断地吸收来自外界的辐射能。与其他传热方式相比，热辐射有如下特点：

1）辐射换热与导热和对流传热不同，它不需要冷热物体的相互接触，也不需要中间介质，即使物体之间为真空，辐射换热同样能够进行，如阳光能够穿过辽阔的太空向地面辐射。

2）辐射换热过程中不仅进行热量的传递，而且伴随有能量形式的转换，即物体的一部分内能转化为电磁波能发射出去，当此电磁波能投射到另一物体而被吸收时，电磁波能又转换为物体的内能。

3）一切温度高于 0K 的物体都在不断地向外发射辐射能，也在吸收从周围物体发射到它表面上的辐射能。当两物体温度不同时，不仅高温物体辐射给低温物体能量，低温物体同样辐射给高温物体能量，只不过高温物体辐射给低温物体的能量大于低温物体辐射给高温物体的能量。因此，高温、低温物体之间相互辐射的综合结果是高温物体把热量传给低温物

133

体。即使各个物体温度相同，这种辐射换热过程仍在不断地进行，只不过是处于动态平衡。

4）辐射本质和传播机理，除了应用电磁波理论说明外，还可以用量子理论来解释。从宏观角度，辐射是连续的电磁波传播过程；从微观角度，辐射是不连续的离散量子传递能量的过程。每个量子具有能量和质量，它的振动频率相当于波动频率，即辐射具有波粒二象性。

9.1.2 热辐射的吸收率、光谱反射因数和透过率

当热辐射的能量投射到物体表面时，如同可见光一样，可能同时发生如下三种情况：一部分被物体吸收，一部分被表面反射，另一部分透过该物体，如图9-2所示。

设外界投射到物体表面上的总辐射能为 G，吸收部分为 G_α，反射部分为 G_ρ，透过部分为 G_τ。根据能量守恒原理有

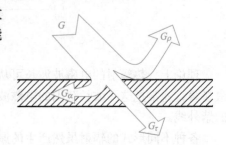

$$G = G_\alpha + G_\rho + G_\tau \qquad (9\text{-}2)$$

将等式两边同时除以 G，得

$$\frac{G_\alpha}{G} + \frac{G_\rho}{G} + \frac{G_\tau}{G} = \alpha + \rho + \tau = 1 \qquad (9\text{-}3)$$

图 9-2　物体对辐射能的
吸收、反射和透射

式中，$\alpha = G_\alpha/G$ 为物体的吸收率，表示投射的总能量中被吸收的能量所占的比例；$\rho = G_\rho/G$ 为物体的光谱反射因数，表示投射的总能量中被反射的能量所占的比例；$\tau = G_\tau/G$ 为物体的透过率，表示投射的总能量中透过的能量所占的比例。

α、ρ、τ 都是无量纲的量，其值为 $0\sim1$，其大小与物体的特性、温度及表面状况有关。由于不同物体的吸收率、光谱反射因数和透过率因具体条件不同而差别很大，给热辐射的计算带来很大困难，为简化问题，定义了一些理想物体。如物体的 $\alpha = 1$，$\rho = \tau = 0$，这表明该物体能将外界投射来的辐射能全部吸收，这种物体称为黑体。如物体的 $\rho = 1$，$\alpha = \tau = 0$，这表明物体能将外界投射来的辐射能全部反射，这种物体称为白体。对于反射，也和可见光一样，分为镜反射和漫反射两种，它取决于表面粗糙度。当表面粗糙不平的尺寸小于投射辐射的波长时，形成镜反射，此时入射角等于反射角，这种物体称为镜体，如图9-3a 所示，高度磨光的金属板就是镜反射的实例。当表面粗糙不平的尺寸大于投射辐射的波长时，则反射线十分不规则，如果反射线在各个方向上分布均匀，称为漫反射，如图9-3b 所示，一般认为表面粗糙的工程材料属于漫反射表面。如物体的 $\tau = 1$，$\alpha = \rho = 0$，这表明投射到物体上的

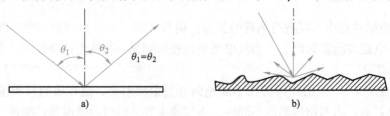

图　9-3
a）镜发射　b）漫反射

辐射能全部透过物体，这种物体称为透明体。

自然界并不存在黑体、白体、镜体和透明体，它们都是因为研究的需要而假定的理想物体。

大多数固体和液体对辐射能的吸收仅在离物体表面很薄的一层进行。对于金属，约为 $1\mu m$ 的数量级；而对非导体，也只有 1mm 左右。因而可以认为，实际固体和液体的透过率为零，即 $\alpha+\rho=1$。对于气体，可认为它对热射线几乎不能反射，即光谱反射因数 $\rho=0$，即 $\alpha+\tau=1$；对于对称的双原子气体和纯净空气，在常用工业温度范围内，可认为它们对辐射能基本上不能吸收，即 $\alpha\approx0$，因此可近似看作透明体，当壁面之间存在双原子气体或空气时，它们对壁面间的辐射换热没有影响。固体和液体的辐射、吸收都在表面进行，属于表面辐射；气体的辐射和吸收在整个气体容积中进行，属于体积辐射。

黑体和白体的概念不同于光学上的黑与白。因为热辐射主要指红外线，对红外线而言，白颜色不一定就是白体。例如，雪对可见光吸收率很小，光谱反射因数很高，可以说是光学上的白体；但对于红外线，雪的吸收率 $\alpha\approx0.95$，接近于黑体。

同一物体对不同射线具有不同的吸收率和光谱反射因数，物体表面的状态和特性对热射线的吸收和反射具有重大影响。

9.2　黑体辐射基本定律

9.2.1　黑体辐射

自然界所有物体（固体、液体、气体）的吸收率、光谱反射因数、穿透率的数值均为 0～1。绝对黑体的吸收率 $\alpha=1$，相应的光谱反射因数和透过率均为零，能全部吸收各种波长的辐射能。由于人眼所看到的是物体的反射光，所以黑体看起来就是黑色的。自然界中没有绝对黑体，只有少数表面，如炭黑、金刚砂等近似黑体，但可用人工的方法制造出非常接近于黑体的模型。用高吸收性的材料制作一个空腔，在表面开一个小孔，空腔壁面保持均匀温度。当辐射能经过小孔进入空腔时，空腔内要进行多次吸收和反射，每经过一次吸收，辐射能就减弱一些。最终能再从小孔穿出来的辐射能微乎其微，可以认为辐射能完全被空腔吸收，小孔就具有黑体表面同样的性质。小孔表面与空腔内壁总面积之比越小，小孔就越接近黑体，如果把空腔内壁表面涂上吸收率更高的涂料层，小孔的黑体程度就更高。研究黑体的辐射在热辐射研究中具有重要的理论意义和应用价值，也是本章讨论的重要内容。

9.2.2　辐射力（辐射照度）

物体只要有温度，就会不断地向空间所有方向放射出波长不同的射线。单位时间内，单位表面积向半球空间所有方向发射的全部波长的辐射能的总能量称为该物体的辐射力或辐射照度，用 E 表示，其单位是 W/m^2。辐射力表示物体热辐射本领的大小。

单色辐射是指物体单位时间内单位表面积向半球空间所有方向发射的某一特定波长的能量。如果在 λ 至 $\lambda+\Delta\lambda$ 波段内的辐射力为 ΔE，则

$$\lim_{\Delta\lambda\to0}\frac{\Delta E}{\Delta\lambda}=\frac{\mathrm{d}E}{\mathrm{d}\lambda}=E_\lambda \qquad (9\text{-}4)$$

式中，E_λ 是单色辐射力，单位为 $\mathrm{W/m^3}$。E_λ 与辐射力 E 之间的关系如下

$$E=\int_0^\infty E_\lambda\mathrm{d}\lambda \qquad (9\text{-}5)$$

黑体是一个理想的发射体，它能够发射出所有波长的辐射能，即为全辐射。理论上，它的辐射能力是给定温度下所能达到的最高值。因此，对于任何发生热辐射的实际热辐射体，其辐射力只是黑体辐射力的某个分数，把这个分数定义为发射率或黑度，用 ε 表示，于是有

$$E=\varepsilon E_\mathrm{b} \qquad (9\text{-}6)$$

式中，E 是实际物体的辐射力；E_b 是黑体的辐射力，在本章中有关黑体的量都将加下角标 b 表示；ε 是实际物体的发射率（或黑度），$0\leqslant\varepsilon\leqslant1$。

9.2.3　普朗克定律

1901 年，普朗克以量子假设为基础，确定了黑体辐射随波长的分布规律，给出了黑体的单色辐射力 $E_{\mathrm{b}\lambda}$ 与热力学温度 T、波长 λ 之间的函数关系，称为普朗克定律，即

$$E_{\mathrm{b}\lambda}=\frac{C_1\lambda^{-5}}{\mathrm{e}^{C_2/(\lambda T)}-1} \qquad (9\text{-}7)$$

式中，λ 是波长，单位为 m；T 是黑体的热力学温度，单位为 K；C_1 为普朗克第一常数，$C_1=3.743\times10^{-16}\mathrm{W}\cdot\mathrm{m}^2$；$C_2$ 为普朗克第二常数，$C_2=1.4387\times10^{-2}\mathrm{m}\cdot\mathrm{K}$。

普朗克定律解释了黑体辐射能按波长分布的规律，根据普朗克定律，可绘制不同温度下黑体的单色辐射力随波长变化的曲线，如图 9-4 所示，每一条曲线表示相同温度下黑体单色辐射力随波长的变化关系。由图可见，在一定温度下，黑体的单色辐射力随波长的增加而增加，在某个波长上单色辐射力会达到一个峰值 $(E_{\mathrm{b}\lambda})_{\max}$，而后又随着波长的增加而慢慢减小。

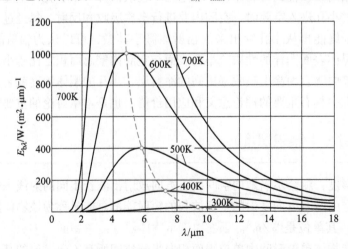

图 9-4　黑体的单色辐射力与波长、温度的关系曲线

不同温度所对应的最大单色辐射力的波长 λ_{max} 显然是不相同的。对某一温度而言，$E_{b\lambda}$ 曲线与横坐标围成的面积就是该温度下的黑体辐射力。随着温度增加，总辐射力迅速增加，且峰值对应的波长 λ_{max} 向短波方向移动，即高温辐射中短波热射线含量大而长波热射线含量相对少。

图中每条曲线下面的面积代表某个温度下黑体的辐射力 E_b，即

$$E_b = \int_0^\infty E_{b\lambda} \, d\lambda \tag{9-8}$$

可见，辐射力 E_b 随黑体温度的升高而增大。

为了更加清晰地表示黑体单色辐射力的变化规律，式（9-7）还可以写成另一种通用形式。这种通用形式不需要对每一温度都提供一条单独曲线。将式（9-7）的两边同时除以 T^5 可得到

$$\frac{E_{b\lambda}}{T^5} = \frac{C_1}{(\lambda T)^5 \left[e^{C_2/\lambda T} - 1 \right]} = f(\lambda T) \tag{9-9}$$

根据这一关系可知，$\dfrac{E_{b\lambda}}{T^5}$ 仅是 λT 的函数，绘制的曲线如图 9-5 所示。

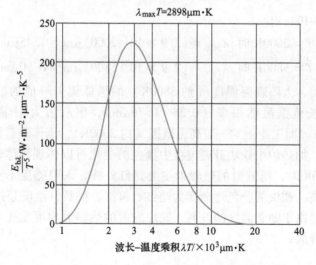

图 9-5　黑体的单色辐射力与 λT 的函数关系

【例 9-1】　太阳发出的辐射如同一温度为 5870K 的一个黑体，试求太阳辐射在可见光中波长等于 $0.55\mu m$ 处的单色辐射力。

解：由式（9-7）有

$$E_{b\lambda} = \frac{C_1 \lambda^{-5}}{e^{C_2/(\lambda T)} - 1} = \frac{3.743 \times 10^{-16} \times (0.55 \times 10^{-6})^{-5}}{e^{1.4387 \times 10^{-2}/(0.55 \times 10^{-6} \times 5780)} - 1} \mathrm{W/m^3}$$

$$= 0.814 \times 10^{14} \mathrm{W/m^3}$$

9.2.4 维恩位移定律

如图 9-4 所示，随温度升高，单色辐射力的最大值向短波长方向移动。1893 年，维恩提出了对应于最大单色辐射力的波长 λ_m 和热力学温度 T 之间的关系，其表达式如下

$$\lambda_m \cdot T = 2.8976 \times 10^{-3} (\text{m} \cdot \text{K}) \tag{9-10}$$

此式即为维恩位移定律，该定律的提出是基于对实验现象的总结，但其实也可以从式（9-7）中推导出来。因此从黑体单色辐射力的波谱分布中获得 λ_m 后，就可利用维恩定律计算出黑体温度，或根据辐射表面温度，推算辐射能的主要组成部分属于何种波长。例如，加热的金属，当其温度低于 500℃ 时，辐射的能量中无可见光的波长，故颜色不变；当温度再增加时，随着温度上升，其颜色由暗红向白炽色变化，这正说明占有热辐射能中大部分能量的波长正随温度升高而变化。太阳表面的温度也正是根据太阳光谱中的 λ_m 值利用式（9-10）计算得到的。

【例 9-2】 试分别计算温度为 2000K 和 5800K 黑体的最大单色辐射力所对应的波长 $\lambda_{\max}$。

解：由式（9-10）有

$$T = 2000\text{K 时}, \lambda_{\max} = (2.9 \times 10^3 / 2000)\mu\text{m} = 1.45\mu\text{m}$$

$$T = 5800\text{K 时}, \lambda_{\max} = (2.9 \times 10^3 / 5800)\mu\text{m} = 0.50\mu\text{m}$$

计算结果表明，太阳表面温度（约 5800K）的黑体辐射峰值的波长位于可见光区段。可见光的波长范围虽然很窄（$0.38 \sim 0.76\mu\text{m}$），但所占太阳辐射能的份额却很大（约为 44.6%）。而工业上的一般高温范围（约 2000K），黑体辐射峰值的波长位于红外线区段。例如，加热炉中铁块升温过程中颜色的变化可以体现黑体辐射的特点：当铁块的温度低于 800K 时，所发射的热辐射主要是红外线，人眼感受不到，看起来还是原色。随着温度升高，铁块的颜色逐渐变为暗红、鲜红、橘黄，温度超过 1300K 开始变为亮白等颜色，这是由于随着温度的升高，铁块发射的热辐射中可见光及可见光中短波的比例逐渐增大的缘故。

9.2.5 斯蒂芬-玻耳兹曼定律

在辐射换热计算中，确定黑体辐射力至关重要。把式（9-7）代入式（9-8）中，得

$$E_b = \int_0^\infty E_{b\lambda} \mathrm{d}\lambda = \int_0^\infty \frac{c_1 \lambda^{-5}}{\mathrm{e}^{\frac{c_2}{\lambda T}} - 1} \mathrm{d}\lambda$$

积分上式，可得到斯蒂芬-玻耳兹曼定律（又称四次方定律）的表达式

$$E_b = \sigma_b T^4 \tag{9-11}$$

式中，σ_b 是斯蒂芬-玻耳兹曼常数（或黑体辐射常数），$\sigma_b = 5.67 \times 10^{-8} \text{W/(m}^2 \cdot \text{K}^4)$。此式表明黑体辐射力与其热力学温度的四次方成正比。为了计算方便，通常把式（9-11）写成如下形式

$$E_b = c_b \left(\frac{T}{100} \right)^4 \qquad (9\text{-}12)$$

式中，c_b 是黑体辐射系数，$c_b = 5.67 \text{W}/(\text{m}^2 \cdot \text{K}^4)$。

【例9-3】　一个黑体表面，从27℃加热到827℃，该表面的辐射力增加了多少？

解：由式（9-11）有

$$E_{b1} = \sigma_b T_1^4 = [5.67 \times 10^{-8} \times (273 + 27)^4] \text{W}/\text{m}^2 = 459 \text{W}/\text{m}^2$$

$$E_{b2} = \sigma_b T_2^4 = [5.67 \times 10^{-8} \times (273 + 827)^4] \text{W}/\text{m}^2 = 83014 \text{W}/\text{m}^2$$

其辐射力增加了约180倍。可见随着温度的增加，辐射换热将成为换热的主要方式。

【例9-4】　一个边长为0.1m的正方形平板加热器，每一面辐射功率为100W。如果将加热器视为黑体，试求加热器的温度和对应加热器最大黑体单色辐射力的波长。

解：设加热器每一面的面积为 A，由辐射力定义式及式（9-11）有

$$E = \frac{Q}{A} = \sigma_b T^4$$

所以

$$T = \left(\frac{Q}{A\sigma_b} \right)^{1/4} = \left(\frac{10^2}{0.1^2 \times 5.67 \times 10^{-8}} \right)^{1/4} \text{K} = 648 \text{K}$$

根据维恩定律，$\lambda_{\max} = 2.8976 \times 10^{-3}/648 \text{m} = 4.47 \mu\text{m}$。

许多实际工程问题中往往需要计算某一波长范围内黑体辐射的能量，即波段辐射力。设黑体在某一波段 λ_1 和 λ_2 之间的辐射能为 ΔE_b。如图9-6所示，ΔE_b 即为温度曲线在 λ_1 和 λ_2 之间所包含的面积（阴影部分）。根据辐射力的定义有

$$\Delta E_b = \int_{\lambda_1}^{\lambda_2} E_{b\lambda} \mathrm{d}\lambda$$

或

$$\Delta E_b = \int_0^{\lambda_2} E_{b\lambda} \mathrm{d}\lambda - \int_0^{\lambda_1} E_{b\lambda} \mathrm{d}\lambda$$

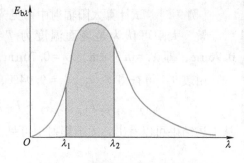

图9-6　黑体在某一波段内的辐射

实际上，常把黑体的波段辐射力表示成同温度下黑体辐射力的百分数，称为波段辐射函数，即

$$F_{b,(\lambda_1 \sim \lambda_2)} = \frac{\Delta E_b}{E_b} = \frac{\int_0^{\lambda_2} E_{b\lambda} \mathrm{d}\lambda}{\sigma_b T^4} - \frac{\int_0^{\lambda_1} E_{b\lambda} \mathrm{d}\lambda}{\sigma_b T^4} = F_{b,(0 \sim \lambda_2)} - F_{b,(0 \sim \lambda_1)} \qquad (9\text{-}13)$$

式中，$F_{b,(0 \sim \lambda_1)}$ 为波长从 $0 \sim \lambda_1$ 的波段辐射函数，其余类似。

将式（9-13）改写成以 λT 为自变量的波段辐射函数，使用起来更为方便，其形式为

$$F_{b,(\lambda_1 T \sim \lambda_2 T)} = \int_0^{\lambda_2} \frac{E_{b\lambda}}{\sigma_b T^5} \mathrm{d}(\lambda T) - \int_0^{\lambda_1} \frac{E_{b\lambda}}{\sigma_b T^5} \mathrm{d}(\lambda T) = F_{b,(0 \sim \lambda_2 T)} - F_{b,(0 \sim \lambda_1 T)} \qquad (9\text{-}14)$$

式中，波段辐射函数的数值见表9-1。因此，根据给定区间的波长和黑体温度，即可求出波段辐射能量，即

$$\Delta E_b = E_b \left[F_{b,(0 \sim \lambda_2)} - F_{b,(0 \sim \lambda_1)} \right] \tag{9-15}$$

表 9-1　黑体辐射函数表

$\lambda T/(\mu m \cdot K)$	$F_{b,(0 \sim \lambda T)}(\%)$	$\lambda T/(\mu m \cdot K)$	$F_{b,(0 \sim \lambda T)}(\%)$	$\lambda T/(\mu m \cdot K)$	$F_{b,(0 \sim \lambda T)}(\%)$
1000	0.0323	3800	44.38	16000	97.38
1100	0.0916	4000	48.13	18000	98.08
1200	0.214	4200	51.64	20000	98.56
1300	0.434	4400	54.92	22000	98.89
1400	0.782	4600	57.96	24000	99.12
1500	1.290	4800	60.79	26000	99.30
1600	1.979	5000	63.41	28000	99.43
1700	2.862	5500	69.12	30000	99.53
1800	3.946	6000	73.81	35000	99.70
1900	5.225	6500	77.66	40000	99.79
2000	6.690	7000	80.83	45000	99.85
2200	10.11	7500	83.46	50000	99.89
2400	14.05	8000	85.64	55000	99.92
2600	18.34	8500	87.47	60000	99.94
2800	22.82	9000	89.07	70000	99.96
3000	27.36	9500	90.32	80000	99.97
3200	31.85	10000	91.43	90000	99.98
3400	36.21	12000	94.51	100000	99.99
3600	40.40	14000	96.29	—	—

【例 9-5】　试计算太阳辐射中可见光所占的比例。

解：太阳可认为是表面温度为 $T = 5762K$ 的黑体，可见光的波长范围为 $0.38 \sim 0.76\mu m$，即 $\lambda_1 = 0.38\mu m$、$\lambda_2 = 0.76\mu m$，于是 $\lambda_1 T = 2190\mu m \cdot K$，$\lambda_2 T = 4380\mu m \cdot K$。

由表 9-1 可查得 $F_{b,(0 \sim \lambda_1 T)} = 9.94\%$，$F_{b,(0 \sim \lambda_2 T)} = 54.59\%$，可见光所占的比例为

$$F_{b,(\lambda_1 \sim \lambda_2 T)} = F_{b,(0 \sim \lambda_2 T)} - F_{b,(0 \sim \lambda_1 T)} = 54.59\% - 9.94\% = 44.65\%$$

从上述结果可以看出，太阳辐射中可见光所占的比例很大。

9.2.6　基尔霍夫定律

在辐射换热计算中，不仅要计算物体本身发射出去的辐射能，还需要计算物体对投来辐射能的吸收。基尔霍夫定律揭示了实际物体的辐射力与吸收率之间的理论关系。图 9-7 所示为两块无限大的平行平壁，一块为黑体，其温度为 T_b，辐射力为 E_b，吸收率为 α_b；另一块为非黑体，其温度为 T，辐射力为 E，吸收率为 α。假设每块平壁的辐射能可以全部落在对面的平壁上。非黑体平壁放出的辐射能 E 完全被黑体平壁吸收，而黑体平壁放射出的辐射能 E_b 只能被非黑体平壁吸收 αE_b，剩余辐射能 $(1-\alpha)E_b$ 被反射回去，仍被黑体平壁吸收。如果略去两平壁之间的介质传导和对流换热，则两个平壁之间由辐射换热引起的辐射热流密度 q，应等于非黑体平壁所损失的能量或黑体平壁所获得的能量，即

$$q = E - \alpha E_b$$

如果两个平壁温度相同（$T = T_b$），则整个系统处于热平衡状态，它们在辐射换热过程中都没有热量的损失，辐射热流密度 q 应等于零，上式变为

$$E = \alpha E_b \qquad 或 \qquad \frac{E}{\alpha} = E_b$$

因为非黑体平壁是任意选取的，所以上式可以推广到任何物体，即

$$\frac{E_1}{\alpha_1} = \frac{E_2}{\alpha_2} = \frac{E_3}{\alpha_3} = \cdots = \frac{E}{\alpha} = E_b \qquad (9\text{-}16)$$

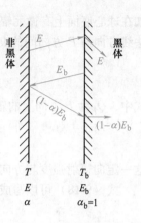

图 9-7 基尔霍夫定律的推导图

式（9-16）即为基尔霍夫定律的表达式。它表明：在体系处于热平衡时，任何物体的辐射力和吸收率之比等于同温度下黑体的辐射力，而比值的大小只和温度有关。

从基尔霍夫定律可以得到以下结论：

1）物体的发射力与吸收率成正比，因而吸收能力大的物体，向外发射辐射能的能力也强。

2）各种物体以黑体的吸收率最大，即 $\alpha_b = 1$，所以在相同温度下，黑体的辐射能力也最强。

由式（9-16）可以得到 $\alpha = \dfrac{E}{E_b}$，根据黑度的定义 $\varepsilon = \dfrac{E}{E_b}$，因此有

$$\alpha = \varepsilon \qquad (9\text{-}17)$$

式（9-17）为基尔霍夫定律的另一表达形式，它表明：在热平衡条件下，任意物体对黑体辐射的吸收率等于同温度下该物体的黑度。

实际物体对于投射过来的辐射能，其吸收率不仅决定于该物体的本身情况（如材料种类、表面状况与表面温度等），而且还与发射辐射能的对方物体的温度有关。如果该物体的温度改变，实际物体的吸收率也将发生变化，即实际物体对投射来的辐射能中各种波长下的单色吸收率 α_λ 是不同的。

9.2.7 兰贝特定律

黑体辐射在空间的分布遵循兰贝特（Lambert）定律。

为了给空间方向定量，需先建立立体角的概念。已知可用弧度（rad）衡量平面角 θ，而立体角 ω 为球面上某一面积 A_s 与球半径 r 的平方之比，即 $\omega = \dfrac{A_s}{r^2}$，其单位为球面度，以 Sr 表示。整个半球的立体角为 2π Sr。

辐射换热时，把单位时间、单位可见面积、单位立体角内辐射能量称为定向辐射强度。如图 9-8 所示，

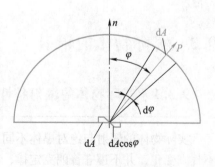

图 9-8 定向辐射强度

如在球心底面上有微元辐射面 dA，它在任一方向 P 上的可见面积为 $dA\cos\varphi$，φ 为辐射面 dA 法线方向与 P 方向间的夹角，则 P 方向上的定向辐射强度 I_P 为

$$I_P = \frac{dQ_P}{dA \cdot \cos\varphi \cdot d\omega} \tag{9-18}$$

式中，Q_P 为 P 方向上的辐射热流率。理论证明，黑体表面具有漫射表面性质，在任意方向上的定向辐射强度与方向无关，黑体的定向辐射强度在半球的各个方向都相等，即

$$I_P = I_m = I_n = \cdots = I \tag{9-19}$$

这一定向辐射强度与方向无关的规律是兰贝特定律的一种形式。

式（9-18）可以写成

$$\frac{dQ_P}{dA \cdot d\omega} = I_P\cos\varphi = I\cos\varphi \tag{9-20}$$

式（9-20）表明，黑体单位面积（dA）发射的辐射能落到空间不同方向单位立体角（$d\omega$）中的能量值与该方向同表面法线之间的夹角（φ）的余弦成正比。此即为兰贝特定律的另一表现形式，又称为余弦定律。

图 9-9 所示为一半球，其半径为 r，辐射微元面 dA 在这个半球盖的表面上。物体的辐射力用 E 表示，则由式（9-20）有

$$E = \frac{dQ}{dA} = I\int\cos\varphi d\omega \tag{9-21}$$

由立体角定义可知 $d\omega = dA_s/r^2$，dA_s 为球面上用阴影表示的微元面，因此有

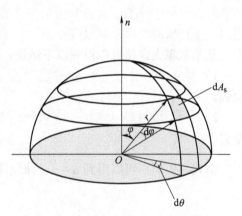

图 9-9　辐射强度沿立体角的积分

$$d\omega = \frac{(\sin\varphi d\theta)(rd\varphi)}{r^2} = \sin\varphi d\varphi d\theta$$

将此式代入式（9-21）中，得

$$E = I\int\cos\varphi\sin\varphi d\varphi d\theta = I\int_{\theta=0}^{\theta=2\pi}d\theta\int_{\varphi=0}^{\varphi=\pi/2}\cos\varphi\sin\varphi d\varphi = I\pi \tag{9-22}$$

式（9-22）表明，当辐射物体遵守兰贝特定律时，辐射力是任何方向上定向辐射强度的 π 倍。

9.3　实际物体的辐射

9.3.1　实际物体的辐射特性

实际物体的辐射与绝对黑体不同，实际物体的单色辐射力 E_λ 随波长和温度的不同发生不规则变化，并不遵守普朗克定律，可用该物体在一定温度下的辐射光谱来测定。

图 9-10 所示为同一温度下三种不同类型物体的单色辐射力与波长的关系。由图可知，

实际物体的单色辐射力随波长呈不规则的变化。黑体的单色辐射力随波长连续光滑地变化；实际物体的单色辐射力 E_λ 比黑体的单色辐射力 $E_{b\lambda}$ 小，即 $E_\lambda = \varepsilon_\lambda E_{b\lambda}$，$\varepsilon_\lambda$ 为单色黑度（或单色发射率），是实际物体的单色辐射力与同温度下黑体的单色辐射力的比值。

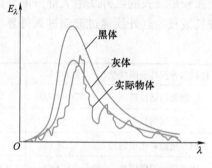

图 9-10　不同物体的单色辐射力
与波长的关系

根据实际物体的辐射力与黑体的辐射力之间的关系以及黑度的定义，实际物体的辐射力可以用四次方定律来计算，即

$$E = \varepsilon E_b = \varepsilon \sigma_b T^4 \qquad (9\text{-}23)$$

研究发现，实际物体的辐射力并不严格地同热力学温度的四次方成正比。为了工程计算方便，仍认为一切实际物体的辐射力都与热力学温度的四次方成正比，而把由此引起的误差用物体的黑度来修正。

实际物体的黑度不但随波长变化，而且随半球空间的不同方向发生变化。因此物体的黑度是定向的，定向黑度的定义为

$$\varepsilon_\varphi = I_\varphi / I_{b\varphi} \qquad (9\text{-}24)$$

式中，ε_φ 是物体的定向黑度；φ 是辐射方向与表面法线方向的夹角；I_φ 是物体在该方向上的定向辐射强度；$I_{b\varphi}$ 是同温度下黑体在该方向上的定向辐射强度。

绝对黑体完全服从兰贝特定律，其定向辐射强度在空间所有方向上是常量。而实际物体的定向辐射强度在不同方向上有变化，实际物体沿个别方向上的辐射能量的变化，往往只是近似地遵守兰贝特定律，有些物体甚至与兰贝特定律有很大的偏离。

实际物体表面发射率（或黑度）ε 与物质种类、物体的表面温度和表面状况有关，与外界条件无关。一般来说，非导电材料的 ε 大于导电材料的 ε；金属或导电体的发射率（黑度）随温度升高而增大，而建筑材料和耐火材料的发射率（黑度）随温度升高而变小。物体表面越粗糙，参加辐射和吸收的微观表面越大，物体的发射率（黑度）和吸收率就越大。金属表面氧化后，不仅表面物性由导电体变为不良导体，表面状况也会变得较疏松粗糙，故其发射率（黑度）和吸收率都显著变大。但温度对氧化表面的影响程度降低，氧化越严重，温度的影响越弱。

常见材料在不同温度和表面状况下的黑度值见表 9-2。

9.3.2　实际物体的吸收特性

实际物体的吸收率 α 既决定于辐射的投入方向和波长，又决定于物体本身的物质种类、表面温度和表面状况。

实际物体对某一特定波长辐射能吸收的百分数称为单色吸收率，用符号 α_λ 表示。实际物体对不同波长辐射能的单色吸收率是不相同的，图 9-11 所示为一些材料的单色吸收率同波长的关系。由图 9-11d 所示可见，玻璃对可见光和波长小于 $2.5\mu m$ 红外线的单色吸收率很小，可认为基本上是透明体；而对紫外线和波长大于 $3\mu m$ 红外线，其单色吸收率又接近于 1，表现了几乎不透明的性质。玻璃的这种对辐射能波长吸收的选择性使太阳辐射的可见

光和较短波长的红外线绝大部分能穿过玻璃进入室内，而不让室内的物体在常温下发射出的较长波长的红外线通过玻璃进入外界，可以使室内温度升高，称为温室效应。

表 9-2 常见材料的黑度

材料名称及其表面状况	温度/℃	ε	材料名称及其表面状况	温度/℃	ε
磨光的钢铸件	770~1300	0.52~0.56	表面严重氧化的轧制铝板	38	0.20
轧制钢板	50	0.56		150	0.21
表面有粗糙氧化层钢板	24	0.8		205	0.22
表面严重生锈钢板	50~500	0.8~0.98	耐火黏土砖：$w(SiO_2)=38\%$ $w(Al_2O_3)=58\%$ $w(Fe_2O_3)=0.9\%$	538	0.33
生锈铸铁	40~250	0.95		1000	0.61
铸铁液	1300~1400	0.29		1200	0.52
钢液	1520~1650	0.42~0.53		1400	0.47
表面磨光的铜	50~100	0.02		1500	0.45
表面氧化的铜	200~600	0.57~0.87	硅砖 $w(SiO_2)=98\%$	1000	0.62
纯铜液	1200	0.138		1200	0.535
	1250	0.147		1400	0.49
粗铜液	1250	0.155~0.171		1500	0.46
表面磨光的铝	225	0.049	红砖（表面粗糙）	20	0.93
	275	0.057		100	0.81
轧制后光亮的铝	170	$\varepsilon_\perp=0.039$		600	0.79
	500	$\varepsilon_\perp=0.050$	炭黑	20~400	0.95~0.97
表面氧化的轧制铝板	38	0.10	固体表面涂炭黑	50~1000	0.96
	260	0.12	石棉纸	40	0.94
	538	0.18		400	0.93
			水面	0~100	0.95~0.963

注：$\varepsilon_\perp$ 指法向辐射黑度，即垂直表面的辐射力与同温度下黑体在相同方向的辐射力之比。

实际物体的吸收率还与发射辐射能的物体按波长的能量分布有关。而按波长的能量分布又取决于发射辐射能物体的表面性质和温度。因此实际物体的吸收率要根据吸收和发射物体两者的性质和温度来确定。

9.3.3 灰体

黑体的吸收率和单色吸收率恒等于1，实际物体的单色吸收率与黑体相差很大，不但小于1，而且与波长 λ 有关。如果某一物体的单色吸收率虽小于1，但它是一个不随投射辐射的波长而变化的常数，则它的吸收率 α 也是一个常数，即

$$\alpha = \alpha_\lambda = 常数 \tag{9-25}$$

这种物体称为灰体。与黑体一样，灰体也是一种理想化物体。

至此已经介绍了黑体、灰体和实际物体，图 9-12 所示为这三种物体的单色吸收率随波

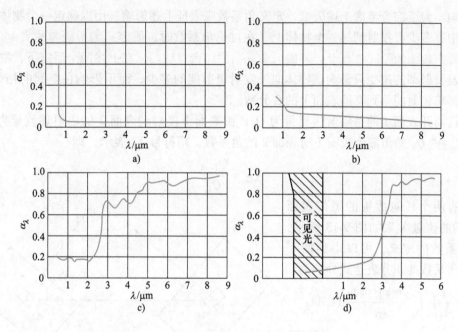

图 9-11 一些材料单色吸收率与波长的关系
a）金 b）磨光铝 c）白瓷砖 d）玻璃

长的变化情况。由图可见，灰体辐射和吸收的规律与黑体完全相同，只是在数量上有差别。一般工程上，热射线主要能量的波长位于 $0.76 \sim 20\mu m$。在这个范围内，实际物体单色吸收率的变化不大，在这个波长范围内，工程上用的大多数材料可近似按灰体处理，这给辐射换热计算带来很大方便。

对照发射率 ε，将单色辐射力 E_λ 与同温度下黑体同一波长的单色辐射力 $E_{b\lambda}$ 之比定义为单色发射率 ε_λ。显然，从图中可以看出，对于灰体，单色发射率为常数，即

$$\varepsilon_\lambda = \frac{E_\lambda}{E_{b\lambda}} = \varepsilon = 常数 \qquad (9-26)$$

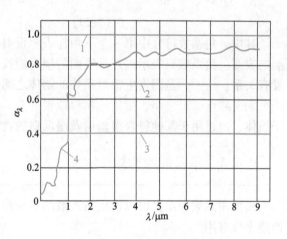

图 9-12 黑体、灰体及实际物体的单色吸收率与波长的关系
1—黑体 2—$\alpha=0.7$ 的灰体
3—$\alpha=0.4$ 的灰体 4—实际物体

145

9.4 黑体表面间的辐射换热

9.4.1 角系数的定义

两个物体发生辐射换热时，它们的相对位置情况、远近、角度等对表面间的热流量都会

产生影响。为了综合考虑上述因素，定义角系数来表征上述影响，用以确定一个物体发射的辐射能中有多少可投射到另一个物体上。在讨论角系数时，假定：①所研究的表面是漫射；②在所研究表面的不同地点上向外发射的辐射热流密度均匀。在上述两个假定下，物体的表面温度及发射率的改变只影响该物体向外发射辐射能的多少，而不影响在空间的相对分布，因而不影响辐射能落到其他表面上的百分数。

假设离开表面 1 的总辐射热流量为 Q_1，由表面 1 投射到表面 2 的辐射热流量为 $Q_{1\rightarrow2}$，则称 $Q_{1\rightarrow2}$ 占 Q_1 的份额为表面 1 对表面 2 的角系数，用符号 X_{12} 表示，即

$$X_{12} = \frac{Q_{1\rightarrow2}}{Q_1} \tag{9-27}$$

设有两个任意放置的黑体表面 A，它们的位置关系如图 9-13 所示，根据角系数的定义，可以得到两个表面的角系数的积分表达式分别为

$$X_{12} = \frac{1}{A_1}\int_{A_1}\int_{A_2} \frac{\cos\varphi_1\cos\varphi_2}{\pi r^2}\mathrm{d}A_1\mathrm{d}A_2 \tag{9-28}$$

$$X_{21} = \frac{1}{A_2}\int_{A_1}\int_{A_2} \frac{\cos\varphi_1\cos\varphi_2}{\pi r^2}\mathrm{d}A_1\mathrm{d}A_2 \tag{9-29}$$

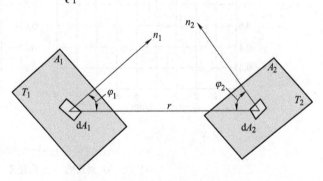

图 9-13　任意放置的两个黑体表面间的几何关系

其中，角系数符号中第一个下角标表示发射辐射能的表面，第二个下角标表示接收辐射能的表面。角系数只表示离开某表面的辐射能投射到另一表面的份额，与另一表面吸收能力没有关系。角系数是因发生辐射换热的物体之间的空间位置而产生的一个几何因子，它仅与两个表面的形状、大小、距离及相对位置有关，而与表面的发射率和温度无关，它不仅适用于黑体，也适用于其他符合漫辐射及漫反射的物体。

9.4.2　角系数的性质

根据角系数的定义可以得出角系数的下列性质。这些性质对计算角系数和表面间的辐射换热十分有用。

（1）相对性　根据角系数的表达式（9-28）和式（9-29）可知

$$A_1 X_{12} = A_2 X_{21} \tag{9-30}$$

式（9-30）称为角系数的相对性，其一般形式为

$$A_i X_{ij} = A_j X_{ji}$$

（2）完整性　设由 n 个表面组成的封闭空间（腔），如图 9-14 所示，根据能量守恒原理，从任何一个表面发射出的辐射能必须全部落到其他表面上，即

$$Q_1 = Q_{11} + Q_{12} + Q_{13} + \cdots + Q_{1n}$$

因此，任何一个表面对其他各表面的角系数之间存在下列关系（以表面 1 为例）

$$X_{11} + X_{12} + X_{13} + \cdots + X_{1n} = \sum_{i=1}^{n} X_{1i} = 1 \tag{9-31}$$

式（9-31）称为角系数的完整性。凹面是可自见面，而平面和凸面都是不可自见面，不可自见面对自己的角系数为零。当表面 1 为凸表面时，则 $X_{11} = 0$。

（3）可加性 可加性原理如图 9-15 所示，实质上体现了辐射能的可加性，是角系数完整性的导出结果。如果表面 $A_{(1+2)} = A_1 + A_2$，那么

$$A_3 X_{3(1+2)} = A_3 X_{31} + A_3 X_{32} \tag{9-32}$$

$$A_{(1+2)} X_{(1+2)3} = A_1 X_{13} + A_2 X_{23} \tag{9-33}$$

式（9-32）和式（9-33）称为角系数的可加性。

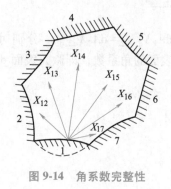

图 9-14 角系数完整性

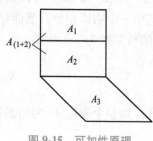

图 9-15 可加性原理

9.4.3 确定角系数的方法

计算表面间的辐射换热，必须要先知道它们之间的角系数。求角系数的方法有多种，如积分法、几何法（图解法）及代数法等。

1. 从角系数的定义出发直接求得

例如，非凹物体自身的角系数、同心球中内球对外球的角系数等可直接由角系数定义求得。

2. 积分法

积分法即利用角系数的积分公式（9-28）和式（9-29）求得表面间的角系数，由于其比较复杂，所以经常将角系数的积分结果绘成图线，以供计算时查用。

积分法是利用角系数的基本定义通过求解积分确定角系数的方法。如图 9-16 所示，分别从表面 A_1 和 A_2 上取两个微元面积 dA_1 和 dA_2。采用定向辐射强度的定义，dA_1 向 dA_2 辐射的能量为

$$dQ_{12} = dA_1 I_1 \cos\varphi_1 d\omega_1 \tag{9-34}$$

根据立体角的定义，$d\omega_1 = dA_2\cos\varphi_2/r^2$，代入式（9-34）得到

$$dQ_1 = I_1 \frac{\cos\varphi_1 \cos\varphi_2}{r^2} dA_1 dA_2 \tag{9-35}$$

根据辐射强度与辐射力之间的关系

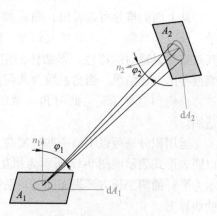

图 9-16 两表面之间的角系数

$$I_b = \frac{E_b}{\pi} \tag{9-36}$$

则表面 dA_1 向半球空间发出的辐射能为 $Q_1 = \pi I_1 dA_1$。于是 dA_1 对 dA_2 的角系数为

$$X_{d1,d2} = \frac{dQ_1}{Q_1} = \frac{\cos\varphi_1 \cos\varphi_2 dA_2}{\pi r^2} \tag{9-37}$$

同理，可以导出微元表面 dA_2 对 dA_1 的角系数

$$X_{d2,d1} = \frac{dQ_2}{Q_2} = \frac{\cos\varphi_1 \cos\varphi_2 dA_1}{\pi r^2} \tag{9-38}$$

比较式（9-37）、式（9-38）可以得到角系数的相对性 $dA_1 X_{d1,d2} = dA_2 X_{d2,d1}$。分别对上述两公式中的其中一个表面积分，就能导出微元表面对另一表面的角系数，即微元表面 dA_1 对整个表面 A_2 的角系数为

$$X_{d1,2} = \int_{A_2} \frac{\cos\varphi_1 \cos\varphi_2}{\pi r^2} dA_2 \tag{9-39}$$

微元表面 dA_2 对整个表面 A_1 的角系数为

$$X_{d2,1} = \int_{A_1} \frac{\cos\varphi_1 \cos\varphi_2}{\pi r^2} dA_1 \tag{9-40}$$

利用角系数的互换性应有 $dA_1 X_{d1,2} = dA_2 X_{2,d1}$，则表面 2 对微元表面 dA_1 的角系数为

$$X_{2,d1} = \frac{1}{A_2} \int_{A_2} \frac{\cos\varphi_1 \cos\varphi_2}{\pi r^2} dA_2 dA_1 \tag{9-41}$$

将式（9-41）积分，得到整个表面 A_2 对表面 A_1 的角系数为

$$X_{21} = \frac{1}{A_2} \int_{A_1} \int_{A_2} \frac{\cos\varphi_1 \cos\varphi_2}{\pi r^2} dA_2 dA_1 \tag{9-42}$$

表面 A_1 对表面 A_2 的角系数为

$$X_{12} = \frac{1}{A_1} \int_{A_2} \int_{A_1} \frac{\cos\varphi_1 \cos\varphi_2}{\pi r^2} dA_1 dA_2 \tag{9-43}$$

从上面的推导可以看出，角系数是 φ_1、φ_2、r、A_1 和 A_2 的函数，它们都是纯粹的几何量，所以角系数也是纯粹的几何量。角系数是纯粹几何量的原因在于假设物体是漫射表面，其具有等强辐射的特性，即物体的定向辐射强度与方向无关，因而有 $Q_1 = \pi I_1 dA_1$。这样才能推导出上述结果。当角系数为几何量时，它只与两表面的大小、形状和相对位置相关，与物体性能和温度无关。此时角系数的性质对于非黑体表面以及没有达到热平衡的系统也适用。

运用积分法可以求出一些较复杂几何体系的角系数。工程上为计算方便，通常将角系数以图表形式表示。图 9-17 所示为相互垂直的两个长方形表面间的角系数线算图，图 9-18 所示为平行的两个长方形表面间的角系数线算图，图 19-19 所示为平行的圆形表面间的角系数的线算图。

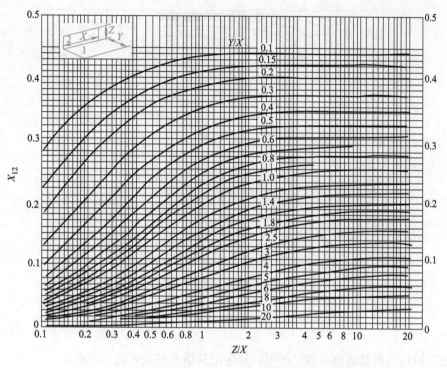

图 9-17 相互垂直的两个长方形表面间的角系数线算图

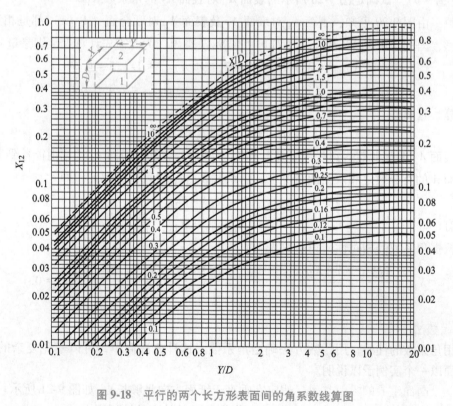

图 9-18 平行的两个长方形表面间的角系数线算图

149

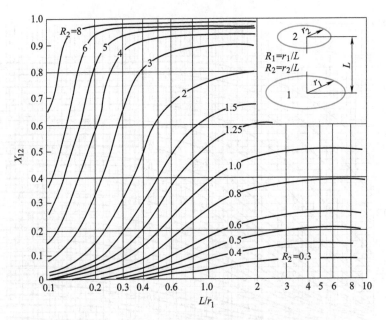

图 9-19　平行的圆形表面间的角系数线算图

根据已知几何关系的角系数，还可以推导出其他几何关系的角系数。

【例 9-6】　试确定图 9-20 所示的表面 A_1 对表面 A_2 的角系数 X_{12}。

解：由图 9-20 可知，表面 A_2 对表面 A_1 及表面 A_2 对联合面（A_1+A）都是相互垂直的矩形，因此角系数 X_{2A} 及 $X_{2(1+A)}$ 都可由图 9-17 查出。为此需先计算无量纲参量

$$(Y/X)_{2A} = 2.5/1.5 = 1.67, \quad (Z/X)_{2A} = 1/1.5 = 0.67$$

$$(Y/X)_{2(1+A)} = 2.5/1.5 = 1.67, \quad (Z/X)_{2(1+A)} = 2/1.5 = 1.33$$

经计算、查图得

$$X_{2A} = 0.11, X_{2(1+A)} = 0.15$$

表面 A_2 的辐射能落到联合面（A_1+A）上的百分数等于表面 A_2 的辐射能落到表面 A_1 和表面 A 的百分数之和。在此情况下，角系数 $X_{2(1+A)}$ 是可以分解的，即

$$X_{2(1+A)} = X_{21} + X_{2A}$$

于是有

$$X_{21} = X_{2(1+A)} - X_{2A}$$

根据角系数的相对性，角系数 X_{12} 为

$$X_{12} = \frac{A_2 X_{21}}{A_1} = \frac{A_2 \left[X_{2(1+A)} - X_{2A} \right]}{A_1} = \frac{2.5 \times 1.5 \times (0.15 - 0.11)}{1 \times 1.5} = 0.1$$

3. 代数法

利用角系数的性质，用代数方法确定角系数。这种方法简单，可以避免复杂的积分运算。下面以一个实例予以说明。

由三个凸面组成的封闭空间（假定在垂直于纸面方向足够长），如图 9-21 所示。

因为三个表面均不可自见，即 $X_{ii}=0$。根据角系数的完整性可写出

$$X_{11} + X_{12} + X_{13} = 1$$
$$X_{21} + X_{22} + X_{23} = 1$$
$$X_{31} + X_{32} + X_{33} = 1$$

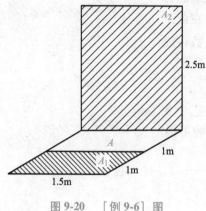

图 9-20 [例 9-6]图

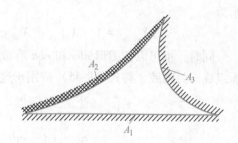

图 9-21 三个凸表面组成的封闭空间

由不可自见面，得 $X_{11} = X_{22} = X_{33} = 0$，因此

$$X_{12} + X_{13} = 1$$
$$X_{21} + X_{23} = 1$$
$$X_{31} + X_{32} = 1$$

根据相对性可写出

$$A_1 X_{12} = A_2 X_{21}, A_1 X_{13} = A_3 X_{31}, A_2 X_{23} = A_3 X_{32}$$

这是一个六元一次方程组，可解出六个未知的角系数。例如，角系数 X_{12} 为

$$X_{12} = \frac{A_1 + A_2 - A_3}{2A_1} \tag{9-44a}$$

同理，可得

$$X_{13} = \frac{A_1 + A_3 - A_2}{2A_1} \tag{9-44b}$$

$$X_{23} = \frac{A_2 + A_3 - A_1}{2A_2} \tag{9-44c}$$

因为在垂直于纸面方向上的三个表面的长度相同。所以式（9-44）中的面积完全可用图中表面线段的长度替代。设线段长度分别为 L_1、L_2 和 L_3，则式（9-44）可改写为

$$X_{12} = \frac{L_1 + L_2 - L_3}{2L_1} \tag{9-45a}$$

$$X_{13} = \frac{L_1 + L_3 - L_2}{2L_1} \tag{9-45b}$$

$$X_{23} = \frac{L_2 + L_3 - L_1}{2L_2} \tag{9-45c}$$

用代数分析法求解多面封闭体中的角系数时，常需要采用作辅助面的方法，辅助面（线）的增添不应改变空间中各表面之间原有的辐射传递关系。

【例9-7】 试用代数法确定如图9-22所示的表面 A_1 和 A_2 之间的角系数，假定垂直于纸面方向上表面的长度是无限延伸的。

解：作辅助面 ac 和 bd，它们代表两个垂直于纸面方向的假想面，并与 A_1 和 A_2 一起组成一个封闭腔。在此系统里，根据角系数的完整性，表面 A_1 对 A_2 的角系数可表示为

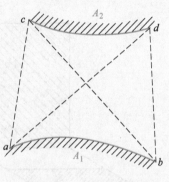

图9-22 ［例9-7］图

$$X_{ab,cd} = 1 - X_{ab,ac} - X_{ab,bd}$$

同时，也可以把图形 abc 和 abd 看成两个各由三个表面组成的封闭腔。将式（9-45）应用于这两个封闭腔可得

$$X_{ab,ac} = \frac{ab + ac - bc}{2\,ab}$$

$$X_{ab,bd} = \frac{ab + bd - ad}{2\,ab}$$

于是可得 A_1 对 A_2 的角系数为

$$X_{12} = X_{ab,cd} = \frac{(bc + ad) - (ac + bd)}{2\,ab}$$

由于分子中各线段均是各点间的直线长度，因此这种代数法又称为拉线法。

【例9-8】 如图9-23所示，一块金属板上钻了一个直径为 $d=0.01\mathrm{m}$ 的小孔。如果金属板的温度为450K，周围环境的温度为290K。当小孔和周围环境均可视为黑体时，求小孔内表面向周围环境的辐射换热量。

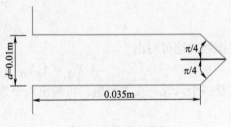

图9-23 钻孔金属板

解：小孔的内表面积

$$A_1 = \left(\pi \times 0.01 \times 0.035 + \frac{1}{2}\pi \times 0.01 \times 0.005 \times \sin\frac{\pi}{4}\right)\mathrm{m^2} = 1.21 \times 10^{-3}\mathrm{m^2}$$

小孔的开口面积

$$A_2 = \frac{\pi}{4} \times 0.01^2\mathrm{m^2} = 7.85 \times 10^{-5}\mathrm{m^2}$$

小孔的开口对内表面的角系数

$$X_{21} = 1$$

根据角系数的相对性，小孔的内表面对小孔开口的角系数为

$$X_{12} = \frac{A_2 X_{21}}{A_1} = \frac{7.85 \times 10^{-5}}{1.21 \times 10^{-3}} = 0.0649$$

小孔的辐射换热量为

$$Q_{12} = A_1 X_{12}(E_{b1} - E_{b2}) = 1.21 \times 10^{-3} \times 0.0649 \times 5.67 \times 10^{-8} \times (450^4 - 290^4) = 0.151\mathrm{W}$$

9.4.4 黑体表面间辐射换热与空间热阻

黑体表面间的辐射换热计算比较简单。假定两个黑体的表面积分别为 A_1 和 A_2，温度为 T_1 和 T_2，且 $T_1>T_2$，表面间的介质对热辐射是透明的。如果这两个黑体表面之间的角系数分别为 X_{12} 和 X_{21}，单位时间内由 A_1 面投射到 A_2 面的辐射能为 $E_{b1}A_1X_{12}$，而由 A_2 面投射到达 A_1 面的辐射能为 $E_{b2}A_2X_{21}$。因为这两个表面都是黑体，到达它们上面的辐射能将全部被吸收，所以 A_1 和 A_2 的辐射热流 Q_{12} 为

$$Q_{12} = E_{b1}A_1X_{12} - E_{b2}A_2X_{21} \tag{9-46}$$

利用角系数的相对性 $A_1X_{12}=A_2X_{21}$，故式（9-46）可写为

$$Q_{12} = A_1X_{12}(E_{b1} - E_{b2}) = A_2X_{21}(E_{b1} - E_{b2}) \tag{9-47}$$

或

$$Q_{12} = c_b\left[\left(\frac{T_1}{100}\right)^4 - \left(\frac{T_2}{100}\right)^4\right]A_1X_{12} \tag{9-48}$$

式（9-47）可改写为

$$Q_{12} = \frac{E_{b1} - E_{b2}}{\dfrac{1}{A_1X_{12}}} = \frac{E_{b1} - E_{b2}}{\dfrac{1}{A_2X_{21}}} \tag{9-49}$$

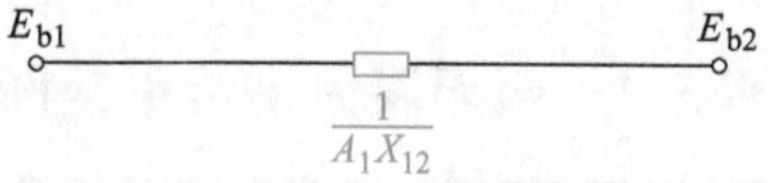

图 9-24　两黑体表面间的辐射换热网络

与欧姆定律类似，辐射热流量 Q_{12} 相当于电流；（$E_{b1}-E_{b2}$）相当于电位差；$1/(A_1X_{12})$ 相当于电路电阻，在此称为空间辐射热阻（简称空间热阻）。空间热阻取决于表面间的几何关系，与表面的辐射特性无关。

通过以上类比分析可知，对于稳态辐射换热，可采用热阻的概念用类似电路分析的方法进行分析。图 9-24 所示为式（9-49）的等效电路，称为空间网络单元。

对于多个黑体表面间的辐射换热，通过相应处理，可将其转化为上述等效电路的形式，用辐射换热网络进行求解。这种利用热量传输和电量传输的类似关系，将辐射换热系统模拟成相应的电路网络，通过电路分析求解传热的方法称为辐射换热的网络方法。

9.5 灰体表面间的辐射换热

黑体辐射系统中，由于黑体能够全部吸收辐射过来的能量，已知黑体表面间的角系数，就可以计算辐射换热量。对于灰体，辐射到灰体表面的辐射能不能被全部吸收，一部分辐射能被反射出去，因此在灰体表面间的辐射换热过程中，存在辐射能的多次吸收和反射过程，辐射换热过程比黑体系统复杂。为了简化计算，引入有效辐射概念。

9.5.1 有效辐射

图 9-25 所示为一温度均匀、发射特性和吸收特性保持常数的表面。把在单位时间内投射到这个表面上单位面积的总辐射能称为对该表面的投入辐射，并用符号 G 表示；把辐射到表面上的能量中被灰体吸收的部分称为吸收辐射，为 αG；外界辐射到物体上的辐射能中被反射回去的部分称为反射辐射，其值为 ρG；把单位时间内离开给定表面单位面积的总辐射能称为有

效辐射，其值为灰体的辐射能（或称本身辐射）与反射辐射 ρG 的总和，用符号 J 表示。即

$$J = E + \rho G = \varepsilon E_b + \rho G \qquad (9\text{-}50)$$

对于不透明表面，穿透率 $\tau = 0$，则 $\alpha + \rho = 1$，代入式（9-50）得

$$J = \varepsilon E_b + (1 - \alpha) G \qquad (9\text{-}51)$$

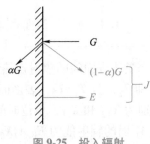

图 9-25　投入辐射
和有效辐射

灰体表面与外界的辐射换热净能量 Q 为灰体失去能量与获得能量的差值，其表达式为

$$Q = (J - G)A$$

把 J 的表达式代入上式，消去 G，得

$$Q = \frac{\varepsilon E_b - \alpha J}{1 - \alpha} A$$

当处于热平衡状态时，$\alpha = \varepsilon$，代入上式得

$$Q = \frac{\varepsilon A}{1 - \varepsilon}(E_b - J) \qquad (9\text{-}52)$$

9.5.2　两无限大平行平板间的辐射换热

图 9-26 所示为两个无限大的灰体平行平板。如图 9-26a 所示，从平板表面 1 发射的辐射能（即本身辐射）E_1，到达表面 2 后被吸收了 $\alpha_2 E_1$，其余部分 $\rho_2 E_1$ 被反射回表面 1。反射到表面 1 的辐射能 $\rho_2 E_1$ 又被吸收和反射，如此重复多次，辐射能逐渐减弱，直到 E_1 被完全吸收为止。同样如图 9-26b 中所示表面 2 的辐射能（或本身辐射）E_2 也经历了上述的反复吸收和反射过程，最后被完全吸收。由于辐射能以光速传播，这种反复进行的吸收和反射过程实际上是瞬间完成的。

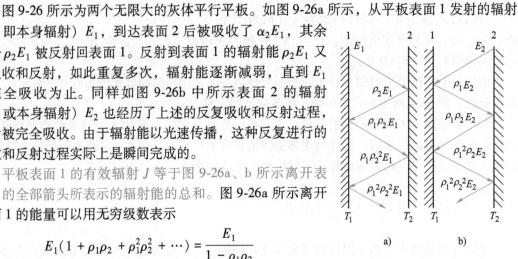

平板表面 1 的有效辐射 J 等于图 9-26a、b 所示离开表面 1 的全部箭头所表示的辐射能的总和。图 9-26a 所示离开表面 1 的能量可以用无穷级数表示

$$E_1(1 + \rho_1\rho_2 + \rho_1^2\rho_2^2 + \cdots) = \frac{E_1}{1 - \rho_1\rho_2}$$

同理，图 9-26b 所示离开表面 1 的能量为

图 9-26　两灰体平行平
板之间的辐射换热

$$\rho_1 E_2(1 + \rho_1\rho_2 + \rho_1^2\rho_2^2 + \cdots) = \frac{\rho_1 E_2}{1 - \rho_1\rho_2}$$

将此两式相加，表面 1 的有效辐射 J_1 为

$$J_1 = \frac{E_1 + \rho_1 E_2}{1 - \rho_1\rho_2} \qquad (9\text{-}53)$$

同理，表面 2 的有效辐射 J_2 为

$$J_2 = \frac{E_2 + \rho_2 E_1}{1 - \rho_1\rho_2} \qquad (9\text{-}54)$$

当两个平板为无限大时，角系数 $X_{12} = X_{21} = 1$。表面 2 的有效辐射即为它对表面 1 的投入辐

射，即 $G_1 = J_2$，同理 $G_2 = J_1$。

两平板之间的辐射换热净热流密度 $q_{1,2}$ 等于表面 1 的有效辐射 J_1 和投入辐射 G_1 的差，即

$$q_{1,2} = J_1 - G_1 = J_1 - J_2 = \frac{1 - \rho_2}{1 - \rho_1 \rho_2} E_1 - \frac{1 - \rho_1}{1 - \rho_1 \rho_2} E_2 \tag{9-55}$$

由于 $\alpha_1 = \varepsilon_1$，$\alpha_2 = \varepsilon_2$，$\rho_1 = 1 - \alpha_1 = 1 - \varepsilon_1$，$\rho_2 = 1 - \alpha_2 = 1 - \varepsilon_2$，代入式（9-55）得

$$q_{1,2} = \frac{1}{\dfrac{1}{\varepsilon_1} + \dfrac{1}{\varepsilon_2} - 1} (E_{b1} - E_{b2}) = \varepsilon_s (E_{b1} - E_{b2}) \tag{9-56}$$

式中，ε_1、ε_2 分别为平板 1 和平板 2 的黑度；ε_s 为该辐射换热系统的系统发射率（或黑度），$\varepsilon_s = 1 / \left(\dfrac{1}{\varepsilon_1} + \dfrac{1}{\varepsilon_2} - 1 \right)$。因 ε_1 和 ε_2 都<1，故 $\varepsilon_s < 1$。

如果两个平行平板均为黑体，即 $\varepsilon_1 = \varepsilon_2 = 1$，于是式（9-56）变为

$$q_{1,2} = (E_{b1} - E_{b2}) \tag{9-57}$$

比较式（9-56）、式（9-57）可知，灰体换热的系统黑度 ε_s 是指在其他条件相同时，灰体间的辐射换热量与黑体间的辐射换热量之比。系统黑度 ε_s 越大，就越接近黑体系统。

9.5.3　遮热板原理

在工程上，为了削弱两表面之间的辐射换热，可以在两表面之间插入一块薄板，这种用于阻碍辐射换热的薄板称为遮热板。图 9-27 所示为在两平行表面之间设置遮热板。它们的表面积 $A_1 = A_2 = A_3 = A$，表面温度分别为 T_1、T_2、T_3，黑度分别为 ε_1、ε_2、ε_3，平板的长度与宽度远大于它们之间的距离。

155

无遮热板时，两平板之间的辐射换热量由式（9-56）计算，即

$$q_{1,2} = \frac{1}{\dfrac{1}{\varepsilon_1} + \dfrac{1}{\varepsilon_2} - 1} (E_{b1} - E_{b2})$$

加遮热板后，平板 1 与遮热板 3 之间的辐射换热量 $q_{1,3}$ 为

$$q_{1,3} = \frac{1}{\dfrac{1}{\varepsilon_1} + \dfrac{1}{\varepsilon_3} - 1} (E_{b1} - E_{b3})$$

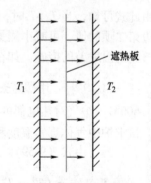

图 9-27　遮热板

同样，遮热板 3 与平板 2 之间的辐射换热量为

$$q_{3,2} = \frac{1}{\dfrac{1}{\varepsilon_3} + \dfrac{1}{\varepsilon_2} - 1} (E_{b3} - E_{b2})$$

加遮热板后，两平行平板之间的辐射换热量为 $q'_{1,2}$。如为稳定传热，$q_{1,3} = q_{3,2} = q'_{1,2}$，故在推导下式时可消去 E_{b3}，得

$$q'_{1,2} = \frac{1}{2} (q_{1,3} + q_{3,2}) = \frac{E_{b1} - E_{b2}}{\left(\dfrac{1}{\varepsilon_1} + \dfrac{1}{\varepsilon_3} - 1 \right) + \left(\dfrac{1}{\varepsilon_3} + \dfrac{1}{\varepsilon_2} - 1 \right)} \tag{9-58}$$

当 $\varepsilon_1 = \varepsilon_2 = \varepsilon_3$ 时，式（9-58）变为

$$q'_{1,2} = \frac{1}{2}q_{1,2}$$

上式表明，加遮热板后，两平行平板之间的辐射换热量为无遮热板时的辐射换热量的一半。同样可以证明，当遮热板增至 n 块时，如果各平板的黑度相同，则两个平行平板之间的辐射换热量会减少到没有遮热板时换热量的 $1/(n+1)$。

遮热板原理在工程中应用很广。例如，利用热电偶测量管道内气流温度时，如果使用裸露热电偶，高温气流以对流方式把热量传递给热电偶的同时，热电偶会以辐射方式把得到的热量传递给低温的管壁，因此只要管壁温度低于气流温度，气流与热电偶触点间的对流换热总在进行。根据牛顿冷却公式，只有在热电偶触点与气流之间存在温度差时，才能进行对流换热，故热电偶指示的温度显然低于气流的真正温度，造成了测量误差。为此可以在热电偶外面加一个遮热罩，以减少热电偶的辐射损失，提高测量精度。

一管道内壁温度为 T_s，气流的真实温度为 T_f，热电偶测得的读数为 $T_1(T_1 > T_s)$。已知热电偶触点的黑度为 ε_1，气流与热电偶触点间的表面传热系数为 h，如忽略热电偶因导热引起的误差，并视气流为非吸收性介质，可导出稳定情况下反映气流温度 T_f 的表达式。

由于 $A_1 \ll A_2$，可认为热电偶触点表面 A_1 全部被管壁包围，所以角系数 X 应等于 1，因此热电偶触点对管壁的净热损失为

$$Q_1 = \varepsilon_1 \sigma_b A_1 (T_1^4 - T_s^4)$$

而气流对热电偶触点的对流换热量

$$Q_2 = hA_1(T_f - T_1)$$

稳定传热时，$Q_1 = Q_2$，以上两式的右边应相等，整理后得气流温度表达式

$$T_f = T_1 + \frac{\varepsilon_1}{h}\sigma_b(T_1^4 - T_s^4) \tag{9-59}$$

由此式可知，当 $T_1 > T_f$ 时，热电偶指示温度为 T_1，比气流温度 T_f 低。减小式（9-59）等号右边第二项的值，可减小测量误差。为此可采取减小 ε_1 值，提高 h 值和降低热电偶触点与管壁间的温度差的措施。如在热电偶触点和管壁间设置遮热罩，在管道外壁敷绝热层等。

【例 9-9】 用裸露热电偶测得炉中气体温度 $T_1 = 792$℃。已知水冷炉壁面温度 $T_f = 600$℃，炉气对热电偶的表面传热系数 $h = 58.2 \mathrm{W/(m^2 \cdot K)}$，热电偶表面黑度 $\varepsilon_1 = 0.3$。试求炉中气体真实温度和测温误差。

解：由式（9-59）

$$T_f = T_1 + \frac{\varepsilon_1}{h}\sigma_b(T_1^4 - T_s^4) = \left[792 + \frac{0.3 \times 5.67 \times 10^{-8}}{58.2} \times (1065^4 - 873^4)\right]℃ = 998.2℃$$

测温绝对误差值为 $T_f - T_1 = 998.2℃ - 792℃ = 206.2℃$，相对误差为 20.7%。

如在热电偶上加抽气式遮热罩（$\varepsilon_2 = 0.3$），使表面传热系数增大到 $h = 116 \mathrm{W/(m^2 \cdot K)}$，热电偶的测量误差计算情况为：

炉气对流传给遮热罩内、外表面的热流量（设遮热罩温度为 T_2）

$$Q_1 = 2h(T_f - T_2) = 2 \times 116 \times (998.2 - T_2)$$

遮热罩对炉壁辐射换热流量

$$Q_2 = \varepsilon_2 \sigma_b(T_2^4 - T_s^4) = 0.3 \times 5.67 \times 10^{-8}(T_2^4 - 873^4)$$

稳定传热时，$Q_1 = Q_2$，故可求得 $T_2 = 903℃$。

因此，由式（9-59），可得热电偶的温度计算式为 $T_f = T_1 + \dfrac{\varepsilon_1}{h}\sigma_b(T_1^4 - T_s^4)$，通过计算可得 $T_1 = 950℃$。绝对测量误差减为 $48.2℃$，相对误差变为 4.82%。

9.5.4　辐射换热的网络求解法

网络求解法是指根据热量传输与电量传输的相似性，把辐射换热系统模拟成相应的电路系统，借助电路理论求解辐射换热的方法。此法直观，易于简便地计算多表面间的辐射换热。

1. 表面辐射热阻

对于温度均匀，且整个表面的黑度和光谱反射因数为常数的灰体面，由式（9-52）可得该表面单位时间传给外界（或得自外界）的净热流量 $Q(\mathrm{W})$，即

$$Q = \frac{\varepsilon A}{1-\varepsilon}(E_b - J) = \frac{(E_b - J)}{\dfrac{1-\varepsilon}{\varepsilon A}} \tag{9-60}$$

此式结构与电学中的欧姆定律 $I = \dfrac{U}{R}$ 相似，热流 Q 对应于电流 I，辐射能差（$E_b - J$）对应于电位差 U，$\dfrac{1-\varepsilon}{\varepsilon A}$ 对应于电阻 R，称为表面辐射热阻。表面辐射热阻是由于表面为非黑体而形成的热阻，它反映了表面接近黑体的程度。当表面为黑体时，$\varepsilon = 1$，热阻为零，则 $E_b = J$。因此，对于每一个参与辐射换热的漫灰体表面，可把此式表示的辐射过程绘成等效电路，如图 9-28 所示。由于该电路仅为辐射网络系统的一部分，故称为表面辐射网络单元。

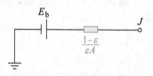

图 9-28　表面辐射网络单元

对于绝热表面，表面在参与辐射换热的过程中，既得不到能量，又不失去能量，因而 $Q = 0$，根据式（9-60），可以得出 $J = E_b = \sigma_b T^4$，即绝热表面的有效辐射等于同温度下黑体辐射的辐射能，这样的表面称为重辐射面，如熔炉中的反射拱、保温良好的炉墙等。

2. 空间辐射热阻

对于任意位置的两个面积各为 A_1 和 A_2 的灰体表面间的辐射换热热流，应为由 A_1 面发出的有效辐射能中能投射到 A_2 面部分（$A_1 X_{12} J_1$），减去 A_2 面上发出的有效辐射能中能投射到 A_1 面部分（$A_2 X_{21} J_2$）的差值，即

$$Q_{1,2} = A_1 X_{12} J_1 - A_2 X_{21} J_2 = A_1 X_{12}(J_1 - J_2)$$

或

$$Q_{1,2} = \frac{J_1 - J_2}{\dfrac{1}{A_1 X_{12}}} \tag{9-61}$$

$J_1 - J_2$ 为两表面间的空间辐射能差，相应地可把 $1/(A_1 X_{12})$ 称为空间辐射热阻，它反映了两表面间有效辐射能差异的大小，取决于两表面间的几何关系。由式（9-61）可知，可以

把两表面间辐射过程绘成如图 9-29 所示的等效电路图，该电路图称为空间辐射网络单元。

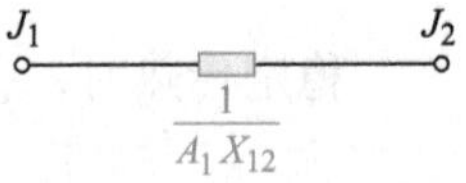

图 9-29　空间辐射网络单元

如图 9-28 和图 9-29 所示，表面辐射网络单元和空间辐射网络单元是辐射网络的两个基本部分，将它们用不同的方式连接起来，可构成各种辐射换热场合的辐射网络。

3. 两个漫灰表面间的辐射换热

利用辐射热阻的概念，可以将辐射换热系统模拟成相应的电路系统，从而借助电路理论来求解辐射换热问题。

对于任意两个灰体表面组成的封闭系统，两灰体表面积分别为 A_1 和 A_2，温度为 T_1、T_2（设 $T_1 > T_2$），发射率为 ε_1 和 ε_2，有效辐射为 J_1 和 J_2。

下面讨论两个表面间的辐射换热。

由式（9-52），表面 1 失去的能量为

$$Q_1 = \frac{E_{b1} - J_1}{\dfrac{1 - \varepsilon_1}{\varepsilon_1 A_1}}$$

同理，表面 2 得到的能量为

$$Q_2 = \frac{J_2 - E_{b2}}{\dfrac{1 - \varepsilon_2}{\varepsilon_2 A_2}}$$

由式（9-61）可知，两表面之间换热量为

$$Q_{1,2} = \frac{J_1 - J_2}{\dfrac{1}{A_1 X_{12}}}$$

根据能量守恒的原则，$Q_1 = Q_2 = Q_{1,2}$，于是可以得到两表面之间的辐射换热计算公式

$$Q_{1,2} = \frac{E_{b1} - E_{b2}}{\dfrac{1 - \varepsilon_1}{\varepsilon_1 A_1} + \dfrac{1}{A_1 X_{12}} + \dfrac{1 - \varepsilon_2}{\varepsilon_2 A_2}} \tag{9-62}$$

式（9-62）表示的辐射换热过程可绘成辐射换热网络图，如图 9-30 所示。由此图可见，该网络是在辐射能差（$E_{b1} - E_{b2}$）之间用两个表面热阻和一个空间热阻串联起来的等效电路。其物理意义为：两个灰体表面间的辐射换热量 $Q_{1,2}$ 等于灰体温度（T_1、T_2）之间的两个黑体本身辐射能之差（$E_{b1} - E_{b2}$）除以系统的总热阻。式（9-62）还可以写成下列形式

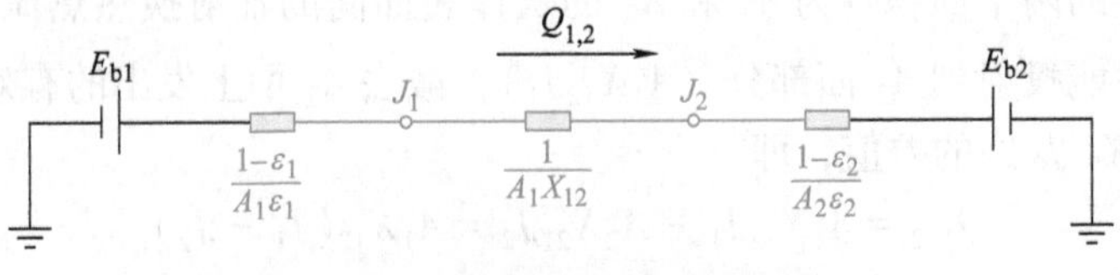

图 9-30　两灰表面间的辐射网络图

$$Q_{1,2} = \varepsilon_{1,2} A_1 (E_{b1} - E_{b2}) \tag{9-63}$$

其中 $\varepsilon_{1,2} = \dfrac{1}{\dfrac{1 - \varepsilon_1}{\varepsilon_1} + \dfrac{1}{X_{12}} + \dfrac{1 - \varepsilon_2}{\varepsilon_2} \cdot \dfrac{A_1}{A_2}}$。

158

$\varepsilon_{1,2}$ 称为系统的综合黑度，作为修正因子，考虑了由于灰体系统辐射率小于 1 而对传热造成的影响。它不但与两个物体表面本身的黑度（或发射率）ε_1 和 ε_2 有关，而且还与辐射表面积 A_1 和 A_2 及彼此间的角系数有关。

式（9-62）是在一般情况下得到的两个漫灰表面构成封闭腔的辐射换热公式。对于一些特殊情况的表面，式（9-62）可以进一步简化。

1）在一个凸形漫灰表面 A_1 被另一个漫灰表面 A_2 所包围的封闭腔中，因为 A_1 对 A_2 的角系数 X_{12} 等于 1，式（9-62）可以简化为

$$Q_{1,2} = \frac{A_1(E_{b1} - E_{b2})}{\dfrac{1}{\varepsilon_1} + \dfrac{A_1}{A_2}\left(\dfrac{1}{\varepsilon_2} - 1\right)} = \frac{A_1\sigma_b(T_1^4 - T_2^4)}{\dfrac{1}{\varepsilon_1} + \dfrac{A_1}{A_2}\left(\dfrac{1}{\varepsilon_2} - 1\right)} \tag{9-64}$$

2）在两个紧靠表面之间相互平行的封闭腔中，此时，A_1 对 A_2 的角系数 X_{12} 等于 1，且 $A_1 = A_2$，式（9-62）可以简化为

$$Q_{1,2} = \frac{A_1(E_{b1} - E_{b2})}{\dfrac{1}{\varepsilon_1} + \dfrac{1}{\varepsilon_2} - 1} = \frac{A_1\sigma_b(T_1^4 - T_2^4)}{\dfrac{1}{\varepsilon_1} + \dfrac{1}{\varepsilon_2} - 1} \tag{9-65}$$

3）表面积 A_2 比 A_1 大很多，即 $\dfrac{A_1}{A_2} \to 0$，如表面 1 为非凹表面的辐射换热系统，工程中，大房间内小物体的辐射散热、气体容器内热电偶测温的辐射误差等实际问题的计算都属于这种情况。这时，式（9-62）可以简化为

$$Q_{1,2} = A_1\varepsilon_1(E_{b1} - E_{b2}) \tag{9-66}$$

【例9-10】　在金属型中铸造镍铬合金板铸件时，由于铸件凝固收缩和铸型受热膨胀，铸件与铸型间形成厚度为 1mm 的空气缝隙。已知气隙两侧铸型和铸件的温度分别为 300℃ 和 600℃，铸型和铸件的表面发射率分别为 0.8 和 0.67，试求通过气隙的热流密度。

解： 由于气隙厚度很小，对流很难发展而可以忽略，热量通过气隙依靠辐射和导热两种方式进行。

根据式（9-65），可得辐射换热量

$$q_{1,2} = \frac{\sigma_b(T_1^4 - T_2^4)}{\dfrac{1}{\varepsilon_1} + \dfrac{1}{\varepsilon_2} - 1} = \frac{5.67 \times \left[\left(\dfrac{600 + 273}{100}\right)^4 - \left(\dfrac{300 + 273}{100}\right)^4\right]}{\dfrac{1}{0.67} + \dfrac{1}{0.8} - 1} \text{W/m}^2$$

$$= 15400 \text{W/m}^2$$

根据附录 1 查找，可得定性温度 450℃ 下空气的导热系数为 0.0548W/(m·℃)，可得导热的热流量为

$$q = \frac{\lambda}{\delta} \cdot \Delta T = \frac{0.0548}{0.001} \times (600 - 300) \text{W/m}^2 = 16400 \text{W/m}^2$$

通过气隙的热流密度 = (15400 + 16400) W/m² = 31800W/m²。

【例 9-11】 利用高温加热炉对金属材料进行热处理，可改善其组织结构和力学性能。已知一高温加热炉的内表面积 $A_2 = 1\text{m}^2$，温度为 900℃，炉中放置两块紧密连在一起的方块合金材料被加热，其尺寸为 50mm×50mm×1000mm。假设炉壁内表面黑度与合金材料的黑度相同，均为 0.8，求合金表面温度为 500℃时，每小时获得的辐射换热量？

解：忽略合金材料两端面的受热面积，合金材料的表面积 $A_1 = (2 \times 3 \times 0.05 \times 1)$ $\text{m}^2 = 0.3\text{m}^2$。

合金表面与高温加热炉内表面之间的换热相当于一个凸面和一个凹面，之间的角系数为 $X_{12} = 1$，$X_{21} = \dfrac{A_1}{A_2} = \dfrac{0.3}{1} = 0.3$。

$$Q_{1,2} = \frac{A_1 \sigma_b (T_1^4 - T_2^4)}{\dfrac{1}{\varepsilon_1} + X_{21}\left(\dfrac{1}{\varepsilon_2} - 1\right)} = \frac{0.3 \times 5.67 \times \left[\left(\dfrac{900+273}{100}\right)^4 - \left(\dfrac{500+273}{100}\right)^4\right]}{\dfrac{1}{0.8} + 0.3 \times \left(\dfrac{1}{0.8} - 1\right)}\text{W}$$

$$= 19724\text{W}$$

合金块每小时获得的辐射换热量为 $Q = Q_{1,2} \times 3600 = 19724 \times 3600 = 7.1 \times 10^4 \text{kJ/h}$

4. 多表面系统的辐射换热

在由两个表面组成的封闭系统中，一个表面的净辐射换热量是该表面与另一表面间的辐射换热量。而在多表面系统中，一个表面的净辐射换热量是与其余各表面分别换热的换热量之和。工程计算的主要目的是获得一个表面的净辐射换热量，对于被热透介质隔开的多表面系统，可以采用网络法得出计算各个表面的有效辐射的联立方程。利用电路相似原理可绘出三个表面和四个表面之间的辐射换热网络（图 9-31 和图 9-32），可分别计算每个表面与其他各表面间的辐射换热。如图 9-31 所示，表面 1 分别和表面 2 及表面 3 间的换热流量为

$$Q_{1,2} = \frac{J_1 - J_2}{\dfrac{1}{A_1 X_{12}}} \qquad Q_{1,3} = \frac{J_1 - J_3}{\dfrac{1}{A_1 X_{13}}}$$

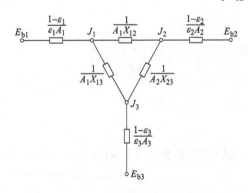

图 9-31　三个表面间辐射换热网络图

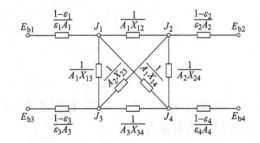

图 9-32　四个表面间辐射换热网络图

辐射网络中，流入任一节点的热流量之和为零。如图 9-31 所示，三个节点 J_1、J_2、J_3 可以分别列出三个节点方程式

$$\frac{E_{b1} - J_1}{\dfrac{1 - \varepsilon_1}{\varepsilon_1 A_1}} + \frac{J_2 - J_1}{\dfrac{1}{A_1 X_{12}}} + \frac{J_3 - J_1}{\dfrac{1}{A_1 X_{13}}} = 0 \tag{9-67}$$

$$\frac{E_{b2} - J_2}{\dfrac{1 - \varepsilon_2}{\varepsilon_2 A_2}} + \frac{J_1 - J_2}{\dfrac{1}{A_1 X_{12}}} + \frac{J_3 - J_2}{\dfrac{1}{A_2 X_{23}}} = 0 \tag{9-68}$$

$$\frac{E_{b3} - J_3}{\dfrac{1 - \varepsilon_3}{\varepsilon_3 A_3}} + \frac{J_1 - J_3}{\dfrac{1}{A_1 X_{13}}} + \frac{J_2 - J_3}{\dfrac{1}{A_2 X_{23}}} = 0 \tag{9-69}$$

由上述三个方程可以求解有效辐射 J_1、J_2 和 J_3，继而可求得各表面间的净辐射换热流量。

$$Q_1 = \frac{E_{b1} - J_1}{\dfrac{1 - \varepsilon_1}{\varepsilon_1 A_1}}, Q_2 = \frac{E_{b2} - J_2}{\dfrac{1 - \varepsilon_2}{\varepsilon_2 A_2}}, Q_3 = \frac{E_{b3} - J_3}{\dfrac{1 - \varepsilon_3}{\varepsilon_3 A_3}}$$

对图 9-32 所示网络也可作相似处理。

应用网络法求解多表面封闭系统辐射换热问题的步骤如下：①画出等效网络图，每一个参与换热的表面（净换热量不为零的表面）均应有一段相应的热路，在已知各表面的面积、温度和黑度的基础上，按照热平衡关系画出辐射网络图；②计算表面相应的黑体辐射力、表面辐射热阻、角系数及空间热阻，进而利用节点热平衡列出辐射节点方程；③求解节点方程，得出表面有效辐射；④最后确定漫灰表面的辐射热流和与其他表面间的交换热流量。

三表面封闭系统中有些特殊情况，可使换热过程简化。

（1）有一个表面为黑体表面 假设如图 9-31 所示，表面 3 为黑体，此时表面 3 的表面热阻为零，有 $J_3 = E_{b3}$，辐射网络图可简化成图 9-33，节点方程可简化为二元方程组。

（2）有一个表面绝热，即净辐射热量为零

假设表面 3 绝热，则 $J_3 = E_{b3} - \left(\dfrac{1}{\varepsilon_3} - 1\right) q = E_{b3}$，

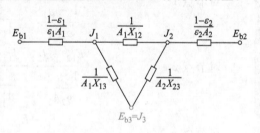

图 9-33 表面 3 为黑体表面的三个表面间辐射换热网络图

即该表面的有效辐射等于某一温度的黑体辐射。

但与已知表面 3 为黑体的情况有所不同，此时绝热表面温度未知，而由其他两个表面决定，其等效网络图也如图 9-33 所示。需要注意的是，此处 $J_3 = E_{b3}$ 是一个浮动的热势，取决于 J_1、J_2 及其间的两个表面热阻。

【例 9-12】 有一炉顶隔焰加热熔锌炉，炉顶被煤气加热到 900℃，熔池中锌液温度保持为 600℃，炉膛高 0.5m，炉顶由碳化硅砖砌成，其面积 A_1 等于熔池面积 A_2，且 $A_1 = A_2 = 1 \times 3.8 \text{m}^2 = 3.8 \text{m}^2$，碳化硅砖在 900℃ 下的黑度 $\varepsilon_1 = 0.85$，锌液表面黑度 $\varepsilon_2 = 0.2$。如炉墙不向外散热，求在稳定热态下，炉顶与炉墙向熔池的辐射热流量及炉壁内表面的温度。

解：因炉壁不向外散热，投射到炉壁表面 A_3 的辐射热又全部返回炉内，即其表面辐射热阻为零。所以炉顶、炉壁与熔池三表面间的封闭系统辐射换热网络图可简化成图 9-33。A_1 与 A_2 两平行表面的几何特性 $\dfrac{X}{D}=\dfrac{1.0}{0.5}=2$ 和 $\dfrac{Y}{D}=\dfrac{3.8}{0.5}=7.6$，由图 9-18 可查得 $X_{12}=0.55$，则可得 $X_{13}=1-X_{12}-X_{11}=1-0.55-0=0.45$；又 $X_{21}=X_{12}\dfrac{A_1}{A_2}=X_{12}=0.55$；$X_{23}=1-X_{21}-X_{22}=1-0.55-0=0.45$。辐射换热网络图中各参数计算如下

$$\frac{1-\varepsilon_1}{\varepsilon_1 A_1}=\frac{1-0.85}{0.85\times3.8}=0.0464,\frac{1-\varepsilon_2}{\varepsilon_2 A_2}=\frac{1-0.2}{0.2\times3.8}=1.05$$

$$\frac{1}{AX_{12}}=\frac{1}{3.8\times0.55}=0.478,\frac{1}{A_1X_{13}}=\frac{1}{3.8\times0.45}=0.585,$$

$$\frac{1}{A_2X_{23}}=\frac{1}{3.8\times0.45}=0.585$$

$$E_{b1}=5.67\times10^{-8}T_1^4=(5.67\times10^{-8}\times1173^4)\,\text{W/m}^2=107343\,\text{W/m}^2$$

$$E_{b2}=5.67\times10^{-8}T_2^4=(5.67\times10^{-8}\times873^4)\,\text{W/m}^2=32933\,\text{W/m}^2$$

$$E_{b3}=5.67\times10^{-8}T_3^4$$

由式 (9-67)、式 (9-68) 和式 (9-69) 得，同时注意 $J_3=E_{b3}$，列出节点方程

对节点 1
$$\frac{E_{b1}-J_1}{\dfrac{1-\varepsilon_1}{\varepsilon_1 A_1}}+\frac{J_2-J_1}{\dfrac{1}{A_1X_{12}}}+\frac{J_3-J_1}{\dfrac{1}{A_1X_{13}}}=0$$

对节点 2
$$\frac{E_{b2}-J_2}{\dfrac{1-\varepsilon_2}{\varepsilon_2 A_2}}+\frac{J_1-J_2}{\dfrac{1}{A_1X_{12}}}+\frac{J_3-J_2}{\dfrac{1}{A_2X_{23}}}=0$$

对节点 3
$$\frac{J_1-E_{b3}}{\dfrac{1}{A_1X_{13}}}+\frac{J_2-E_{b3}}{\dfrac{1}{AX_{23}}}=0$$

代入已知值，整理后得

$$-25.4J_1+2.09J_2+1.71E_{b3}=-2315474$$

$$2.09J_1-4.752J_2+1.71E_{b3}=-31393$$

$$J_1+J_2-2E_{b2}=0$$

解此方程组可得 $J_1=104756\,\text{W/m}^2$，$J_2=87078\,\text{W/m}^2$ 和 $J_3=E_{b3}=95917\,\text{W/m}^2$。

熔池得到的热流量为 A_1 和 A_3 向它辐射的热流量之和，即

$$Q'_2=Q_{1,2}+Q_{3,2}=\frac{J_1-J_2}{\dfrac{1}{A_1X_{12}}}+\frac{E_{b3}-J_2}{\dfrac{1}{A_2X_{23}}}=\left(\frac{104756-87078}{0.478}+\frac{95917-87078}{0.585}\right)\text{W}=52092\,\text{W}$$

根据 $E_{b3}=95917\,\text{W/m}^2$，可计算出炉壁的温度

$$E_{b3}=5.67\times10^{-8}T_3^4=95917,T_3=1140\text{K}=867\text{℃}$$

9.6　气体的辐射与吸收

前面讨论的是固体间的辐射换热，都假定固体间的介质对热辐射是透明体，不考虑气体和固体间辐射换热。但是如果介质是具有辐射能力和吸收辐射能力的气体，则辐射换热更为复杂。

9.6.1　气体的辐射和吸收特性

气体辐射具有如下特点：

（1）气体辐射和吸收辐射能的能力与气体的分子结构有关　通常像氩、氖等惰性气体以及对称型双原子气体，如氮、氧、氢等，在低中温度下，其热辐射和吸收能力均很小，可以认为是热辐射的透明体。因此在两固体表面间进行辐射换热时，它们中间的上述气体层并不影响辐射热流的大小。由于空气主要由上述气体组成，故认为空气分子基本上不吸收热辐射。但是多原子气体（如 CO_2、水蒸气、硫和氮的氧化物以及各种碳氢化合物的气体等）及结构不对称的双原子气体（如 CO 等）都具有相当大的辐射和吸收能力，因此在分析和计算辐射换热时必须加以考虑。例如，加热炉的燃烧产物中通常包含一定浓度的 CO_2 和水蒸气，一些热处理炉炉膛中充满含 CO、CO_2、H_2O、SO_2、CH_4 等浓度较高的气体，它们对炉内辐射过程的影响就不能忽视了。

（2）气体辐射对波长具有选择性　固体能够辐射和吸收全部波长范围内的辐射能，其辐射光谱是连续的。但是某一种气体只能在某些波长范围内具有辐射和吸收的能力，故把一种气体能够辐射和吸收的波长范围称为光带，在光带以外，气体对热辐射呈现透明体的性质。不同种类的气体具有不同的光带范围。

（3）气体的辐射和吸收是在整个容积中进行的　固体和液体的辐射与吸收都具有在表面上进行的特点，气体则不同，能量的辐射和吸收是在整个容积内进行的。

当辐射能穿过气体层时，射线的能量因被气体分子吸收而不断被削弱。图 9-34 所示为辐射射线通过厚度为 L 的气体层时被气体吸收的情况。设强度为 $I_{\lambda 0}$ 的单色辐射线通过厚度为 x 的气体层以后，辐射强度变成 $I_{\lambda x}$，辐射强度的减少是由于气体吸收的结果。在通过 dx 厚度的气体层以后，单色辐射的减少量 $dI_{\lambda x}$ 正比于 $I_{\lambda x}dx$，即

$$dI_{\lambda x} = -K_\lambda I_{\lambda x} dx \tag{9-70}$$

式中，K_λ 为单色辐射减弱系数，取决于气体的种类、密度和辐射能的波长；负号表示随着气层厚度增加，辐射强度减小。

当气体温度及压力为常数时，对式（9-70）积分得

$$I_{\lambda x} = I_{\lambda 0} \, e^{-K_\lambda L} \tag{9-71}$$

式（9-71）为气体吸收定律，也称为贝尔定律，说明单色辐射强度在吸收性气体中传播时按指数规律减弱。

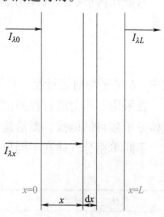

图 9-34　气体对辐射的吸收

如果气体不反射辐射能，则气体的单色吸收率 α_λ 为

$$\alpha_\lambda = 1 - e^{-K_\lambda L} \qquad (9-72)$$

在气体和周围壁面具有相同的温度时，根据基尔霍夫定律，吸收率 α_λ 等于黑度 ε_λ，于是有

$$\varepsilon_\lambda = \alpha_\lambda = 1 - e^{-K_\lambda L} \qquad (9-73)$$

由式（9-73）可见，当气体层的厚度很大时，气体单色吸收率或黑度等于1，这时气体具有黑体的性质。

9.6.2 气体黑度

气体的发射率（黑度）ε_g 定义为气体的辐射力（辐射照度）E_g 与同温度下黑体的辐射力（辐射照度）E_b 的比值，即

$$\varepsilon_g = \frac{E_g}{E_b} \qquad (9-74)$$

混合气体的黑度大体可按各组分黑度叠加的原理确定，但须考虑各组分光带重叠而相互干扰。一般在金属热态成形条件下，此影响值很小，常可忽略不计。

式（9-74）中气体的辐射力 E_g 是由实验测定的，但是由于气体具有容积辐射的特点，其辐射力（辐射照度）与射线行程的长度有关，而射线行程长度则与气体容器的形状和尺寸有关。气体容器中不同部位的气体所发出的射线落到同一个面上某点所经历的行程是各不相同的。为了确定射线平均行程长度，可以把含有辐射气体的任意形状空间设想为一当量半球空间，该当量半球内的气体温度、压力和成分与所研究情况下的气体温度、压力和成分完全相同，半球内气体对球心的辐射力等于实际物体内气体对某指定表面的辐射。因此当量半球的半径就可作为实际容器内气体对某指定表面辐射的平均射线行程。几种不同几何条件下的气体对整个容器表面或对某指定部位的平均射线行程见表9-3。

其他几何形状的气体对整个包壁（容器表面）辐射力的平均射线行程，可以按下式计算

$$L = 3.6\frac{V}{A} \qquad (9-75)$$

式中，L 是平均射线行程；V 是气体容积；A 是包壁面积。

在采用平均射线行程的情况下，气体发射率（黑度）ε_g 仅为气体温度 T_g 和沿途吸收性气体分子数目的函数，而沿途气体分子数与气体分压力 p 和平均射线行程 L 的乘积成正比。

不同单组分气体在不同压力和平均射线行程情况下的黑度可在有关资料中查到。

表 9-3　气体辐射的平均射线行程

气体容积的形状	特性尺度	受到气体辐射的位置	平均射线行程
球	直径 d	整个球面或球面上的任何部位	$0.6d$
立方体	边长 b	整个表面	$0.6b$
高度等于直径的圆柱体	直径 d	底面圆心	$0.77d$
		整个表面	$0.6d$

（续）

气体容积的形状	特性尺度	受到气体辐射的位置	平均射线行程
高度等于直径两倍的圆柱体	直径 d	上下底面	$0.6d$
		侧面	$0.76d$
		整个表面	$0.73d$
无限长圆柱体	直径 d	圆柱面	$0.9d$
两无限大平行平板之间	平板间距 H	平板	$1.8H$

习 题

9-1 简述辐射和热辐射之间的区别和联系以及热辐射的特点。

9-2 工人师傅通过观察加热炉内的颜色判断炉温的原理是什么？

9-3 什么是空间辐射热阻和表面辐射热阻？什么是空间网络单元和表面网络单元？

9-4 用普朗克定律解释为什么当金属被加热至不同温度时，会呈现不同的颜色？

9-5 太阳与地球之间存在广阔的真空地带，它是怎样把能量传到地球上的？

9-6 若严冬和盛夏时室内温度均维持 20℃，人裸背站在室内，其冷热感是否冬夏相同？

9-7 为什么计算一个表面与外界之间的净辐射换热量时需采用封闭的模型？

9-8 有人认为，重辐射表面是一个绝热表面，因此在整个辐射系统中不参与辐射换热，重辐射作用不会影响其他表面的辐射换热，你是否认同这一观点？

9-9 试描述角系数的定义，"角系数是一个纯粹几何因子"的结论是在什么前提下获得的？

9-10 实际表面系统与黑体系统相比，辐射换热计算增加了哪些复杂性？

9-11 在波长小于 $2\mu m$ 的短波范围内，木板的光谱吸收比小于铝板；而在波长大于 $2\mu m$ 则相反。在木板和铝板同时长时间放置在太阳光下照射时，哪个温度高？为什么？

9-12 钢铁表面约 500℃ 时，表面看上去为暗红色；当表面约 1200℃ 时，看上去变为黄色，这是为什么？

9-13 在什么条件下，物体表面的发射率等于它的吸收率（$\varepsilon=\alpha$）？在什么情况下 $\varepsilon\neq\alpha$？当 $\varepsilon\neq\alpha$ 时，是否意味着物体辐射违反了基尔霍夫定律？

9-14 如图 9-35 所示，表面间的角系数可否表示为：$X_{3(1+2)} = X_{31} + X_{32}$，$X_{(1+2)3} = X_{13} + X_{23}$？如有错误，请予更正。

9-15 试分别计算当温度为 800℃ 和 1400℃ 时，表面积为 $0.5m^2$ 的黑体表面在单位时间内所辐射出的能量。

9-16 以任意位置两表面之间的角系数来计算辐射换热，这对物体表面做了哪些基本假设？

9-17 有两平行黑表面相距很近，它们的温度分别为 1000℃ 和 500℃。试计算它们的辐射换热量。当"冷"表面温度增至 700℃ 时，辐射换热量变化多少？如果它们是灰表面，发射率分别为 0.8 和 0.5，它们的辐射换热量又为多少？

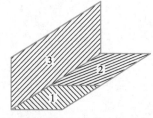

图 9-35 习题 9-14 图

9-18 抽真空的保温瓶胆两壁面均涂银，发射率 $\varepsilon_1 = \varepsilon_2 = 0.02$，内壁面温度为 100℃，外表面温度为 20℃，当表面积为 $0.25m^2$ 时，试计算此保温瓶的辐射热损失。

9-19 一外径为 100mm 的钢管横穿过室温为 27℃ 的厂房，管外壁温度为 100℃，表面发射率为 0.85。试确定单位管长的辐射散热损失。

9-20 两个相互平行且相距很近的大平面，已知 $T_1 = 527$℃，$T_2 = 27$℃，两者黑度均为 0.8，求：①板 1

的本身辐射。②对板 1 的投入辐射。③板 1 的反射辐射。④板 1 的有效辐射。⑤板 2 的有效辐射。⑥板 1 与板 2 间的辐射换热量。

9-21　两块面积为 9cm×6cm，间距为 60cm 的平行金属块，一块板的温度为 550℃、发射率为 0.6；另一块板是绝热的。将这两块板置于一个温度为 10℃ 的大房间内，试求绝热板的温度及加热平板的热损失。

9-22　有两个相互平行的黑体矩形表面，其尺寸为 1m×2m，相距 1m。若两个表面的温度分别为 727℃ 和 227℃，试计算两表面之间的辐射换热量。

9-23　在大块金属构件上钻有直径为 20mm、深 30mm 的孔，如果金属构件维持 1000℃ 的温度，孔表面的发射率为 0.6，环境温度为 20℃，试求通过孔的辐射散热损失。

9-24　一直径为 0.8m 的薄壁球形液氧存储容器，被另一个直径为 1.2m 的同心薄壁容器所包围。两容器表面为不透明漫灰表面，发射率均为 0.05，两容器表面之间为真空，如果外表面的温度为 300K，内表面温度为 95K，试求由于蒸发使液氧损失的质量流量。已知液氧的蒸发潜热为 $2.13×10^5$ J/kg。

9-25　在金属铸型中浇注平板铝铸件时，已知平板铝铸件的长和宽分别为 200mm 和 300mm，铸件和铸型表面的温度分别为 500℃ 和 327℃，黑度分别为 0.4 和 0.8。由于铸件凝固收缩、铸型受热膨胀，在铸件与铸型之间形成气隙，如气隙中的气体为透明气体，试求此时铸件与铸型之间的辐射换热量。

9-26　有两块大平板，平板 1 的温度和发射率分别为 900℃ 和 0.4，平板 2 的温度和发射率分别为 400℃ 和 0.6，在这两块平板中间放置一块两面黑度均为 0.05 的遮热板，试求：①没有遮热板时，两平板间单位面积的辐射换热量。②有遮热板时，单位面积的辐射换热量。③遮热板的温度。

9-27　在飞机发动机短舱里，装有一块磨光的不锈钢防护罩，发射率为 0.074，周围温度为 350K，发动机外壁温度为 550K，发射率为 0.65。试求：①发动机壁通过防护罩对周围散失的辐射热流。②没有防护罩时发动机散失的辐射热流。

第3篇

质 量 传 输

物质从物体或空间的某一部分转移到另一部分的现象，为质量的传输过程。在一个体系内可能存在一种或两种以上不同物质组分，当其中一种或几种组分的浓度分布不均存在浓度差时，各组分就会从高浓度区向低浓度区迁移，这种迁移过程称为质量传输，简称传质。其通常是向体系内浓度降低的方向发展，浓度差为传质过程的推动力。由于物质的浓度可以用多种形式表示，因而传质过程中的推动力表达式也有多种形式。

质量传输现象在材料、冶金、化工、生物等极为普遍，既发生在多相物质之间，也存在于单相流体中。许多材料加工及冶金熔炼的单元操作都涉及质量传输，例如，金属还原过程中的火法与湿法冶金、金属合金的熔炼与净化、铸造与凝固、金属材料热处理、材料焊接、表面热处理等都涉及传质问题；金属熔炼时，不同原材料在熔融金属中化学成分的均匀化；金属凝固时晶间成分的再分配，金属件退火时的成分均匀化，均会发生质量传输。质量传输，既可以在静止流体中通过分子随机运动进行，也可以借助于流动的动力特性从一个表面传递到运动的流体中。

与动量传输及热量传输类似，质量传输也有两种基本方式，即扩散传质和对流传质，分别类似于热量传输中的导热和热对流。扩散传质是指多组分系统中各点浓度不同，由微观分子不规则运动产生的质量传递，分子扩散与系统内部的任何宏观流动无关。对流传质是指壁面与运动流体之间，或两个有限互溶运动流体之间的质量传递。扩散传质的起因为分子的微观运动，而对流传质则是由流体质点的宏观运动而引起的传质过程。与动量传输、热量传输相比较，质量传输还有其本身的特殊性。动量传输和热量传输只需考虑传输介质流速或温度的变化以及由分子传输或湍流传输产生的动量或热量传输速率，而质量传输除了分子传输或湍流传输产生的传质速率外，还需考虑传输介质自身在传输方向上的移动，即混合物宏观运动由一处向另一处移动所携带的传输组分的速率。这种由混合物整体流动携带的传输组分的速率取决于混合物的宏观运动速率和混合物的组成，与浓度梯度不成比例。

质量传输的研究通常包括两方面，一方面是传输现象的宏观规律，其着眼点为传质过程的浓度场特征及有关传质通量方面的问题；另一方面是传质的微观机理，即扩散过程中的分子运动问题。与动量传输及热量传输相同，质量传输也仅以宏观过程为本教材讨论的对象，研究质量传输过程的主要目的是确定系统内部组元的浓度分布，求出质量传输的传递速率。动量传输、热量传输和质量传输过程具有类似的运动规律和相应的数学表达式，因此，在动量传输和热量传输中已建立的基本概念、基本定律以及一些解析方法，均有助于对质量传输过程的研究和讨论，为读者理解和思考提供方便；但由于整体流动的影响，质量传输的定量描述要比动量传输和热量传输复杂。

第 10 章
质量传输的基本概念

本章知识结构图：

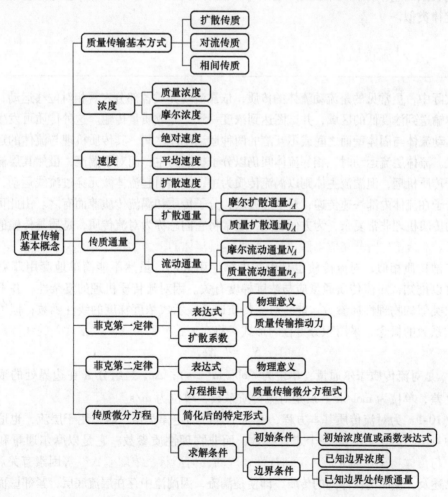

第 10 章知识结构图

10.1　质量传输基本方式

10.1.1　扩散传质

在绝对零度以上，物质分子均具有一定的能量，并进行无规则运动。依靠分子无规则运动而引起的质量传递，称为分子扩散，它既是一种传质机理，也是一种传质方式。无论体系内是否有宏观运动，只要存在浓度梯度，就会发生依靠分子运动引起的质量传输，称为扩散传质。日常生活中存在许多这样的例子，例如，打开一瓶香水，立刻就能闻到香味，这正是依靠分子的无规则运动，芳香物质从浓度较大的瓶口向浓度较小的四周扩散而造成的；再如，将活性炭放入有异味的冰箱内，一段时间后异味消失等，这都是典型的扩散传质。扩散传质与导热一样，既可以发生在气相，也可以发生在液相或固相。描述分子扩散通量与浓度梯度之间关系的基本方程为菲克第一定律，该定律将在下文详细介绍，它与描述导热的傅里叶导热定律类似。

10.1.2　对流传质

在实际中，更常见的是流动流体的传质，依靠流动介质各部分宏观相对位移运动，将浓度高的流体输送到浓度低的区域，并试图达到浓度一致，完成质量传输。这种传质可发生在流体内部，运动流体与固体壁面之间或不互溶的两种运动流体之间，其传质机理与流体的运动状况密切相关。流体层流运动时，相邻流体间仍以分子扩散为主；而对于湍流，虽然其层流内层仍遵循分子传质机理，但湍流主体则以涡流传质为主，旋涡引起流体微元穿过流线运动，从而导致物质分子在流体内部快速传递；对于过渡层，分子传质和涡流传质兼而有之。由此可见，运动流体的传质机理非常复杂，为方便起见，通常将它们总称为对流传质，是质量传输的第二种基本方式。对流传质既与流体物性有关，也与运动流体的动力学特征等有关。

与扩散传质相似，对流传质也是由浓度梯度引起的，虽然不能简单地套用菲克第一定律，但可以推知，对流传质通量应与浓度梯度有关。因对流传质机理的复杂性，并不存在与扩散系数类似的物理性质参数，能将对流传质通量表示成浓度梯度的线性函数；但可以通过引入传质系数的概念，采用积分方程的形式，将对流传质通量表示成浓度差的线性函数，即

$$N_A = k_c \Delta c_A \tag{10-1}$$

式中，N_A 是对流传质摩尔通量，单位为 $mol/(m^2 \cdot s)$；Δc_A 是组分 A 在边界处的浓度与主体浓度之差，单位为 mol/m^3；k_c 是对流传质系数，单位为 m/s。

式（10-1）为对流传质基本方程，它与牛顿冷却定律类似，既适用于层流，也适用于湍流。式中对流传质系数 k_c 是一个宏观参数，而非物理性质参数，它是以摩尔通量和浓度差来定义，与流体物理性质、流体流动特性、壁面几何形状及浓度差 Δc_A 等因素有关。

前已述及，壁面与流体间的传质，即使是湍流，因湍流中存在层流底层，紧邻壁面的流体传质仍是依靠分子无规则运动而产生的扩散传质，这与对流换热很相似，可认为对流传质的阻力主要集中在紧邻壁面的层流流体中。由此可知，无论何种传质方式，都离不开分子扩散。

10.1.3　相间传质

扩散传质和对流传质是在均一的相内进行，而相间传质则是通过不同相的相界面进行的传质，是个综合过程。相间传质既有原子或分子的扩散，也有流体中的对流传质，甚至在界面上有时还发生聚集状态的变化或化学反应。例如，钢液真空脱气时，气体分子通过液-气界面迁移；渗碳处理时的传质是通过气-固界面进行的；盐浴渗金属时，金属原子的迁移是通过固-液界面实现的。因此，在相间传质时相界面两边介质的性质和运动状态等对相间传质均有影响。

10.2　浓度、速度和传质通量

浓度差是质量传输的驱动力，对于不同的体系和物态，根据不同情况和需要，浓度有不同的表示方法和定义。

10.2.1　浓度

单位容积中物质的质量或量称为浓度，有两种浓度定义，即质量浓度 ρ 和物质的量浓度 c。

1. 质量浓度

单位体积内某物质的质量，单位为 kg/m^3，也称物质的密度。若混合物由 n 种组元组成，则混合物的质量浓度为

$$\rho = \sum_{i=1}^{n} \rho_i \tag{10-2}$$

式中，ρ_i 表示 i 组元的质量浓度。

如混合物由 A 和 B 两组元组成，则混合物总质量浓度 ρ 与组分 A 和 B 的质量浓度 ρ_A 和 ρ_B 之间的关系为

$$\rho = \rho_A + \rho_B \tag{10-3}$$

2. 物质的量浓度

单位体积内某物质的物质的量称为物质的量浓度，单位为 mol/m^3 或 mol/dm^3。若混合物由 n 种组元组成，则混合物的物质的量浓度为

$$c = \sum_{i=1}^{n} c_i \tag{10-4}$$

式中，c_i 表示 i 组元的物质的量浓度。

同样，如混合物由 A 和 B 两组元组成，则混合物总物质的量浓度 c 与组分 A、B 的物质的量浓度 c_A、c_B 之间的关系为

$$c = c_A + c_B \tag{10-5}$$

由此可得，质量浓度和物质的量浓度的关系为

$$c_i = \rho_i / M_i \tag{10-6}$$

171

式中，M_i 为组分 i 的相对分子质量。

对于气体

$$c = \frac{P}{RT} , \qquad c_i = \frac{p_i}{RT}$$

式中，p 是混合气体的总压力；p_i 是 i 组元的分压力；T 是系统的热力学温度，单位为 K；R 是摩尔气体常数，$R = 8.314 \text{J}/(\text{mol} \cdot \text{K})$。

3. 摩尔分数和质量分数

物质的量浓度和质量浓度均为绝对浓度，有时还采用相对浓度来表示各组分在混合物中的含量，如摩尔分数 x_i 和质量分数 w_i，其定义式为

$$x_i = \frac{c_i}{c} = \frac{p_i}{p} , \ w_i = \frac{\rho_i}{\rho} \tag{10-7}$$

混合物中所有组元摩尔分数之和等于 1，质量分数之和等于 1。

$$\sum_{i=1}^{n} x_i = 1 , \ \sum_{i=1}^{n} w_i = 1 \tag{10-8}$$

如混合物由 A 和 B 两组元组成，则

$$x_A = \frac{c_A}{c} , \ x_B = \frac{c_B}{c} , \ x_A + x_B = 1 \tag{10-9}$$

$$w_A = \frac{\rho_A}{\rho} , \ w_B = \frac{\rho_B}{\rho} , \ w_A + w_B = 1 \tag{10-10}$$

摩尔分数与质量分数的关系为

$$x_A = \frac{w_A/M_A}{w_A/M_A + w_B/M_B} , \ w_A = \frac{x_A M_A}{x_A M_A + x_B M_B} \tag{10-11}$$

式中，M_A 和 M_B 分别为组分 A、B 的相对分子质量。

【例 10-1】 求在 $1.01325 \times 10^5 \text{Pa}$（1atm）气压下，298K 空气与饱和水蒸气混合物中的水蒸气浓度。已知该温度下饱和水蒸气压力 $p_A = 0.03168 \times 10^5 \text{Pa}$，水的相对分子质量 $M_A = 18$，空气相对分子质量 $M_B = 28.9$。

解：1atm 混合气体中空气的分压

$$p_B = p - p_A = (1.01325 \times 10^5 - 0.03168 \times 10^5) \text{Pa} = 0.9816 \times 10^5 \text{Pa}$$

水蒸气的各种浓度为

1）摩尔分数 由式（10-7）可知

$$x_A = \frac{p_A}{p} = \frac{0.03168 \times 10^5}{1.01325 \times 10^5} = 0.0313$$

2）质量分数 由式（10-11）可知

$$w_A = \frac{x_A M_A}{x_A M_A + x_B M_B} = \frac{x_A M_A}{x_A M_A + (1 - x_A) M_B}$$

$$= \frac{0.0313 \times 18}{0.0313 \times 18 + (1 - 0.0313) \times 28.9} = 0.0197$$

3）物质的量浓度

$$c_A = \frac{p_A}{RT} = \frac{0.03168 \times 10^5}{8.314 \times 298} mol/m^3 = 1.28 mol/m^3$$

4）质量浓度 由式（10-6）可知

$$\rho_A = c_A M_A \times 10^{-3} = (1.28 \times 18 \times 10^{-3}) kg/m^3 = 0.023 kg/m^3$$

10.2.2 速度

在一个多元混合物中，各组分运动速度通常不同，组分移动是由分子扩散和宏观流动两者的合效应所导致的。即使是宏观上静止的多元体系，只要各组分存在浓度梯度，就会发生分子扩散；由于各组分的扩散性质不同，其扩散速率也各不相同，故组分间就会产生相对运动。流体的运动速度与所选参考基准有关，若以体系外部的静止坐标为参考，则表现为两者的叠加速度；若以体系内部的动坐标为参考，则整体是静止的，观察到的仅为分子的扩散运动。因此，要想清楚地表示混合物速度及各组分速度，就必须制定某种基准。

绝对速度是指混合物相对于静止坐标体系（或固定坐标）的速度。为表达混合物的总体流动，引入平均速度概念。对于一个多组分体系，按混合物浓度表示方法不同，可分为质量平均速度 v 和摩尔平均速度 v_M，两者均代表了混合物总体的移动速度，即主体流动速度或总体流动速度。

1. 质量平均速度 v

$$v = \sum_{i=1}^{n} (\rho_i v_i) / \sum_{i=1}^{n} \rho_i = \sum_{i=1}^{n} (\rho_i v_i) / \rho \tag{10-12}$$

式中，v_i 是 i 组元相对于固定坐标的绝对速度；v 是流体混合物相对于固定坐标的质量平均速度。

在密度为 ρ 的双组分混合物中，设组分 A 和 B 通过静止平面的速度分别为 v_A 和 v_B，其质量浓度分别为 ρ_A 和 ρ_B，则混合物质量平均速度 v 可定义为

$$v = \frac{\rho_A v_A + \rho_B v_B}{\rho} \tag{10-13}$$

2. 摩尔平均速度 v_M

$$v_M = \sum_{i=1}^{n} (c_i v_i) / \sum_{i=1}^{n} c_i = \sum_{i=1}^{n} (c_i v_i) / c \tag{10-14}$$

式中，v_M 是混合物相对于固定坐标的摩尔平均速度。

同样，对于上述混合物，当 A 和 B 两组分的浓度分别用物质的量浓度 c_A 和 c_B 表示时，可定义摩尔平均速度 v_M 为

$$v_M = \frac{(c_A v_A + c_B v_B)}{c} \tag{10-15}$$

3. 扩散速度

以质量平均速度 v 或摩尔平均速度 v_M 为参考基准，各组分相对平均速度的速度称为扩

173

散速度，是由于体系内存在浓度梯度引起分子扩散而形成的。对于均匀流体混合物，由于体系中没有浓度梯度，故没有分子扩散，所以扩散速度可定义为如下两种扩散速度。

（1）v_i-v　表示 i 组元相对于质量平均速度的扩散速度。

（2）v_i-v_M　表示 i 组元相对于摩尔平均速度的扩散速度。

v 和 v_M 可视为混合物中各组分所共有的速度，作为计算各组分扩散性质的基准。根据菲克定律，只要有浓度梯度存在，扩散速度就不为零。因各组分相对分子质量不同，质量平均速度 v 和摩尔平均速度 v_M 一般不会相等，应用时要注意选择。组分的绝对速度则等于扩散速度和总体流动速度之和。

【例 10-2】　将液体 A 注入置于大气 B 中的试管底部，则 A 向 B 中蒸发（图 10-1），因而 A、B 两种气体分子在试管中相互扩散。结果，在任意截面上 A 组元的速度高于摩尔平均速度，B 组元的速度低于摩尔平均速度。已知在 $O-a$ 截面上某时刻的 $x_A=1/6$，$v_M=12\text{cm/s}$，$v_A-v_M=3\text{cm/s}$。如果 $M_A=5M_B$，试求 v_A，v_B，v_B-v_M，v。

解：1）已知 $v_A-v_M=3\text{cm/s}$ 及 $v_M=12\text{cm/s}$，故

$$v_A = (v_A - v_M) + v_M = (3 + 12)\text{cm/s} = 15\text{cm/s}$$

2）由 $v_M=v_A x_A+v_B x_B$ 和 $x_A+x_B=1$，得

$$v_B = \frac{(v_M - v_A x_A)}{x_B} = \frac{\left[12 - \left(\dfrac{1}{6}\right) \times 15\right]}{\dfrac{5}{6}}\text{cm/s} = 11.4\text{cm/s}$$

3）$v_B-v_M=(11.4-12)\text{cm/s}=-0.6\text{cm/s}$，负号表示方向朝下

4）$w_A=x_A M_A/(x_A M_A+x_B M_B)=(1/6)M_A/[(1/6)M_A+(5/6)(M_A/5)]=0.5$

得 $v=w_A v_A+w_B v_B = (0.5\times15+0.5\times11.4)\text{cm/s}=13.2\text{cm/s}$

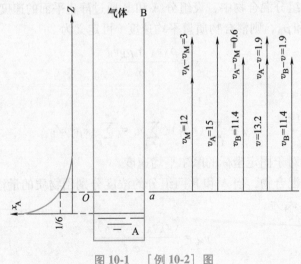

图 10-1　［例 10-2］图

10.2.3　传质通量

在单位时间内通过垂直于传质方向上单位面积的物质量为传质通量，也称传质速率，其方向与传输的速度方向一致。根据物质量的表达方式，可分为质量通量和摩尔通量，单位分别为 $kg/(m^2 \cdot s)$ 和 $mol/(m^2 \cdot s)$。根据参考坐标的不同或通过平面状态的不同，即静止平面或移动平面，又可分为流动通量和扩散通量。

1. 摩尔扩散通量 J_A

混合物中，组分 A 以扩散速度 $(v_A - v_M)$ 进行分子传质时的通量称为摩尔扩散通量 J_A，它可表示为浓度与扩散速度的乘积，其定义式为

$$J_A = c_A(v_A - v_M) \tag{10-16}$$

式（10-16）表明，摩尔扩散通量以移动平面为基准，该平面的移动速度即为混合物摩尔平均速度 v_M。根据菲克第一定律，可得

$$c_A(v_A - v_M) = -D_{AB}\frac{dc_A}{dy} \tag{10-17}$$

对于总浓度变化的体系，组分 A 的浓度可用摩尔分数来表示，菲克定律可写成

$$J_A = -cD_{AB}\frac{dx_A}{dy} \tag{10-18}$$

2. 摩尔流动通量 N_A

$$c_A v_A = -cD_{AB}\frac{dx_A}{dy} + x_A(c_A v_A + c_B v_B) \tag{10-19}$$

式中，v_A 和 v_B 都是相对于静止坐标系的速度；$c_A v_A$ 和 $c_B v_B$ 分别是组分 A 和 B 通过静止平面的传质通量，分别用 N_A 和 N_B 表示，即

$$N_A = c_A v_A \tag{10-20a}$$
$$N_B = c_B v_B \tag{10-20b}$$

将式（10-20）代入式（10-19），可得

$$N_A = -cD_{AB}\frac{dx_A}{dy} + x_A(N_A + N_B) \tag{10-21}$$

式中，$(N_A + N_B)$ 是混合物因主体流动所产生的相对于静止坐标的摩尔通量。由此可见，组分 A 相对于静止坐标的摩尔通量由两部分组成：①以摩尔平均速度为基准的扩散通量 J_A，即 $-cD_{AB}\dfrac{dx_A}{dy}$；②因主体流动所产生的通量 $x_A N$，即 $x_A(N_A + N_B)$。

175

上述讨论都是基于物质浓度为物质的量浓度，这对于化学反应体系特别适用。但对于无化学反应的系统，有时用质量浓度作为计算单位更方便。

3. 质量扩散通量 j_A

菲克第一定律也可用质量扩散通量 j_A 表示，对于总密度恒定的双组分系统，有

$$j_A = -D_{AB}\frac{d\rho_A}{dy} \tag{10-22}$$

采用质量分数表示时，质量扩散通量可表示为

$$j_A = -\rho D_{AB}\frac{dw_A}{dy} \tag{10-23}$$

j_A 为组分 A 的质量扩散通量,是以质量平均速度 v 为基准,它可表示成质量浓度与扩散速度的乘积,依定义又可写成

$$j_A = \rho_A(v_A - v) \tag{10-24}$$

4. 质量流动通量 n_A

同样,可定义各组分相对静止平面的质量流动通量 n_A、n_B 分别为

$$n_A = \rho_A v_A \tag{10-25a}$$
$$n_B = \rho_B v_B \tag{10-25b}$$

将式(10-23)代入式(10-24),并根据式(10-25),可得

$$n_A = -\rho D_{AB}\frac{\mathrm{d}w_A}{\mathrm{d}y} + w_A(n_A + n_B) \tag{10-26}$$

因此,相对于静止坐标,组分的总传质通量由两部分组成,一部分是以质量或摩尔平均速度为基准的由质量浓度或物质的量浓度梯度所引起的扩散通量(j_A 或 J_A);另一部分是由于混合物总体流动,使组分由一处被携带到另一处所产生的对流通量。组分的移动是由分子扩散和宏观流动两者总效应导致的,因此可得:组分的总传质通量是分子扩散通量和总体流动通量之和,三者之间的关系如图 10-2 所示。

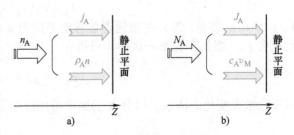

图 10-2　不同浓度基准下各通量之间的关系

实际运用中,可根据具体情况选择相应形式的传质通量表达式,使计算变得简捷。例如,对于描述工艺设备的运转规律,多采用相对于静止坐标的通量 n_A 或 N_A,如果该设备内有化学反应,则优先选用 N_A;而在测定扩散系数时,通常采用 J_A 或 j_A。组分 A 的总传质通量 n_A 由两部分组成,一部分是以质量平均速度为基准的质量扩散通量 j_A,另一部分为由流体主体流动所引起的质量通量 $\rho_A n$,三者之间的关系如图 10-2 所示。

二元混合物中组分 A 的通量定义式和表达式分别见表 10-1 和表 10-2。

表 10-1　二元混合物中组分 A 的通量定义式

	扩散通量 (相对于平均速度)	主体流动通量 (相对于静止坐标)	总通量 (相对于静止坐标)
摩尔通量	$J_A = c_A(v_A - v_M)$	$c_A v_M$	$N_A = J_A + c_A v_M$
质量通量	$j_A = \rho_A(v_A - v)$	$\rho_A v$	$n_A = j_A + \rho_A v$

表 10-2　二元混合物中组分 A 的通量表达式

	扩散通量 (相对于平均速度)	主体流动通量 (相对于静止坐标)	总通量 (相对于静止坐标)
摩尔通量	$J_A = -cD_{AB}\dfrac{\mathrm{d}x_A}{\mathrm{d}y}$	$x_A(c_A v_A + c_B v_B)$	$N_A = J_A + x_A(c_A v_A + c_B v_B)$
质量通量	$j_A = -\rho D_{AB}\dfrac{\mathrm{d}w_A}{\mathrm{d}y}$	$w_A(\rho_A v_A + \rho_B v_B)$	$n_A = j_A + w_A(\rho_A v_A + \rho_B v_B)$

10.3　菲克第一定律

菲克最早提出了描述通过分子扩散而产生的传质通量经验表达式。他指出，在恒温恒压条件下，二元扩散体系中任意组元的分子扩散通量与该组元的浓度梯度成正比，即

$$J_A = -D_{AB} \frac{dc_A}{dz} \tag{10-27}$$

或

$$j_A = -D_{AB} \frac{d\rho_A}{dz}$$

式中，J_A 是 A 组元沿坐标 z 的通量，单位为 $mol/(s \cdot m^2)$；D_{AB} 是扩散系数，单位为 m^2/s；dc_A/dz 是 A 组元沿坐标 z 的浓度梯度；负号表示物质沿其浓度降低方向扩散。由此可见，当浓度分布不均匀时会产生质量传递，质量通量与浓度梯度的方向相反，浓度梯度是质量传递的推动力。

式（10-27）为菲克第一定律，表示了以质量平均速度为参考体系的质量扩散通量或以摩尔平均速度为参考体系的摩尔扩散通量形式。由式（10-27）可得

$$D_{AB} = \frac{-J_A}{\dfrac{dc_A}{dz}} \tag{10-28}$$

可见，扩散系数 D_{AB} 表示单位浓度梯度下的通量，它反映了分子扩散的强度。D_{AB} 取决于组元 A 和 B 的物理性质、体系状态以及混合物成分。对于较稀薄气体，D_{AB} 与成分的关系可忽略不计。

式（10-28）为一维稳态扩散方程，对于三维坐标系，菲克第一定律表达式为

$$J_A = -D_{AB} \left(\frac{\partial c_A}{\partial x} + \frac{\partial c_A}{\partial y} + \frac{\partial c_A}{\partial z} \right) \tag{10-29}$$

式中，$\dfrac{\partial c_A}{\partial x}$、$\dfrac{\partial c_A}{\partial y}$ 和 $\dfrac{\partial c_A}{\partial z}$ 分别为 A 组元的浓度梯度在 x、y 和 z 坐标上的分量。

由不可逆热力学和分子运动论可以得到不受定温和定压限制的菲克定律表达式，即

$$J_A = -cD_{AB} \frac{dx_A}{dz} \tag{10-30}$$

对于完全气体混合物，其总物质的量浓度 $c = p/(RT)$，因此

$$J_A = -\frac{D_{AB}p}{RT} \cdot \frac{dx_A}{dz} \tag{10-31}$$

10.4　菲克第二定律

菲克第一定律说明了扩散通量与浓度梯度成正比，但有时传质过程还会引起体系内浓度梯度随时间发生变化，发生非稳态扩散传质，浓度场除了是空间坐标的函数外，还是时间的函数，即

$$c_i = f(x, y, z, t) \tag{10-32}$$

如果固体或宏观上处于静止的流体为非稳态扩散传质，并且扩散过程无化学反应，根据质量守恒定律，对体系中的微元体列出质量平衡式，可获得浓度场的微分方程。为简化问题研究，先讨论 x 方向上的一维扩散，微元体在单位时间内经过扩散传质累积起来的 i 组分摩尔流量，即单位时间内扩散输入和输出该微元体的物质的量浓度的差值为

$$(J_{i|x} - J_{i|x+\Delta x}) \Delta y \Delta z = \Delta x \Delta y \Delta z \frac{\partial c_i}{\partial t} \tag{10-33}$$

式（10-33）两边同除以 $\Delta x \Delta y \Delta z$，可得

$$\frac{\partial c_i}{\partial t} = -\frac{\partial J_i}{\partial x} \tag{10-34}$$

将菲克第一定律代入式（10-34）可得

$$\frac{\partial c_i}{\partial t} = D_i \frac{\partial^2 c_i}{\partial x^2} \tag{10-35}$$

式（10-35）即为非稳定扩散传质时的基本方程，即菲克第二定律。

如果按质量浓度考虑扩散传质，则菲克第二定律可写成

$$\frac{\partial \rho_i}{\partial t} = D_i \frac{\partial^2 \rho_i}{\partial x^2} \tag{10-36}$$

如果考虑三维传质过程，则菲克第二定律应写成

$$\frac{\partial c_i}{\partial t} = D_i \left(\frac{\partial^2 c_i}{\partial x^2} + \frac{\partial^2 c_i}{\partial y^2} + \frac{\partial^2 c_i}{\partial z^2} \right) \tag{10-37}$$

当传质伴有化学反应时，且扩散系数仍保持常数，则菲克第二定律可表示为

$$\frac{\partial c_i}{\partial t} = D_i \left(\frac{\partial^2 c_i}{\partial x^2} + \frac{\partial^2 c_i}{\partial y^2} + \frac{\partial^2 c_i}{\partial z^2} \right) + v_i \tag{10-38}$$

式中，v_i 为体系单位体积内的化学反应速度。

稳态扩散时，$\frac{\partial c_i}{\partial t} = 0$，菲克第二定律可简化成菲克第一定律的表现形式，因此可把菲克第一定律看成菲克第二定律的特解。

菲克第一定律用于求解体系中某组分物质的扩散通量，一般用于稳定扩散，但也可用于非稳定扩散，这时物质扩散通量与时间有关，所求的值为瞬时物质通量。在规定时间内的平均物质通量是对瞬时物质通量积分的平均值。

10.5　传质微分方程

前已述及，菲克第一定律适用于一维稳态分子扩散。而对于非稳态分子传质、对流传质、多维传质，以及体系内伴有化学反应的传质，须用质量传输微分方程才能全面描述在此情况下的传质过程。

10.5.1 质量传输微分方程推导

对于多组分流体，当其组成随空间位置变化时，研究该流动体系时，既要考虑其运动参数（如速度、压力等）的变化规律，还需考虑组成浓度的变化规律。下面以双组分混合物为例，以摩尔平均速度为基准推导体系质量传输微分方程。

考察组分 A 在二元混合物（A 和 B）中的传质，该体系组成变化或浓度变化通常是由分子扩散、流体主体运动和化学反应三种方式引起的。对于组分 A，其传输过程包括由于在流动方向上存在组分 A 浓度梯度引起的分子扩散，以及由于流体宏观运动时主体流动引起的对流流动。此外，如果在传质过程中还发生化学反应，则需考虑组分 A 的生成或消耗。

如图 10-3 所示，在流场中取边长分别为 dx、dy 和 dz 的微元体作为控制体。设流体在直角坐标系某一点（x，y，z）处浓度为 c_A，摩尔平均速度为 v_M，且 c_A 和 v_M 均为 x、y、z 和时间 t 的函数。流速 v_M 在三个方向的分量分别为 v_{M_x}、v_{M_y} 和 v_{M_z}，则组分 A 在三个方向上的摩尔流动通量分别为 $c_A v_{M_x}$、$c_A v_{M_y}$ 和 $c_A v_{M_z}$。令组分 A 在三个方向的摩尔扩散通量分别为 J_{A_x}、J_{A_y} 和 J_{A_z}，组分 A 由微元体左侧输入控制体的摩尔流量在 x 方向为

$$G'_{1A_x} = (c_A v_{M_x} + J_{A_x}) dydz \tag{10-39}$$

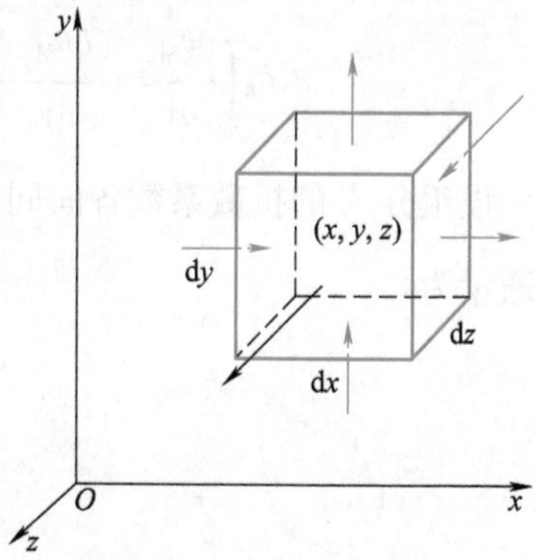

组分 A 由微元体右侧输出控制体的摩尔流量为

$$G'_{2A_x} = (c_A v_{M_x} + J_{A_x}) dydz + \frac{\partial(c_A v_{M_x} + J_{A_x})}{\partial x} dxdydz \tag{10-40}$$

图 10-3 质量微分方程的控制体

沿 x 方向净输出控制体的摩尔流量为上述两者之差，即

$$\Delta G'_{A_x} = G'_{2A_x} - G'_{1A_x} = \left[\frac{\partial(c_A v_{M_x})}{\partial x} + \frac{\partial J_{A_x}}{\partial x} \right] dxdydz \tag{10-41a}$$

同理，可得沿 y、z 方向净输出控制体的摩尔流量分别为

$$\Delta G'_{A_y} = \left[\frac{\partial(c_A v_{M_y})}{\partial y} + \frac{\partial J_{A_y}}{\partial y} \right] dxdydz \tag{10-41b}$$

$$\Delta G'_{A_z} = \left[\frac{\partial(c_A v_{M_z})}{\partial z} + \frac{\partial J_{A_z}}{\partial z} \right] dxdydz \tag{10-41c}$$

上述三式相加便为组分 A 净输出控制体的总摩尔流量

$$\Delta G'_A = \left[\frac{\partial(c_A v_{M_x})}{\partial x} + \frac{\partial(c_A v_{M_y})}{\partial y} + \frac{\partial(c_A v_{M_z})}{\partial z} + \frac{\partial J_{A_x}}{\partial x} + \frac{\partial J_{A_y}}{\partial y} + \frac{\partial J_{A_z}}{\partial z} \right] dxdydz \tag{10-42}$$

另一方面，组分 A 在控制体内累积的摩尔流量为

$$\frac{\partial G'_A}{\partial t} = \frac{\partial c_A}{\partial t} dxdydz \tag{10-43}$$

又由化学反应生成的组分 A 的摩尔流量 G'_{AR} 为

$$G'_{AR} = R_A \, dxdydz \qquad (10\text{-}44)$$

式中，R_A 是单位体积内组分 A 的摩尔生成速率，单位为 mol/$(m^3 \cdot s)$；当 A 为产物时，R_A 为正；当 A 为反应物时，R_A 为负。

对控制体做组分 A 的质量计算方程为

净输出的摩尔流量 + 累积的质量流量−反应生成的摩尔流量 = 0 $\qquad (10\text{-}45)$

将式（10-42）~式（10-44）代入式（10-45），整理得

$$\frac{\partial(c_A v_{M_x})}{\partial x} + \frac{\partial(c_A v_{M_y})}{\partial y} + \frac{\partial(c_A v_{M_z})}{\partial z} + \frac{\partial J_{A_x}}{\partial x} + \frac{\partial J_{A_y}}{\partial y} + \frac{\partial J_{A_z}}{\partial z} + \frac{\partial c_A}{\partial t} - R_A = 0 \qquad (10\text{-}46)$$

将式（10-46）展开，并利用 8.3 节所介绍的实体导数的概念，可得

$$c_A\left(\frac{\partial v_{M_x}}{\partial x} + \frac{\partial v_{M_y}}{\partial y} + \frac{\partial v_{M_z}}{\partial z}\right) + \frac{Dc_A}{Dt} = -\frac{\partial J_{A_x}}{\partial x} - \frac{\partial J_{A_y}}{\partial y} - \frac{\partial J_{A_z}}{\partial z} + R_A \qquad (10\text{-}47)$$

设组分 A 的扩散系数各向同性，且均为 D_{AB}，由菲克第一定律可得式（10-47）中各扩散通量为

$$J_{A_x} = -D_{AB}\frac{\partial c_A}{\partial x} \qquad (10\text{-}48a)$$

$$J_{A_y} = -D_{AB}\frac{\partial c_A}{\partial y} \qquad (10\text{-}48b)$$

$$J_{A_z} = -D_{AB}\frac{\partial c_A}{\partial z} \qquad (10\text{-}48c)$$

将式（10-48）代入式（10-47），有

$$\frac{Dc_A}{Dt} + c_A\left(\frac{\partial v_{M_x}}{\partial x} + \frac{\partial v_{M_y}}{\partial y} + \frac{\partial v_{M_z}}{\partial z}\right) = D_{AB}\left(\frac{\partial^2 c_A}{\partial x^2} + \frac{\partial^2 c_A}{\partial y^2} + \frac{\partial^2 c_A}{\partial z^2}\right) + R_A \qquad (10\text{-}49)$$

式（10-49）为体系内伴有化学反应的二元系统中组分 A 的质量传输微分方程式，适用于稳态流或非稳态流，静止流体或运动流体。该方程左端包含流体速度，表明运动介质中组分的迁移不仅依赖于分子扩散，而且依赖于对流扩散。众所周知，运动流体的浓度场和速度场相互影响，运动流体的浓度场受速度场影响；同时由于浓度场的存在，也会导致不同空间位置流体的密度和黏度不同，出现附加的自然对流及分子扩散流，进而影响原有的速度场。因此，求解组元 A 的浓度，需联立求解运动方程和扩散方程。但是在一定条件下，为使问题简化，通常浓度场对速度场有影响，因此可先研究速度场，在已知速度场的基础上再研究浓度场，求解扩散方程。

同样，以质量平均速度、质量扩散通量及质量浓度为基准进行推导，也可得二元系统中组分 A 的质量传输微分方程

$$\frac{D\rho_A}{Dt} + \rho_A\left(\frac{\partial v_x}{\partial x} + \frac{\partial v_y}{\partial y} + \frac{\partial v_z}{\partial z}\right) = D_{AB}\left(\frac{\partial^2 \rho_A}{\partial x^2} + \frac{\partial^2 \rho_A}{\partial y^2} + \frac{\partial^2 \rho_A}{\partial z^2}\right) + r_A \qquad (10\text{-}50)$$

式中，v_x、v_y 和 v_z 分别为混合物的质量平均速度 v 在三个方向的分量；D_{AB} 为组分 A 的扩散系数；r_A 是单位体积内组分 A 的质量生成速率。

10.5.2 质量传输微分方程的特定形式

上述质量传输微分方程适用范围广，但对于大多数复杂系统，要获得分析解非常困难或根本不可能。在处理具体实际问题时往往需将具体传质问题进行简化，下面讨论几种特殊情况下的简化形式。

1）对于不可压缩流体，总质量浓度为常数，将连续性方程代入式（10-50），可得

$$\frac{D\rho_A}{Dt} = D_{AB}\left(\frac{\partial^2 \rho_A}{\partial x^2} + \frac{\partial^2 \rho_A}{\partial y^2} + \frac{\partial^2 \rho_A}{\partial z^2}\right) + r_A \tag{10-51}$$

2）若流体不可压缩，且无化学反应发生（$R_A = 0$ 或 $r_A = 0$），则上述传质微分方程又可简化为

$$\frac{D\rho_A}{Dt} = D_{AB}\left(\frac{\partial^2 \rho_A}{\partial x^2} + \frac{\partial^2 \rho_A}{\partial y^2} + \frac{\partial^2 \rho_A}{\partial z^2}\right) \tag{10-52a}$$

$$\frac{Dc_A}{Dt} = D_{AB}\left(\frac{\partial^2 c_A}{\partial x^2} + \frac{\partial^2 c_A}{\partial y^2} + \frac{\partial^2 c_A}{\partial z^2}\right) \tag{10-52b}$$

3）若体系静止（固体或停滞流体中），$v_{M_x} = v_{M_y} = v_{M_z} = 0$ 或 $v_x = v_y = v_z = 0$，且无化学反应发生，则传质微分方程（10-49）和式（10-50）可分别简化为

$$\frac{\partial c_A}{\partial t} = D_{AB}\left(\frac{\partial^2 c_A}{\partial x^2} + \frac{\partial^2 c_A}{\partial y^2} + \frac{\partial^2 c_A}{\partial z^2}\right) \tag{10-53a}$$

$$\frac{\partial \rho_A}{\partial t} = D_{AB}\left(\frac{\partial^2 \rho_A}{\partial x^2} + \frac{\partial^2 \rho_A}{\partial y^2} + \frac{\partial^2 \rho_A}{\partial z^2}\right) \tag{10-53b}$$

通常将式（10-53）称为菲克第二定律。该式可描述固体内的传质，也可以描述静止液体或气体内的传质。

4）对于稳态传质，ρ_A 和 c_A 都不随时间的变化而变化，菲克第二定律又可简化为拉普拉斯方程

$$\frac{\partial^2 c_A}{\partial x^2} + \frac{\partial^2 c_A}{\partial y^2} + \frac{\partial^2 c_A}{\partial z^2} = 0 \tag{10-54a}$$

或

$$\frac{\partial^2 \rho_A}{\partial x^2} + \frac{\partial^2 \rho_A}{\partial y^2} + \frac{\partial^2 \rho_A}{\partial z^2} = 0 \tag{10-54b}$$

上述关于组分 A 的扩散方程的各种形式同样也可对组分 B 给出类似的表达式。这与热量传输中以温度表示的拉普拉斯方程类似，对于导热问题中的解法同样适用于传质方程。

10.5.3 柱坐标系和球坐标系的质量传输微分方程

工程上常遇到柱坐标和球坐标的传质问题，对于无化学反应的双组分系统，其球坐标和柱坐标下的质量传输微分方程如下。

1. 柱坐标系中的扩散方程

$$\frac{\partial \rho_A}{\partial t} + v_r \frac{\partial \rho_A}{\partial r} + \frac{v_\theta}{r} \frac{\partial \rho_A}{\partial \theta} + v_z \frac{\partial \rho_A}{\partial z} = D_{AB}\left[\frac{1}{r}\frac{\partial}{\partial r}\left(r\frac{\partial \rho_A}{\partial r}\right) + \frac{1}{r^2}\frac{\partial^2 \rho_A}{\partial \theta^2} + \frac{\partial^2 \rho_A}{\partial z^2}\right] + r_A \quad (10\text{-}55)$$

式中，t 为时间；r 为径向坐标；z 为轴向坐标；θ 为方位角；v_r、v_θ 和 v_z 分别为流体平均流速在柱坐标系中 r、θ 和 z 方向的分量。

2. 球坐标系中的扩散方程

$$\frac{\partial \rho_A}{\partial t} + v_r \frac{\partial \rho_A}{\partial r} + \frac{v_\theta}{r} \frac{\partial \rho_A}{\partial \theta} + \frac{v_\varphi}{r\sin\theta} \frac{\partial \rho_A}{\partial \varphi}$$

$$= a\left[\frac{1}{r^2}\frac{\partial}{\partial r}\left(r^2\frac{\partial \rho_A}{\partial r}\right) + \frac{1}{r^2\sin\theta}\frac{\partial}{\partial \theta}\left(\sin\theta\frac{\partial \rho_A}{\partial \theta}\right) + \frac{1}{r^2\sin^2\theta}\frac{\partial^2 \rho_A}{\partial \varphi^2}\right] + r_A \quad (10\text{-}56)$$

式中，t 为时间；r 为径向坐标；φ 为方位角；θ 为余纬度；v_r、v_φ 和 v_θ 分别为流速在球坐标系中 r、φ 和 θ 方向的分量。

10.5.4 质量传输微分方程的初始条件和边界条件

要求解上述传质微分方程，必须给出初始条件和边界条件，对于稳态传质，只需给出边界条件。

（1）初始条件　组分 A 在传质开始时各点的瞬时浓度，实际中可碰到如下两种具体情况。

1）开始时刻各点浓度相同，初始条件为

$$t = 0 \text{ 时}, c_A = c_{A0} \quad (10\text{-}57a)$$

或

$$t = 0 \text{ 时}, \rho_A = \rho_{A0} \quad (10\text{-}57b)$$

2）开始时刻各点浓度是位置的函数，函数表达式已知，则初始条件为

$$t = 0 \text{ 时}, c_A = c_{A0}(x, y, z) \quad (10\text{-}58a)$$

或

$$t = 0 \text{ 时}, \rho_A = \rho_{A0}(x, y, z) \quad (10\text{-}58b)$$

（2）边界条件　边界条件指组分 A 构成传质空间所有表面上的浓度。一般情况下，该浓度是位置和时间的函数。实际过程中会碰到一些特例，最常见的有如下几种边界条件。

1）给出边界浓度：边界上各点浓度为常数，边界条件为

$$c_A = c_{A1} \text{ 或 } x_A = x_{A0} \quad (10\text{-}59a)$$

$$\rho_A = \rho_{A0} \text{ 或 } w_A = w_{A1} \quad (10\text{-}59b)$$

2）给出边界处的传质通量：若边界处组分 A 的传质通量恒定，边界条件为

$$j_A = j_{A1} \text{ 或 } n_A = n_{A1} \quad (10\text{-}60a)$$

$$J_A = J_{A1} \text{ 或 } N_A = N_{A1} \quad (10\text{-}60b)$$

3）若边界处组分 A 的传质通量表达式已知，则边界条件为

$$J_{A_y} = -cD_{AB}\left.\frac{\partial x_A}{\partial y}\right|_{y=0} \quad (10\text{-}61a)$$

或

$$N_{A1} = k_c(c_{A1} - c_{A0}) \quad (10\text{-}61b)$$

式（10-61a）和式（10-61b）分别适用于两种不同情况，前者适用于一维传质；后者适用于流体与挥发性壁面之间的传质，即固体组分向流体进行扩散传质的情形。

4）已知边界处的化学反应速率。

① 组分 A 的浓度经一级反应（反应速率常数为 k）减少，则 A 的传质通量为

$$N_{A1} = k_1 c_{A1} \tag{10-62a}$$

② 组分 A 经某一瞬时反应而迅速减少，组分 A 的浓度可近似为零，即

$$c_{A1} = 0 \tag{10-62b}$$

在实际传质过程中，一个控制体周边可能存在不同边界条件，如有一边参与化学反应，而另一边浓度恒定，此时要逐一给出边界条件和初始条件。

【例 10-3】 二氧化碳通过厚度为 0.03m 的空气层，扩散到一个盛有氢氧化钾溶液的烧杯中，并立刻被其吸收，二氧化碳在空气层外缘处，摩尔分数为 3%，传质过程为稳态，试用扩散方程写出该过程的微分方程并列出其边界条件。

解：质量传输通用方程为

$$\frac{Dc_A}{Dt} + c_A\left(\frac{\partial v_{M_x}}{\partial x} + \frac{\partial v_{M_y}}{\partial y} + \frac{\partial v_{M_z}}{\partial z}\right) = D_{AB}\left(\frac{\partial^2 c_A}{\partial x^2} + \frac{\partial^2 c_A}{\partial y^2} + \frac{\partial^2 c_A}{\partial z^2}\right) + R_A$$

依题意，传质过程为稳态一维，设在 z 方向上传质，且体系内部无化学反应发生，只在边界上存在瞬时快速反应则有

$$\frac{Dc_A}{Dt} = 0$$

$$v_{M_x} = v_{M_y} = v_{M_z} = 0$$

$$\frac{\partial c_A}{\partial x} = \frac{\partial c_A}{\partial y} = 0$$

$$R_A = 0, c \text{ 恒定}$$

由此可得适用于本传质过程的微分方程为

$$D_{AB}\frac{\partial^2 c_A}{\partial z^2} = 0 \text{ 或 } cD_{AB}\frac{\partial^2 x_A}{\partial z^2} = 0$$

边界条件　　　　　$z = 0$ 时，$x_{A0} = 0.03$

$$z = 0.03 \text{ 时}, x_{A1} = 0$$

【例 10-4】 半导体扩散工艺中，包围硅片的气体中含有大量的杂质原子，杂质不断地通过硅片表面向内部扩散，在以下两种情况下试确定该硅片的边界条件：①半导体的扩散工艺是恒定表面浓度扩散，即硅片表面的杂质浓度保持一定；②半导体的扩散工艺是限定源扩散，没有外来的杂质通过硅片表面进入硅片。

解：1）已知半导体的扩散工艺是恒定表面浓度扩散，即给定表面浓度的边界条件。硅片的传质可以看作一维问题，在它的两个表面 $x = 0$ 和 $x = l$ 处，杂质的浓度恒定为常数 c_0，此时的边界条件可写为

$$c_A(t, x = 0) = c_0; c_A(t, x = l) = c_0$$

2）限定源扩散意味着只有硅片表面已有的杂质原子向硅片内部扩散，而没有外来杂质通过硅片表面进入硅片，即通过硅片表面的扩散通量为零，此时边界条件可写为

$$\frac{\partial c_A(\tau, x = 0)}{\partial x} = 0; \frac{\partial c_A(\tau, x = l)}{\partial x} = 0$$

习　题

10-1　试从铸造、焊接、热处理、冶金、锻压等材料热加工过程中取一例，论述传输现象在其中的作用。

10-2　试推导双组分混合物中各组分的浓度转换关系。

10-3　解释下列概念：

①扩散传质，②对流传质，③相间传质。

10-4　浓度、速度、通量的表示方法有哪些，有何不同？

10-5　菲克第一、第二定律分别说明什么问题？有何实际意义？

10-6　一个容器中含有 CO_2 和 N_2，温度为25℃，每种组分的分压均为101.325kPa，试计算每个组分的物质的量浓度、质量浓度、摩尔分数和质量分数。

10-7　有一 $O_2(A)$ 与 $CO_2(B)$ 的混合物，温度为294K，压力为 $1.519×10^5Pa$，已知 $x_A = 0.40$，$v_A = 0.88m/s$，$v_B = 0.02m/s$，试计算下列各值：

① 混合物、组分A和组分B物质的量浓度 c、c_A 和 $c_B(mol/m^3)$。

② 混合物、组分A和组分B物质的质量浓度 ρ、ρ_A 和 $\rho_B(kg/m^3)$。

③ v_A-v，v_B-v。

④ v_A-v_M，v_B-v_M。

⑤ N。

⑥ n_A，n_B，n。

⑦ j_B，J_B。

10-8　空气中氧的摩尔分数为21%，氮的摩尔分数为79%。试计算在温度298K，压力为 $1.013×10^5Pa$ 时氧和氮的质量分数、物质的量浓度。已知氧的摩尔质量为0.032kg/mol，氮的摩尔质量为0.028kg/mol。

10-9　在制造微电子装置时，有 H_2 存在的情况下利用硅烷可在晶片表面形成一层固体硅的薄膜。假设气体保持在50% SiH_4 和50% H_2（摩尔分数），试求：①组分的质量分数是多少？②系统保持在900K和60mmHg（1mmHg=133.322Pa）的恒温恒压下，SiH_4 在进气中的物质的量浓度。

第 11 章
扩散传质

本章知识结构图：

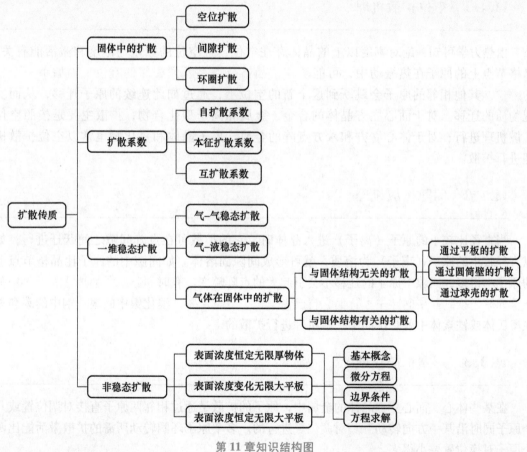

第 11 章知识结构图

11.1 固体中的扩散

扩散系数与流体的黏度、物体导热系数类似，是表示物质扩散能力的参数。固体中分子、原子或离子紧密排列，相互作用强烈，只有在较高温度下才能观察到明显的扩散现象。

对于金属和非金属，主要有三种扩散机理，如图 11-1 所示。

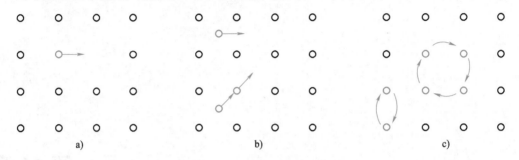

图 11-1　三种基本扩散机理
a）空位扩散　b）间隙扩散　c）环圈扩散

11.1.1　空位扩散机理

由热力学可知，绝对零度以上的晶体存在空位，且空位的数量与温度和激活能有关。晶格节点上的原子在热振动中，可能从一个晶格节点跳跃到相邻的空位上而留下一个新的空位，其他相邻的原子会跳跃到这个新的空位上，通过如此连续的原子迁移，从而实现物质的迁移。对于面心立方晶体的合金、金属和离子型化合物，扩散主要是按照空位扩散机理进行；对于体心立方和六方点阵的金属、离子晶体和氧化物也常以空位扩散机理进行扩散。

11.1.2　间隙扩散机理

当直径比较小的原子（离子）进入晶体时，它的扩散可在点阵间隙之间跃迁进行；如以直径较小的原子（离子）为溶质，就可形成间隙固溶体。如间隙中的原子比晶格节点上的原子小得多，间隙中原子的迁移不会引起大的点阵畸变。有时间隙原子会把它邻近晶格节点上的原子推到晶格间隙中去，而它自己占据这个节点位置。溴化银中的银、钢中的碳和氮在奥氏体或铁素体中就是按间隙扩散机理进行扩散的。

11.1.3　环圈扩散机理

在某些体心、面心立方晶体的金属中，原子的扩散是通过相邻两原子直接对调位置或几个原子同时沿某一方向转动互相对调位置进行的。多个原子环圈转动所需的扩散激活能比两个原子对换位置要小得多。

11.2　固体中的扩散系数

物质的扩散系数与其种类和结构状态有关。

11.2.1　自扩散系数

在没有化学成分梯度的均质合金或纯金属中，虽然不存在浓度差，但由于原子本身的热运动，可通过空位、间隙或环圈进行扩散，由点阵一处迁移至另一处，这种不依赖浓度梯度的扩散为自扩散，对应的扩散系数为自扩散系数，自扩散系数不遵守菲克第一定律，但对以浓度差为动力的扩散过程有影响。

11.2.2　本征散系数

体系中 i 组分以自身的浓度梯度为动力而进行的扩散，为本征扩散，对应的扩散系数为本征扩散系数，与其他组元的浓度和扩散无关。间隙扩散时由于较小原子在点阵间隙中移动，不会引起大的点阵畸变。

11.2.3　互扩散系数

多组分体系中，各组分相互影响的扩散为互扩散。互扩散体系中，组分 i 的扩散系数不仅与本征扩散系数有关，而且与其他组分的浓度和扩散性质有关。

11.3　一维稳态扩散

扩散传质是质量传输的主要方式之一，停滞流体、固体和层流流体内所发生的传质均为扩散传质；即使是湍流，在靠近壁面处的层流内层，其传质机理仍为扩散传质。本章主要讨论简单的一维稳态分子扩散及非稳态扩散传质。

对于停滞的二元气体混合物，稳态传质时，组分 A 和 B 通过任一截面的通量 N_A 和 N_B 均恒定，但两者之间并不一定相等，描述这类传质过程有两种方法。

1）直接运用菲克第一定律，获得传质通量表达式，进而获得浓度分布方程。

2）对扩散方程进行简化并求解，获得浓度分布方程，再根据定义式得到传质通量的表达式。

对于一维且不伴随化学反应的分子传质，采用第一种方法将十分便利；而对于伴随化学反应或二维乃至三维分子传质，则需采用第二种方法。

11.3.1　气-气稳态扩散

对于可视为理想气体的 A、B 二元气体混合物，体系总压恒定为 p，温度为 T，若混合物内的传质只发生在 z 方向上，且已达稳态，则组分 A 通过 z 方向上任一静止截面的传质通量 N_A 均相等。将理想气体状态方程代入式（10-21），可得 N_A 的表达式为

$$N_A = -\frac{D_{AB}}{RT}\frac{dp_A}{dz} + \frac{p_A}{p}(N_A + N_B) \tag{11-1a}$$

或
$$N_A = -\frac{D_{AB}p}{RT}\frac{dx_A}{dz} + x_A(N_A + N_B) \tag{11-1b}$$

式中，D_{AB}、p 为已知常数；N_A 和 N_B 则为待定常数。式 11-1a 为一阶常微分方程，由于其中有两个未知数，故需根据具体的传质过程，明确 N_A 和 N_B 之间的函数关系。虽然实际传质过程千差万别，但如下三种特例具有代表性。

（1）等分子逆向扩散　当混合物中组分 A 和组分 B 的摩尔通量相等、方向相反时，即为等分子反方向扩散，有

$$N_A = -N_B \tag{11-2}$$

（2）通过停滞气膜的扩散　当混合物中另一组分 B 宏观上处于停滞状态时，组分 A 的扩散即为通过停滞气膜的扩散，有

$$N_B = 0 \tag{11-3}$$

（3）边界处发生快速化学反应的扩散　混合物中组分 A 在边界处发生化学反应（A $\longrightarrow nB$）快速转换成 B，两组分为同一相态，组分 B 一旦生成立即经分子扩散离开边界，在边界处不累积，不发生相变，因传质为稳态，N_A 和 N_B 必然满足下式

$$N_B = -nN_A \tag{11-4}$$

下面分别讨论上述三种传质情况并推导出这三种传质过程的通量表达式及浓度分布方程，并探讨其应用。

1. 等分子逆向稳态扩散

所谓等分子逆向稳态扩散，即 $N_A = -N_B$ 的扩散，即体系中 A 的净扩散通量与 B 的净扩散通量大小相等、方向相反的扩散称为等分子逆向稳态扩散，多发生在蒸发潜热相等的蒸馏过程。如 A 组分向液面扩散并溶于液体，而每摩尔组分 A 放出的溶解热恰好使一摩尔的 B 组分蒸发，此种扩散即为等分子逆向稳态扩散。

若扩散时总压恒定，$N_A + N_B = 0$，由式（11-1a）得

$$N_A = -\frac{D_{AB}}{RT}\frac{dp_A}{dz}$$

分离变量积分得

$$N_A\int_{z_1}^{z_2}dz = -\frac{D_{AB}}{RT}\int_{P_{A1}}^{P_{A2}}dp_A$$

即

$$N_A = -\frac{D_{AB}}{RT\Delta z}(p_{A1} - p_{A2}) \tag{11-5}$$

此即为等分子逆向稳态扩散通量。式中 Δz 为扩散距离。

等分子逆向稳态扩散时，由于 $N_A + N_B = 0$，且 $N_A = J_A$；$N_B = J_B$

而
$$J_A = -D_{AB}\frac{dc_A}{dz}; J_B = -D_{BA}\frac{dc_B}{dz}$$

又
$$p_A + p_B = \text{const}; c_A + c_B = \text{const}$$

故
$$dc_A = -dc_B$$

于是
$$J_A = -D_{AB}\frac{dc_A}{dz} = -J_B = -\left(-D_{BA}\frac{dc_A}{dz}\right)$$

从而得到

$$D_{AB} = D_{BA}$$

此式说明双组分系统中 A 与 B 作等分子逆向稳态扩散时，互扩散系数相等。

为了获得稳态等分子逆向扩散的浓度分布，可对传质微分方程进行简化。

由于是一维稳态传质，且无气体的主体流动，$v_M = 0$，而 c_A 仅为 z 的函数，故传质微分方程可简化为

$$\frac{d^2 c_A}{dz^2} = 0 \tag{11-6}$$

对上述二阶常微分方程（此式也可通过对菲克第一定律求导数获得）积分两次可得组元 A 的浓度与空间位置的函数

$$c_A = c_1 z + c_2$$

式中，c_1、c_2 为积分常数，由边界条件确定

$$z = z_1, c_A = c_{A1} = c(p_{A1}/p)$$
$$z = z_2, c_A = c_{A2} = c(p_{A2}/p)$$

将边界条件代入通解，解得浓度分布为

$$\frac{c_A - c_{A1}}{c_{A1} - c_{A2}} = \frac{z - z_1}{z_1 - z_2} \tag{11-7a}$$

如果气体浓度用分压力表示，则有

$$\frac{p_A - p_{A1}}{p_{A1} - p_{A2}} = \frac{z - z_1}{z_1 - z_2} \tag{11-7b}$$

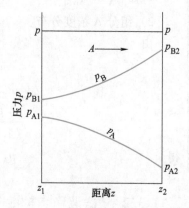

图 11-2 等摩尔逆向
稳态扩散压力分布

上式说明浓度分布为线性分布，在扩散距离上的任意处，p_A 与 p_B 之和为总压力 p，如图 11-2 所示。

等摩尔逆向扩散在工程实际中经常发生。例如，化工中双组分混合物的蒸馏操作，当两个组分摩尔潜热基本相等时，每摩尔轻组分由液相进入气相的同时，约有 1mol 重组分逆向进入液相，净摩尔通量近似等于零，可近似按等摩尔逆向扩散处理。

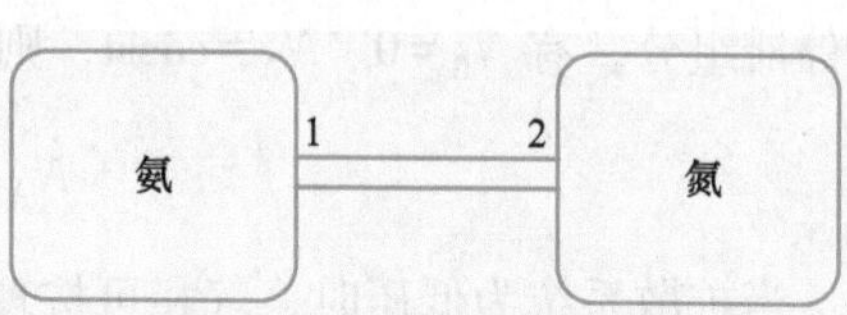

【例 11-1】 如图 11-3 所示，氨气（A）与氮气（B）在具有均匀直径的管子两端进行等分子逆向稳态扩散，气体温度为 298K，总压力为 $1.01325 \times 10^5 \text{Pa}$，扩散距离为 0.1m；在端点 1 处 $p_{A1} = 1.013 \times 10^4 \text{Pa}$，另一端 $p_{A2} = 0.507 \times 10^4 \text{Pa}$，$D_{AB} = 0.23 \times 10^{-4} \text{m}^2/\text{s}$，试计算：①扩散通量 N_A、N_B；②组分 A 的浓度分布。

图 11-3 氨-氮的互扩散

189

解：1）求 N_A、N_B。

据式

$$N_A = -\frac{D_{AB}}{RT\Delta z}(p_{A1} - p_{A2})$$

$$= \frac{0.23 \times 10^{-4} \times (1.013 - 0.507) \times 10^4}{8314 \times 298 \times 0.1} \text{kmol/(m}^2 \cdot \text{s)}$$

$$= 4.7 \times 10^{-7} \text{kmol}/(\text{m}^2 \cdot \text{s})$$

N_B 由式 $N_B = -\dfrac{D_{AB}}{RT\Delta z}(p_{B1}-p_{B2})$ 确定，式中

$$p_{B1} = p - p_{A1} = 1.01325 \times 10^5 \text{Pa} - 1.013 \times 10^4 \text{Pa} = 9.119 \times 10^4 \text{Pa}$$

$$p_{B2} = p - p_{A2} = 1.01325 \times 10^5 \text{Pa} - 0.507 \times 10^4 \text{Pa} = 9.625 \times 10^4 \text{Pa}$$

故

$$N_B = -\frac{D_{BA}}{RT\Delta z}(p_{B1} - p_{B2}) = \frac{0.23 \times (9.119 - 9.625) \times 10^4}{8314 \times 298 \times 0.1} \text{kmol}/(\text{m}^2 \cdot \text{s})$$

$$= -4.70 \times 10^7 \text{kmol}/(\text{m}^2 \cdot \text{s})$$

可知 $N_A = -N_B$。

2) 组分 A 浓度分布。

由

$$\frac{p_A - p_{A1}}{p_{A1} - p_{A2}} = \frac{z - z_1}{z_1 - z_2}$$

$$\frac{p_A - 1.013 \times 10^4}{(1.013 - 0.507) \times 10^4} = \frac{z - 0}{0 - 0.1}$$

得

$$p_A = 1.013 \times 10^4 - 5.06 \times 10^4 z$$

11.3.2　气-液稳态扩散（组分 A 通过停滞组分 B 的分子扩散）

在组分 A 和 B 的气体混合物中，停滞组分是指净扩散通量为零的组分。如水在大气中的蒸发，空气不溶于水即为停滞组分。例如，水的蒸发是水蒸气通过停滞空气的扩散过程；又如，湿空气的干燥过程，水由空气-氨气混合物中吸收氨的过程都属于此种情况。由于此种二元扩散系统只有一种组分沿一个方向扩散，故可称为单向扩散，若扩散组分为 A，则 B 为停滞组分，有 $N_B = 0$、$N_A = \text{const}$，则 $N_A/(N_A+N_B) = 1$，此时通用积分方程为

$$N_A = \frac{D_{AB}c}{\Delta z} \ln \frac{1 - x_{A2}}{1 - x_{A1}} \tag{11-8}$$

当扩散系统为低压时，气相可按理想气体混合物处理，于是有

$$c = \frac{N}{V} = \frac{p}{RT}; x_A = \frac{c_A}{c} = \frac{p_A}{p}$$

式中，p 为混合气体的总压力；p_A 为组分 A 的分压；N 为摩尔数；V 是混合气体的体积。将此关系式代入式（11-8），得

$$N_A = \frac{D_{AB}p}{\Delta z RT} \ln \frac{1 - \dfrac{p_{A2}}{p}}{1 - \dfrac{p_{A1}}{p}} = \frac{D_{AB}p}{\Delta z RT} \ln \frac{p - p_{A2}}{p - p_{A1}} \tag{11-9}$$

由于总压保持恒定，则有下列关系式成立

$$p - p_{A1} = p_{B1}; p - p_{A2} = p_{B2}, p_{A1} - p_{A2} = p_{B2} - p_{B1}$$

190

据此，式（11-9）也可表示为

$$N_A = \frac{D_{AB}p}{\Delta zRT} \cdot \frac{p_{A1} - p_{A2}}{p_{B2} - p_{B1}} \ln \frac{p_{B2}}{p_{B1}} \tag{11-10}$$

$$N_A = \frac{pD_{AB}}{\Delta zRTp_{BM}}(p_{A1} - p_{A2}) \tag{11-11}$$

式中，$p_{BM} = \dfrac{(p_{B2}-p_{B1})}{\ln \dfrac{p_{B2}}{p_{B1}}}$ 为组分 B 的对数平均浓度。

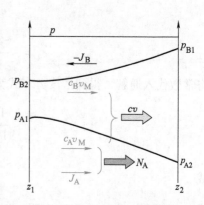

图 11-4　组分 A 通过停滞组分 B 的一维稳态扩散

如图 11-4 所示，组分 A 依赖其浓度梯度 dc_A/dz，以扩散速度（v_A-v_M）自 z_1 处向 z_2 处扩散，扩散通量为 J_A；相对于静止坐标，组分 A 还存在一个主体流动通量 $c_A v_M$，因此，$N_A = J_A + c_A v_M$，即为相对于静止坐标的通量。说明此类问题中有流体的主体运动。

如图 11-4 所示，在 A 扩散的同时，组分 B 也会依赖浓度梯度 dc_B/dz 以扩散速度（v_B-v_M）自 z_2 处向 z_1 扩散，扩散通量为 $-J_B$。但组分 B 到达 z_1 后不能继续扩散，如水在蒸发时，空气不能穿过水面，故必然要有混合物（水蒸气-空气）向右的流动，使空气不会聚集在水面而破坏压力平衡，则组分 B 的主体流动通量为 $c_B v_M$，其数值与其扩散通量大小相等的方向相反，即 $-J_B = c_B v_M$。

所以，相对于静止坐标

$$N_B = -J_B + c_B v_M = 0$$

即 B 为停滞组分。

由式（11-10）可计算组分 A 相对于静止坐标的摩尔通量 N_A。下面介绍如何确定浓度分布以便更进一步分析分子扩散的机理。

由于 N_A = 常数，N_A 对扩散距离的导数为零，即 $\dfrac{dN_A}{dz} = 0$

由菲克定律可得

$$N_A = -cD_{AB}\frac{dx_A}{dz} + x_A N_A$$

整理得 $N_A = \dfrac{cD_{AB}}{(1-x_A)} \cdot \dfrac{dx_A}{dz}$，引入 $\dfrac{dN_A}{dz} = 0$ 得

$$\frac{d}{dz}\left(-\frac{cD_{AB}}{1-x_A}\frac{dx_A}{dz}\right) = 0$$

设组分在等温、等压下进行扩散，则 c 和 D_{AB} 均为常数，上式进一步简化为

$$\frac{d}{dz}\left(-\frac{1}{1-x_A}\frac{dx_A}{dz}\right) = 0$$

解此微分方程，积分可得

$$- \ln(1 - x_A) = c_1 z + c_2 \qquad (11\text{-}12)$$

式（11-12）中的积分常数 c_1、c_2 由如下两个边界条件确定

$$z = z_1 \text{ 时}, \quad x_A = x_{A1} = \frac{p_{A1}}{p}$$

$$z = z_2 \text{ 时}, \quad x_A = x_{A2} = \frac{p_{A2}}{p}$$

将边界条件代入式（11-12）中，求得常数 c_1 和 c_2

$$c_1 = -\frac{1}{z_2 - z_1} \ln \frac{1 - x_{A2}}{1 - x_{A1}}$$

$$c_2 = -\frac{z_2 \ln(1 - x_{A1}) - z_1 \ln(1 - x_{A2})}{z_2 - z_1}$$

将常数代入通解，得到浓度分布式为

$$\frac{1 - x_A}{1 - x_{A1}} = \left(\frac{1 - x_{A2}}{1 - x_{A1}} \right)^{\frac{z - z_1}{z_2 - z_1}} \qquad (11\text{-}13)$$

或

$$\frac{x_B}{x_{B1}} = \left(\frac{x_{B2}}{x_{B1}} \right)^{\frac{z - z_1}{z_2 - z_1}} \qquad (11\text{-}14)$$

式（11-13）、式（11-14）表明：组分 A 通过停滞组分 B 稳态扩散时的浓度分布不再像等摩尔逆向扩散那样呈线性变化，而是按指数规律变化，依此可求任一扩散距离（z）处组分的浓度及平均浓度。

【例 11-2】 在一细管中，底部的水在恒温 293K 下向干空气中蒸发，干空气的总压力为 $1.01325 \times 10^5 \, \text{Pa}$，温度为 293K，设水蒸发后，通过管内 $\Delta z = 15 \text{cm}$ 的空气进行扩散（图 11-5）。若在该条件下，水蒸气在空气中的扩散系数为 $2.5 \times 10^{-5} \, \text{m}^2/\text{s}$，已知 293K 时水的蒸汽压力为 $0.02338 \times 10^5 \, \text{Pa}$，试计算稳态扩散时的摩尔通量及其浓度分布。

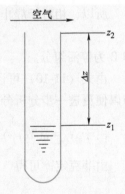

图 11-5 水蒸气通过空气的扩散

解：由于空气不溶于水，为停滞组分，水蒸气扩散至管口后就被流动空气带走，属于扩散组分 A，N_A 由下式确定

$$N_A = \frac{D_{AB} p}{\Delta z R T} \cdot \frac{p_{A1} - p_{A2}}{p_{B2} - p_{B1}} \ln \frac{p_{B2}}{p_{B1}}$$

式中，$p = 1.01325 \times 10^5 \, \text{Pa}$；$D_{AB} = 0.25 \times 10^{-4} \, \text{m}^2/\text{s}$；$R = 8314 \, \text{J/(kmol·K)}$；$T = 293 \text{K}$；$\Delta z = 0.15 \text{m}$。

当 $z = z_1$ 时，$p_{A1} = 0.02338 \times 10^5 \, \text{Pa}$，当 $z = z_2$ 时，（管口）水的蒸汽压力很小可忽略不计，即 $p_{A2} = 0$。

$$p_{B1} = p - p_{A1} = [(1.01325 - 0.02338) \times 10^5] \, \text{Pa} = 0.98937 \times 10^5 \, \text{Pa}$$

$$p_{B2} = p - p_{A2} = (1.01325 \times 10^5 - 0) \, \text{Pa} = 1.01325 \times 10^5 \, \text{Pa}$$

$$p_{BM} = \frac{p_{B2} - p_{B1}}{\ln \dfrac{p_{B2}}{p_{B1}}} = \frac{(1.01325 - 0.98937) \times 10^5}{\ln \dfrac{1.01325}{0.98937}} = 0.9803 \times 10^5 Pa$$

由于 p_{B1} 与 p_{B2} 的数值相近，故可用算术平均值代替对数平均值

$$p_{BM} = \frac{1}{2}(p_{B1} + p_{B2}) = \frac{1}{2} \times (0.98937 + 1.01325) \times 10^5 Pa = 1.0013 \times 10^5 Pa$$

$$N_A = \frac{D_{AB}p}{\Delta z R T p_{BM}}(p_{A1} - p_{A2})$$

$$= \left[\frac{(0.25 \times 10^{-4})(1.01325 \times 10^5)}{8314 \times 293 \times 0.15 \times 1.0013 \times 10^5}(0.02338 \times 10^5 - 0)\right] kmol/(m^2 \cdot s)$$

$$= 1.619 \times 10^{-7} kmol/(m^2 \cdot s)$$

浓度分布

$$\frac{x_B}{x_{B1}} = \left(\frac{x_{B2}}{x_{B1}}\right)^{\frac{z-z_1}{z_2-z_1}}$$

式中

$$x_{B1} = \frac{p_{B1}}{p} = \frac{0.98937 \times 10^5}{1.01325 \times 10^5} = 0.9764$$

$$x_{B2} = \frac{p_{B2}}{p} = \frac{1.01325 \times 10^5}{1.01325 \times 10^5} = 1$$

所以，$x_B = 0.9764 \times 1.0241^{(z-z_1)/0.15}$。

11.3.3 气体在固体中的扩散

固体中的扩散，包括气体、液体和固体在固体内的分子扩散。这些现象在工程实际中经常遇到。例如，冶金中金属的高温热处理、物料干燥、气体吸附、固液萃取、膜分离以及固体催化剂中的吸附和反应等，都涉及固体中的分子扩散问题。

固体中的分子扩散可分为两种类型：一是与固体内部结构基本无关的扩散，另一种是与固体内部结构有关的多孔介质中的扩散。后者的扩散是在固体颗粒之间空隙内的毛细孔道内进行的。

多孔固体内部的分子扩散视孔道截面的大小又可分为如下几种情况：当毛细孔道直径远大于扩散物质的分子平均自由程时，此种情况下的扩散遵循菲克定律，称为菲克型分子扩散；第二种情况是毛细孔道直径小于扩散物质的分子平均自由程时，称为克努森扩散。另一情况是介于上述两者之间，即孔道直径与扩散物质的分子平均自由程大小相当，称为过渡区扩散。另外，当扩散物质被固体吸附时，此种扩散称为表面扩散。

下面讨论与固体结构无关的稳态扩散与非稳态扩散、与固体结构有关的多孔固体内部的扩散等情况。

1. 与固体结构无关的稳态扩散

与固体结构无关的固体内部的分子扩散，多发生于扩散物质在固体内部能够溶解形成均

193

匀溶液的场合。例如，用水进行固-液萃取时，固体物料内部浸入大量的水，溶质将溶解于水中并通过水溶液进行扩散；金属内部物质的相互渗入扩散，例如，金在银中的扩散，氢气或氧气透过橡胶的扩散等。这类扩散机理较为复杂，并且因不同的物系而异，但其扩散方式与物质在流体内扩散方式类似，仍遵循菲克定律。在稳态下，菲克定律的一般形式为

$$N_A = -cD_{AB}\frac{\partial x_A}{\partial z} + \frac{c_A}{c}(N_A + N_B) \tag{11-15}$$

由于扩散组分 A 的浓度一般都很低，即 c_A/c 或 x_A 很小而可忽略，故主体流动项 $x_A(N_A + N_B)$ 可以略去，当总浓度 c 可视为常数时，则式（11-15）变为

$$N_A = -D_{AB}\frac{\partial c_A}{\partial z} \tag{11-16}$$

式中，N_A 是通过固体溶质 A 的扩散通量，单位为 $mol/(m^2 \cdot s)$；D_{AB} 是溶质 A 通过 B 的扩散系数，单位为 m^2/s；如果 B 为固体，则 D_{AB} 的值与压力无关；$\partial c_A/\partial z$ 是溶质 A 沿扩散方向 z 上的浓度梯度，单位为 $mol/(m^3 \cdot m)$。

（1）扩散组分 A 通过平板的扩散　由式（11-16），积分后可得 A 组元的通量 N_A

$$N_A = \frac{D_{AB}}{\Delta z}(c_{A1} - c_{A2}) \tag{11-17}$$

式中，c_{A1} 和 c_{A2} 分别为距离 z_1 和 z_2 处组分 A 的浓度；Δz 为扩散距离，$\Delta z = z_2 - z_1$。

由式（11-17）可知，如果通过实验测得 A 组元通量 N_A 和取样分析平板不同厚度上的气体浓度值，则可由此式计算出扩散系数 D_{AB}。

当金属平板很薄时，气体分子渗透金属板时，需先离解成原子，同时在平板两侧由于气体浓度不同会出现不同的分压 p_1 和 p_2。一般情况下，气体溶解于金属中的速率远大于它在金属中的扩散速率，故可认为气体在金属两侧面上的浓度 c_1 和 c_2 为其平衡状态的溶解度 S_1 和 S_2，根据西弗尔特定律

$$S_1 = K\sqrt{p_1}, S_2 = K\sqrt{p_2} \tag{11-18}$$

式中，K 为气体溶入金属时由分子变成原子的平衡常数。

这样浓度梯度以压力差来表示，即可得到

$$N_A = \frac{D_{AB}K}{\Delta z}(\sqrt{p_1} - \sqrt{p_2}) \tag{11-19}$$

在讨论气体通过金属膜的扩散时，通常用到渗透率 p^* 的概念，即 $p^* = D_{AB}K$，它表示气体通过薄膜能力的大小，与温度有关。

$$p^* = p_0^* A\exp\left(\frac{Q_p}{RT}\right) \tag{11-20}$$

式中，Q_p 为渗透活化能，单位为 J/mol；p_0^* 为常数，表示单位厚度在压力差为 1atm（约 101.325kPa）下测得的渗透标准体积流量。

因此，扩散通量用渗透率和压力可表示为

$$N_A = \frac{p^*}{\Delta z}(\sqrt{p_1} - \sqrt{p_2}) \tag{11-21}$$

（2）扩散组分 A 通过圆筒壁的扩散　设圆筒内外气体 A 组元的浓度分别为 c_{A1} 和 c_{A2}，且 $c_{A1} > c_{A2}$，在稳态下进行扩散传质。根据菲克第一定律，可推导出 A 组元的浓度分布和通

过圆筒壁的扩散传质速率 G_A。

$$\frac{c_A - c_{A2}}{c_{A1} - c_{A2}} = \frac{\ln\left(\dfrac{r_2}{r}\right)}{\ln\left(\dfrac{r_2}{r_1}\right)} \tag{11-22}$$

$$G_A = N_A A = \frac{c_{A1} - c_{A2}}{\dfrac{1}{2\pi L D_{AB}}\ln\dfrac{r_2}{r_1}} \tag{11-23}$$

式中，L 是圆柱体的长度，单位为 m；r_1、r_2 分别为圆筒壁的内、外半径，单位为 m。

类似地，与气体通过平板一样，根据西弗尔特定律，用溶解度 S_1 和 S_2 代替浓度 c_1 和 c_2，可得透过圆筒壁的气体扩散速率，即

$$G_A = \frac{2\pi L p^*}{\ln\dfrac{r_2}{r_1}}(\sqrt{p_1} - \sqrt{p_2}) \tag{11-24}$$

【例 11-3】　某试验工厂碳氢混合物加氢采用低碳钢材料，在设计中出现了壁厚对氢气损失速度影响的问题。如果容器内径为 10cm，外径为 12cm，长 100cm，试计算在氢气压力为 75atm（1atm = 101.325kPa），450℃时氢气的损失。假设气体通过壁后在 1atm 下被排走，对于氢气已知 $p_0^* = 9.1\times10^{-6}\,\text{cm}^3/(\text{s}\cdot\text{Pa}^{1/2})$，$Q_p = 35162\text{J/mol}$。

解：根据式（11-20），可得氢气渗透率 p^*

$$p^* = p_0^* \exp\left(\frac{Q_p}{RT}\right) = 9.1 \times 10^{-6} \times \exp\left(\frac{-35162}{8.314 \times 723}\right) = 2.77 \times 10^{-8}$$

根据公式（11-24），可得氢气透过圆筒壁的损失速率

$$G_A = \frac{2\pi L p^*}{\ln\dfrac{r_2}{r_1}}(\sqrt{p_1} - \sqrt{p_2})$$

$$= \left[\frac{2 \times 3.14 \times 100 \times 2.77 \times 10^{-8} \times (\sqrt{7.597 \times 10^6} - \sqrt{1.013 \times 10^5})}{\ln\left(\dfrac{6}{5}\right)}\right]\text{cm}^3/\text{s}$$

$$= 0.2326\text{cm}^3/\text{s}$$

（3）扩散组分 A 通过球壳的扩散　类似地，得到气体通过球壁的扩散速率

$$G_A = N_A A = \frac{D_{AB}}{r_2 - r_1}(c_{A1} - c_{A2})4\pi r_1 r_2 \tag{11-25}$$

式中，r_1、r_2 分别为球壳内、外半径，单位为 m。

前已述及，固体中的扩散系数 D_{AB} 与固体外面的气体或液体的压力无关。例如，平橡胶板外面的 CO_2 气体通过橡胶板扩散时，D_{AB} 与 CO_2 在板表面处的分压 p_A 无关。设橡胶板厚度为 $z_2 - z_1$，且板的另一侧 CO_2 的浓度 c_{A2} 为零，则 CO_2 通过橡胶板的扩散通量 N_A 与表面浓度 c_{A1} 成正比，即 N_A 与 p_A 成正比。由此可知，扩散通量 N_A 也可以表述 CO_2 在固体中溶解

度的大小。

正如亨利定律表述 O_2 在水中的溶解度正比于 O_2 在空气中的分压一样，气体在固体中的溶解度 S 常用单位体积固体、单位溶质分压所能溶解的溶质 A 的标准体积（m^3）来表示，S 的单位为 $\dfrac{m^3（溶质 A）（STP）}{p_a \cdot m^3（固体）}$，式中，STP 表示标准状况，即 0℃ 及 0.1MPa。

气体、液体、固体在固体中的扩散系数目前还不能精确计算，这是因为对固体扩散的理论研究还不够充分。因此，目前在工程实际中多采用 D_{AB} 的实验数据，某些气体和固体在固体中 D 的实验值见表 11-1。

表 11-1 某些气体和固体在固体中的扩散系数

溶质 A	固体 B	温度/K	扩散系数/$m^2 \cdot s^{-1}$
H_2	硫化橡胶	298	0.85×10^{-9}
O_2	硫化橡胶	298	0.21×10^{-9}
N_2	硫化橡胶	298	0.15×10^{-9}
CO_2	硫化橡胶	298	0.11×10^{-9}
H_2	硫化氯丁橡胶	290	0.103×10^{-9}
		300	0.180×10^{-9}
He	SiO_2	293	$(2.4 \sim 5.5) \times 10^{-14}$
H_2	Fe	293	2.59×10^{-25}
Al	Cu	293	1.30×10^{-34}
Bi	Pb	293	1.10×10^{-20}
Hg	Pb	293	2.60×10^{-19}
Sb	Ag	293	3.51×10^{-25}
Cd	Cu	293	2.71×10^{-19}

2. 与固体结构有关的稳态扩散

液体或气体在多孔固体中的扩散，与固体内部的结构有非常密切的关系。冶金中此种扩散较为常见，如矿石还原、煤燃烧、砂型干燥等。此种扩散属相际扩散，且与孔的大小、多少、结构状态有关。扩散方式取决于孔道直径与流体分子运动平均自由程 λ 的比值。平均自由程 λ 为分子间相互碰撞所经过的平均距离，可按下式计算

$$\lambda = \frac{3.2\eta}{p} \left(\frac{RT}{2\pi M} \right)^{\frac{1}{2}} \tag{11-26}$$

式中，λ 是分子平均自由程，单位为 m；η 是气体的黏度系数，单位为 $Pa \cdot s$；p 是气体的压力，单位为 Pa；T 是气体的温度，单位为 K；M 是气体的相对分子质量，单位为 kg/kmol；R 为摩尔气体常数，$R = 8.314 J/(mol \cdot K)$。

当微孔直径 d 远大于平均自由程（$d \geqslant 100\lambda$）时，碰撞主要发生在流体分子之间，此时与微孔壁面的碰撞可以忽略不计。一些气体的平均自由程见表 11-2。固体内流体的扩散遵循菲克定律，称为菲克型扩散。当孔道直径小于平均自由程（$d \leqslant 0.1\lambda$）时，碰撞主要发生在流体分子与孔壁之间，分子之间的碰撞可以忽略不计，扩散不再遵循菲克定律，这种扩散称为克努森型扩散。当分子之间的碰撞和分子与孔壁的碰撞均需计及时，介于菲克型扩散和克努森型扩散之间的扩散称为过渡区扩散。下面分别介绍菲克型扩散和克努森型扩散，过渡区

扩散更为复杂，不再述及。

表 11-2 一些气体的平均自由程

气体	自由程 λ/nm	气体	自由程 λ/nm
H_2	112.3	He	179.8
N_2	60.0	O_2	54.7
CO_2	39.7		

（1）菲克型扩散 若多孔固体内部孔道的平均直径 $d \geqslant 100\lambda$，则扩散时扩散分子之间的碰撞机会远大于分子与壁面之间的碰撞机会，且若固体内部的孔隙率比较均匀，在两个平面之间的孔道可以沟通，如图 11-6 所示，则液体或气体能完全充满固体内的空隙。

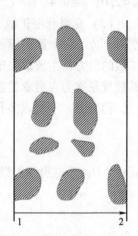

假设固体粒子之间的空隙由某种盐类的水溶液充满，当将此固体置于水中时，由于盐在固体内部与表面之间存在浓度梯度，则盐分将从固体内部通过孔道向表面扩散，如图 11-6 所示，1 处表示固体内部，2 处表示固体与水接触的界面。如果固体外部的水不断更换，保持新鲜，则最后固体内部的盐分将可完全扩散至水中。在这里，惰性固体本身不会发生扩散作用，而固体中扩散物质的扩散是遵循菲克定律的，故此类扩散称为菲克型分子扩散。

图 11-6 多孔介质中的菲克型扩散

此外，由式 11-26 可见，高压下气体的平均自由程小，液体的平均自由程更小。所以高压下的气体和液体在多孔固体内扩散时，一般可按菲克型扩散处理。

稳态下，平板式多孔固体内菲克型扩散的扩散通量可按下式计算

$$N_A = \frac{D_{ABP}}{\Delta z}(c_{A1} - c_{A2}) \tag{11-27}$$

式中，D_{ABP} 为有效扩散系数，它是根据下述条件计算出的扩散系数：计算时使用的面积为单位固体总表面积，浓度梯度使用垂直于表面的单位浓度梯度。D_{ABP} 与一般的二元扩散系数 D_{AB} 不相等，若要使用 D_{AB} 来描述流体在多孔固体内部扩散时，需要应用两个系数对其进行校正。首先，由于流体在多孔固体内部扩散，扩散面积为孔道的截面积而非固体介质的总表面积，故需采用多孔固体的孔隙率 ε 来校正 D_{AB}；其次，组分 A 通过固体内部扩散时，并非走直线距离，而是在孔道中曲折穿行，它实际走过的距离要比垂直于表面的距离（z_2-z_1）大，因此需要采用曲折系数对距离进行校正。于是可得 D_{ABP} 与 D_{AB} 的关系如下

$$D_{ABP} = \frac{\varepsilon D_{AB}}{\overline{\omega}} \tag{11-28}$$

式中，ε 是多孔固体的孔隙率或自由截面积，单位为 m^2（孔）/m^2（固体）；$\overline{\omega}$ 是对扩散距离进行校正的系数，称为曲折系数。

曲折系数 $\overline{\omega}$ 的值，不仅与曲折路程长度有关，并且与固体内部毛细孔道的结构有关，其值一般需由实验确定。对于惰性固体，$\overline{\omega} = 1.5 \sim 5$。

若多孔固体的空隙中充满气体，孔道的直径足够大，且气体的压力并不是很低，则发生气体的菲克型扩散，于是可得

$$N_A = \frac{\varepsilon D_{AB}}{\bar{\omega}(z_2 - z_1)}(c_{A1} - c_{A2}) = \frac{\varepsilon D_{AB}(p_{A1} - p_{A2})}{\bar{\omega}RT(z_2 - z_1)} \tag{11-29}$$

式（11-29）适用于气体在多孔固体内的扩散，且气体仅通过曲线孔道而不通过固体颗粒内部的情况。

气体在多孔固体内部扩散时，曲折系数 $\bar{\omega}$ 值也需由实验确定。对于某些松散的多孔介质床层，如玻璃球床、盐床等，在不同的 ε 下，曲折系数 $\bar{\omega}$ 的近似值可依次取为 $\varepsilon = 0.2$，$\bar{\omega} = 2.0$；$\varepsilon = 0.4$，$\bar{\omega} = 1.75$；$\varepsilon = 0.6$，$\bar{\omega} = 1.65$。

（2）克努森型扩散 若孔道半径 r 小于平均自由程，$d \leqslant 0.1$Å 或气体压力很小，接近真空时，分子与壁面碰撞的机会大于分子间的碰撞机会。在此情况下，扩散物质 A 通过孔道扩散的阻力将主要取决于分子与壁的碰撞阻力，而分子之间的碰撞阻力则可忽略不计。此种扩散现象称为克努森扩散。显然，克努森扩散不遵循菲克定律。

稳态下，平板式多孔固体内克努森扩散的扩散通量可按式（11-30）计算

$$N_A = \frac{D_{KP}}{(z_2 - z_1)}(c_{A1} - c_{A2}) = \frac{D_{KP}(p_{A1} - p_{A2})}{RT(z_2 - z_1)} \tag{11-30}$$

式中，D_{KP} 为克努森扩散系数，可由下式计算

$$D_{KP} = \frac{2}{3}\bar{r}\,\bar{v}_A = 97\bar{r}\left(\frac{T}{M_A}\right)^{\frac{1}{2}} \tag{11-31}$$

式中，$\bar{r}$ 是孔道平均半径，单位为 m；$\bar{v}_A$ 是组分 A 的均方根速度，单位为 m/s。$\bar{v}_A$ 由下式确定

$$\bar{v}_A = \left(\frac{8RT}{\pi M_A}\right)^{\frac{1}{2}} \tag{11-32}$$

气体在毛细管内是否为克努森扩散，可采用克努森数 K_n 估算，K_n 的定义为

$$K_n = \frac{\lambda}{2r} \tag{11-33}$$

当 $K_n \geqslant 10$ 时，扩散主要为克努森型扩散，此时采用式（11-30）计算扩散通量，其误差在 10% 以内，K_n 的值越大，式（11-30）的误差越小。

11.4　非稳态扩散

由于固体内部的传质速率要比流体内部的传质速率小得多，故固体传质设备常采用间歇式或半间歇式。在此情况下，设备内的固体传质过程多属于非稳态扩散。在某些连续操作的设备中，例如，连续干燥器中，对于每一小块固体物料的干燥过程，也应认为是属于非稳态扩散过程。由此可知，研究固体内部的非稳态扩散，具有很重要的实际意义。

描述非稳态扩散的基本方程为带扩散的微分方程式，应用该式并结合不同类型的初始条件和边界条件，即可得到各种情况下非稳态扩散问题的解。研究非稳态传质的基本概念、基本定律、微分方程、边界条件和求解方法与非稳态导热类似。

非稳态扩散传质的浓度场为 $c_A = f(x, y, z, t)$，对于无化学反应、D_{AB} 为常数且与固体结构无关的扩散，非稳态扩散传质微分方程为

$$\frac{\partial c_A}{\partial t} = D_{AB}\left(\frac{\partial^2 c_A}{\partial x^2} + \frac{\partial^2 c_A}{\partial y^2} + \frac{\partial^2 c_A}{\partial z^2}\right)$$

与导热微分方程 $\dfrac{\partial T}{\partial t} = a\left(\dfrac{\partial^2 T}{\partial x^2} + \dfrac{\partial^2 T}{\partial y^2} + \dfrac{\partial^2 T}{\partial z^2}\right)$ 的形式完全一样。如果定解条件相当，则非稳态导热求解方法和求解结果可应用到非稳态扩散传质。

传质中的定解条件包括初始条件和边界条件：

（1）初始条件　给出开始时的浓度分布，即 $t=0$ 时，$c_A = f(x, y, z)$。

（2）边界条件　常见的边界条件有如下三种：

1）给出界面处的浓度随时间的变化规律，即

$$c_A = f(t) \text{ 或 } c_A = \text{常数}$$

这相当于非稳态导热中的第一类边界条件。

2）给出界面处的传质通量随时间的变化规律，即

$$-D_{AB}\left.\frac{\partial c_A}{\partial z}\right|_{z=0} = f(t) \tag{11-34}$$

通常给出界面上的传质通量为一常数，相当于非稳态导热中的第二类边界条件。

3）给出界面处的传质条件，即给出界面处传质通量平衡的条件，即

$$-D_{AB}\left.\frac{\partial c_A}{\partial z}\right|_{z=0} = k_c(c_A|_{z=0} - c_A|_{z=\infty}) \tag{11-35}$$

式中，k_c 为对流传质系数，相当于稳态导热的对流边界条件，单位为 m/s。物理意义为扩散传质阻力与对流传质阻力之比。

同导热一样，传质中也有"厚"与"薄"的概念，对应导热中"厚"与"薄"的概念，只需将"透热深度"改为"传质深度"即可。

传质微分方程解的结果也可表示为相似准数间的函数关系式，如果对传质微分方程进行相似转换，同样可以得到如下的相似准数。

传质傅里叶准数 Fo^*，定义为

$$Fo^* = \frac{D_{AB}\tau}{L^2} \tag{11-36}$$

式中，τ 是扩散时间，单位为 s；L 是特征尺寸，单位为 m；D_{AB} 是扩散系数，单位为 m/s。

Fo^* 的大小反映了时间对扩散传质的影响，传质傅里叶准数越大，受浓度变化影响的程度也越大。

传质毕欧数 Bi^*，定义为

$$Bi^* = \frac{k_c L}{D_{AB}} \tag{11-37}$$

当传质毕欧数 Bi^* 很小时，即扩散传质阻力远小于界面上传质阻力时，可认为物体中的浓度分布只与时间有关，而与空间位置无关。

找出各自的对应关系（包括几何形状、边界条件、准数等）后，将各符号对应，则由各种情况下非稳态导热问题的解，可获得各种情况下非稳态传质的解。

199

11.4.1 表面浓度恒定无限厚物体的非稳态扩散

钢件在表面渗碳或渗氮时的固相扩散过程是典型的非稳态扩散过程，如图 11-7 所示。某一初始碳含量为 c_0 的钢件，在某一温度下暴露于含有 CO_2 和 CO 的气体混合物中，气相中的活性碳原子 [C] 首先吸附在钢的表层然后向内扩散。因渗碳层比工件的断面厚度小很多，因而断面厚度方向可视为无限大，渗碳过程属于非稳态扩散过程。

现考虑一初始浓度均匀分布、其值为 c_{A0} 的半无限厚介质（y、z 方向无限大，x 方向半无限大）。当 $t>0$ 时，表面浓度为 c_{Aw}，并维持不变。随着时间增加，浓度变化将逐步深入介质内部，扩散仅沿 x 方向进行。在整个扩散过程中，介质另一侧的浓度始终维持不变。菲克第二定律可简化为

$$\frac{\partial c_A}{\partial t} = D_{AB} \frac{\partial^2 c_A}{\partial x^2}$$

初始条件：$\quad t=0, 0 \leqslant x \leqslant \infty$ 时，$c_A = c_{A0}$

边界条件：$\quad t>0, x=0$ 时，$c_A = c_{Aw}$

$\quad\quad\quad\quad t>0, x \to \infty$ 时，$c_A = c_{A0}$

由上述方程可知，此时的微分方程和边界条件与一维非稳态导热类似，故可以用分离变量法或拉普拉斯变换法求解。鉴于与无限厚物体非稳态导热的类似性，只需将温度换成浓度，将热扩散率换成扩散系数，则一维非稳态导热解就可用于一维非稳态分子扩散过程。于是，组分 A 的浓度分布为

$$\frac{c_{Aw} - c_A}{c_{Aw} - c_{A0}} = \mathrm{erf}\left(\frac{x}{2\sqrt{D_{AB}t}}\right) \tag{11-38}$$

用质量浓度表达时，组分 A 的浓度分布为

$$\frac{\rho_{Aw} - \rho_A}{\rho_{Aw} - \rho_{A0}} = \mathrm{erf}\left(\frac{x}{2\sqrt{D_{AB}t}}\right) \tag{11-39}$$

附录 7 中给出了高斯误差函数 $\mathrm{erf}(x)$ 的值。由式（11-38）和式（11-39）可以计算任一时刻的浓度分布。不同时刻的浓度分布如图 11-8 所示，任一时刻 t 时，在 $x=0$ 处曲线的斜率为

200

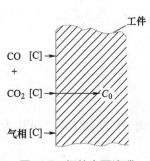

图 11-7 钢的表面渗碳

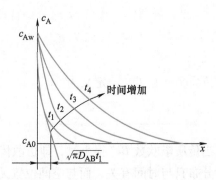

图 11-8 半无限大介质的非稳态扩散

$$\frac{\mathrm{d}c_A}{\mathrm{d}x}\bigg|_{x=0} = \frac{c_{Aw} - c_{A0}}{\sqrt{\pi D_{AB} t}}$$

式中,距离 $\sqrt{\pi D_{AB} t}$ 为渗透深度。

【例 11-4】 碳初始质量分数 w_C 为 0.20%、厚为 0.5cm 的低碳钢板,置于一定的温度下渗碳处理 1h。此时碳在钢件表面的质量分数 w_C 为 0.70%,如果碳在钢中的扩散系数为 $1.0\times10^{-11}\mathrm{m}^2/\mathrm{s}$,试问在钢件表面下 0.01cm、0.02cm 和 0.04cm 处碳的质量分数为多少?

解: 因为在低碳钢中碳的总质量分数很低,可视为常数,根据非稳态扩散传质浓度分布式 (11-38),用质量分数表示

$$\frac{c_{Aw} - c_A}{c_{Aw} - c_{A0}} = \frac{w_{Cw} - w_C}{w_{Cw} - w_{C0}} = \mathrm{erf}\left(\frac{x}{2\sqrt{D_{AB} t}}\right)$$

代入已知数据,则有

$$\frac{0.007 - w_C}{0.007 - 0.002} = \mathrm{erf}\left(\frac{x}{2\sqrt{1\times10^{-11}\times3600}}\right) = \mathrm{erf}\left(\frac{x}{3.79\times10^{-4}}\right)$$

在 $x = 0.01\mathrm{cm}$ 处

$$\mathrm{erf}\left(\frac{1\times10^{-4}}{3.79\times10^{-4}}\right) = \mathrm{erf}(0.264) = 0.291$$

$$w_C = 0.007 - 0.005 \times 0.291 = 0.0055 = 0.55\%$$

在 $x = 0.02\mathrm{cm}$ 处

$$\mathrm{erf}\left(\frac{2\times10^{-4}}{3.79\times10^{-4}}\right) = \mathrm{erf}(0.528) = 0.545$$

$$w_C = 0.007 - 0.005 \times 0.545 = 0.0043 = 0.43\%$$

在 $x = 0.04\mathrm{cm}$ 处

$$\mathrm{erf}\left(\frac{4\times10^{-4}}{3.79\times10^{-4}}\right) = \mathrm{erf}(1.055) = 0.866$$

$$w_C = 0.007 - 0.005 \times 0.866 = 0.0027 = 0.27\%$$

即碳的质量分数分别为 0.55%、0.43% 和 0.27%。

11.4.2 表面浓度变化无限大平板内的非稳态扩散

设有厚度为 $2L$ 的无限大平板,置于含有组分 i 的气体中,组分 i 向平板内扩散 (图 11-9)。平板内 i 组分初始浓度为 c_i,气体中 i 组分浓度为 c_∞,总保持不变,$c_\infty > c_i$,但在平板表面上 i 的浓度不断升高。此为一维扩散问题,由菲克第二定律

$$\frac{\partial c}{\partial t} = D \frac{\partial^2 c}{\partial x^2}$$

式中,D 为组分 i 在平板内的扩散系数。

初始条件： $t=0$ 时，$c=c_i$

边界条件：$t>0$ 时，$x=0$ 处，$\dfrac{\partial c}{\partial x}=0$；$x=\pm L$ 处，通过表面向固体内部的扩散传质通量应等于气体向平板表面传质的通量，即

$$D\left.\frac{\partial c}{\partial x}\right|_{x=\pm L}=k_c(c_\infty-c_s) \tag{11-40}$$

式中，k_c 为传质系数，c_s 为平板表面上 i 物质的浓度。

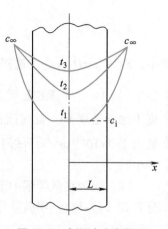

图 11-9　表面浓度变化无限大平板内的扩散

如气体中不直接含有向平板扩散的物质需要在平板表面发生反应才能生成要扩散的物质，c_∞ 便为反应产物中扩散物质的平衡浓度。例如，钢板用天然气（主要组成为甲烷 CH_4）渗碳时，气相中，CH_4（气）$\Longleftrightarrow C+2H_2$，碳通过钢板表面向内部扩散，碳的扩散量与钢板表面上化学反应平衡状态有关。瓦格纳（Wagner）提出的表面反应速度表达式为

$$\frac{1}{A}\frac{\mathrm{d}n}{\mathrm{d}t}=r_1\frac{p_{CH_4}}{p_{H_2}}-r_2 p_{H_2}^{2-\nu} \tag{11-41}$$

式中，$\dfrac{\mathrm{d}n}{\mathrm{d}t}$ 是单位时间内面积为 A 的表面吸收的碳量；r_1、r_2 为反应速度常数；ν 是由反应机理决定的反应级数，$\nu=0\sim2$；p_{CH_4}、p_{H_2} 分别为气相中甲烷和氢的分压。

反应平衡时，$\dfrac{\mathrm{d}n}{\mathrm{d}t}=0$，$c_s$ 即为上述反应的碳平衡的浓度 c_∞，故由式（11-41）可得

$$c_\infty=\frac{r_1}{r_2}\frac{p_{CH_4}}{p_{H_2}^2} \tag{11-42}$$

因碳向平板内部扩散，则 $c_s<c_\infty$，将式（11-42）代入式（11-41），由化学反应引起的碳通量应为

$$\frac{1}{A}\frac{\mathrm{d}n}{\mathrm{d}t}=r_2 p_{H_2}^{2-\nu}(c_\infty-c_s)=r(c_\infty-c_s) \tag{11-43}$$

由式（11-43）可确定平板表面发生化学反应才能生成要扩散物质时的边界条件。

利用初始条件和边界条件，对菲克第二定律表达式以分离变量法求解，与平板表面温度变化的非稳态导热求解过程一样，可得式（11-43）的解为

$$\frac{c-c_\infty}{c_i-c_\infty}=2\sum_{n=1}^{\infty}\frac{\sin\lambda_n L\cos\lambda_n x}{\lambda_n L+\sin(\lambda_n L)\cdot\cos(\lambda_n L)}\exp(-\lambda_n^2 Dt) \tag{11-44}$$

式中 λ_n 可由下式得到

$$\cot\lambda_n L=\frac{\lambda_n L}{(k_c/D)L}=\frac{\lambda_n L}{Bi^*}$$

所以与不稳定导热类似，由式（11-44）可得

$$\frac{c-c_\infty}{c_i-c_\infty}=f\left(Bi^*,Fo^*,\frac{x}{L}\right) \tag{11-45}$$

因此，该边界条件下非稳态导热中的曲线图，也完全适合非稳态扩散传质，只需将传热毕欧数和傅里叶数换成传质毕欧数和傅里叶数，用扩散系数 D 替传热扩散率 a。

11.4.3 表面浓度恒定无限大平板内的扩散

设有厚度为 $2L$ 的无限大平板，置于气体介质进行扩散处理，处理前板内组分 i 具有均匀浓度 c_i。扩散处理开始，板表面组分 i 的浓度突然升高至 c_s（图 11-10），并在随后保持恒定。平板内组分 i 的扩散系数 D 值不随浓度变化而改变，在 y 和 z 方向上平板无限大，无物质流动，故此为一维非稳态扩散问题，由菲克第二定律

$$\frac{\partial c}{\partial t} = D \frac{\partial^2 c}{\partial x^2}$$

初始条件: $\qquad t = 0, \; -L \leqslant x \leqslant L, c = c_i$

边界条件: $\qquad t > 0, x = 0, \dfrac{\partial c}{\partial x} = 0$

$$t > 0, x = \pm L, c = c_s$$

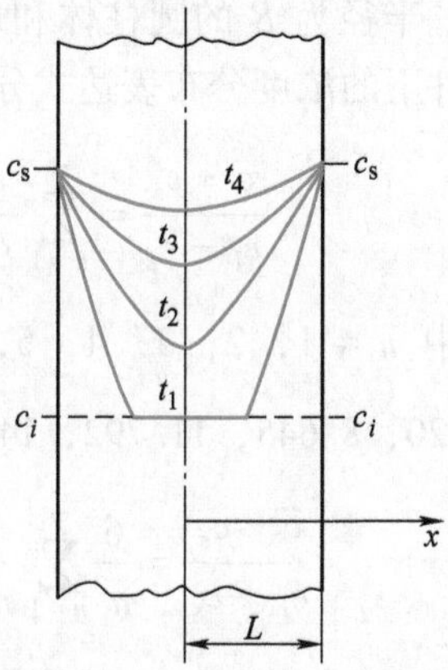

图 11-10 表面浓度恒定无限大平板内的扩散 $t_1 < t_2 < t_3 < t_4$

利用无限大平板非稳态导热的类似求解方法（分离变量法），可得到平板厚度上组分 i 的浓度分布表达式

$$\frac{c - c_s}{c_i - c_s} = \frac{4}{\pi} \sum_{n=0}^{\infty} \frac{(-1)^n}{2n+1} \exp\left[\frac{-(2n+1)^2 \pi^2}{4} \cdot \frac{Dt}{L^2}\right] \cos\left[\frac{(n+1)\pi}{2} \cdot \frac{x}{L}\right] \tag{11-46}$$

可用无量纲参数描述此式

$$\frac{c - c_s}{c_i - c_s} = f\left(Fo^*, \frac{x}{L}\right) \tag{11-47}$$

经时间 t 后，平板厚度上的平均浓度表达式应为

$$\bar{c} = \frac{1}{L} \int_o^L c \, dx$$

将上式代入式（11-46），进行积分，可得

$$\frac{\bar{c} - c_s}{c_i - c_s} = \frac{8}{\pi^2} \sum_{n=0}^{\infty} \frac{(-1)^n}{(2n+1)^2} \exp\left[\frac{-(2n+1)^2 \pi^2}{4} \cdot \frac{Dt}{L^2}\right] = f'(Fo^*) \tag{11-48}$$

实验时，只能测得扩散进入（或输出）平板的物质总量，也只需知道浓度平均值 $\bar{c}$，长时间（$Fo^* > 0.05$）扩散时，只取式（11-48）级数的第一项已够精确，即为 $n=0$ 时，有

$$\frac{\bar{c} - c_s}{c_i - c_s} = \frac{8}{\pi^2} \exp\left(-\frac{\pi^2}{4} Fo^*\right) \tag{11-49}$$

图 11-11 所示为由式（11-49）得到的 $\dfrac{\bar{c} - c_s}{c_i - c_s} - Fo^*$ 坐标曲线图。纵坐标用自然对数分度，

故曲线 1 变为直线。直线 2、3 分别为圆柱体、球体浓度的径向（R）分布曲线。根据这些线的斜率可确定扩散系数 D 值。由图（11-11）可见，达到相同平均浓度所需时间以球体为最短，平板为最长。

半径为 R 的圆柱体和球体在相同初始条件、边界条件下的浓度分布表达式分别为

$$\frac{\bar{c}-c_s}{c_i-c_s}=\sum_{n=1}^{\infty}\frac{4}{\xi_n^2}\exp\left[-\frac{\xi^2 Dt}{R^2}\right]\qquad(11\text{-}50)$$

式中 $n=1$，2，3，4，5，… 时，ξ_n 相应为 2.405，5.520，8.645，11.792，14.931，…。

$$\frac{\bar{c}-c_s}{c_i-c_s}=\frac{6}{\pi^2}\sum_{n=1}^{\infty}\frac{1}{n^2}\exp\left(\frac{-n^2\pi^2 Dt}{R^2}\right)\qquad(11\text{-}51)$$

对于矩形、正方形截面的柱体，可按两个方向的扩散分别计算，然后将它们的计算结果相乘，其积即为二维扩散的结果。

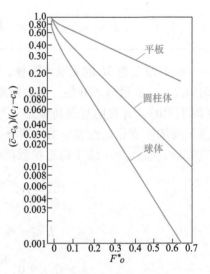

图 11-11　一些表面浓度恒定物体内扩散时的浓度与时间的

关系 $Fo^*=\dfrac{Dt}{L^2}$ 或 $\dfrac{Dt}{R^2}$

【例 11-5】 厚 10cm、宽 100cm、长 300cm 的钢板在一定温度下真空脱气处理 40h 后，气体组分在钢板中的平均浓度可为多少？已知气体在钢板中的扩散系数 $D=1.0\times10^{-5}\,cm^2/s$。

解：先算 Fo^*，因主要由钢板两面扩散，故 $L=5cm$，

$$Fo^*=\frac{Dt}{L^2}=\frac{(1.0\times10^{-5})(40\times3600)}{5^2}=0.0576$$

由图 11-11 中的曲线 1 查得 $\dfrac{\bar{c}-c_s}{c_i-c_s}=0.8$。真空脱气时，可认为 $c_s=0$，则 $\bar{c}=0.8c_i$ 即可脱去 20%原来的含气量。

习　题

11-1　比较分析并叙述等摩尔逆向扩散、单向扩散和气体通过金属膜扩散的基本概念和特征。

11-2　写出固相扩散系数的数学表达式并讨论影响扩散系数的因素。

11-3　如何借用非稳态导热方法来研究非稳态扩散传质？

11-4　二氧化碳通过厚度为 0.03m 的空气层，扩散到一个盛有氢氧化钾溶液的烧杯中，并立刻被其吸收，二氧化碳在空气层外缘处摩尔分数为 3%，传质过程为稳态，试用扩散方程写出该过程的微分方程并列出边界条件。

11-5　在稳态下气体混合物 A 和 B 进行稳态扩散。总压力为 101.325kPa，温度为 278K。两个平面的垂直距离为 0.1m，两平面上的分压分别为 $p_{A1}=100\times133.3Pa$ 和 $p_{A2}=50\times133.3Pa$。混合物的扩散系数为 $1.85\times10^{-5}m^2/s$，试计算组分 A 和 B 的摩尔通量 N_A 和 N_B。若：①组分 B 不能穿过平面 S；②组分 A 和组分 B 都能穿过平面；③组分 A 扩散到平面 Z 与固体 C 发生反应：$\frac{1}{2}$A+C（固体）——→B。

11-6 将一块初始质量分数 $w_c = 0.2\%$ 的钢置于 1193K 的渗碳气氛中 2h，在这种情况下碳在钢表面的质量分数 $w_c = 0.9\%$。已知碳在钢中的扩散系数为 $1.0 \times 10^{-11} \, \text{m}^2/\text{s}$，试问在钢件表面以下 0.1mm、0.2mm 和 0.4mm 处的碳组分各为多少？

11-7 在 650℃ 的锌液中有一块纯铜，其表面 $w_{Zn} = 25\%$ 并保持不变，锌在铜中的扩散系数 $D = 2.3 \times 10^{-10} \, \text{cm}^2/\text{s}$，求铜表面以下 1.5mm 处达到 w_{Zn} 为 0.01% 所需的时间。

11-8 钢加热时，若钢表面碳的质量分数立即降至 $w_{Zn} = 0\%$，则脱碳后表层碳的质量分数分布可按下式计算

$$\frac{w_c}{w_c'} = \text{erf}\left(\frac{z}{2\sqrt{Dt}}\right)$$

其中，w_c 为与表面距离 z 处碳的质量分数，w_c' 为钢的原始碳的质量分数。求原始碳的质量分数 $w_c' = 1.3\%$ 的钢在 900℃ 保温 10h 后碳的质量分数-距离曲线。

11-9 在初始碳含量为 0.1% 的轮胎表面进行渗碳，轮胎在炉中加热到 1173K，$t = 0$ 时轮胎暴露在含有 CO_2 和 CO 的混合气体中，使其在渗碳过程表面的碳含量质量分数为常数 2% 时，试问需要多长时间才能使轮胎中 1mm 深处的碳含量提高到质量分数 1%？已知在 1173K，碳在轮胎中的扩散系数为 $D = 1.0 \times 10^{-12} \, \text{m}^2/\text{s}$。

11-10 对钢件在某一温度下进行渗碳处理，处理前钢件内平均碳质量分数为 0.2%，处理时钢件表面碳平衡质量分数为 1.0%，碳在钢中的互扩散系数 $D = 2.0 \times 10^{-7} \, \text{cm}^2/\text{s}$，试求出渗碳处理 1h 后钢件内碳含量与渗入深度的关系。

11-11 在固态微电子图案制备过程中，半导体薄膜可以通过将磷或硼渗透到硅单晶中获得，该过程称为掺杂。晶体硅中掺杂磷原子制备的是 n 型半导体，而晶体硅中掺杂硼原子制备的是 p 型半导体。半导体薄膜的构成受硼原子穿越硅晶格的分子扩散控制。掺 P 的典型过程为：以 $POCl_3$ 受热蒸发，在高温高压下，$POCl_3$ 蒸气进入一个化学气相沉积反应堆中，在硅表面进行下述分解反应 $Si(s) + 2POCl_3(g) \longrightarrow SiO_2(s) + 3Cl_2 + 2P(s)$，在硅晶体表面形成了包裹大量 SiO_2 的磷分子，然后磷分子扩散进入晶体硅中，形成 Si-P 薄膜层。对于这一复杂过程，如考虑简单的情况，即在界面处，磷原子浓度不变，磷原子在晶体硅中的扩散系数很慢，且只形成一层很薄的 Si-P 薄膜，磷原子进入硅的速度就不必很快。因此，磷原子通过整个晶体硅片时，硅可作为扩散过程的一个半无限大受体。假定磷掺杂晶体硅在 1100℃ 下进行，该温度足够高可以促使磷扩散，晶体硅中磷的表面浓度为 2.5×10^{20} 磷原子/cm^3 固体硅，包裹的磷原子数量相对于迁移的磷原子数量视为无限大，并可视为常数不变。如果目标浓度为表面的 1%（2.5×10^{18} 磷原子/cm^3 固体硅），试确定 1h 后 Si-P 薄膜的深度和磷原子的浓度分布。

第5章 · 第6节 ·

11.5 ....(D) 60.064 ......
10.0 ...... 。......100.0 ......
然 ....

A. .... 《......》的 ......

B. ....

同步 ....

第12章
对流传质

本章知识结构图：

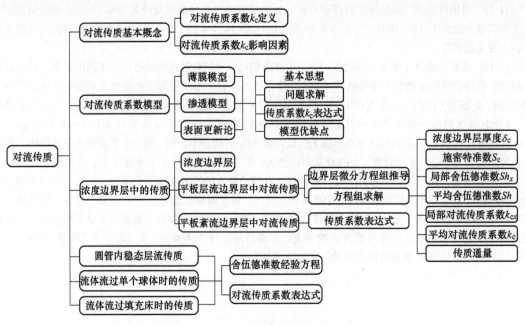

第 12 章知识结构图

12.1　对流传质基本概念

对流传质是指运动流体与壁面之间或两有限互溶运动流体之间发生的质量传递过程。对流传质既包括由流体位移所产生的对流作用，同时也包括流体分子间的扩散作用，这与对流换热十分相似。对流传质时，质量传递将受到流体性质、流动参数、流动状态和流场的影响，这正是对流传质与分子扩散传质的区别所在。

对流传质与扩散传质相似，也是因浓度梯度引起，其传质通量与浓度梯度有关，但不能简单套用菲克第一定律。根据对流传质与对流换热的相似性，对流传质通量方程可以用类似

于对流换热过程中牛顿冷却公式的形式来表示，即

$$N_A = k_c \Delta c_A \tag{12-1}$$

式中，N_A 是组分 A 的摩尔通量，单位为 $mol/(m^2 \cdot s)$；Δc_A 是组分 A 的壁面浓度与主体浓度之差；例如，若流体流过无限大平板，流动方向与平板平行，此时流体与平板表面之间存在浓度梯度，Δc_A 为组分 A 在界面处浓度（c_{Aw}）与边界层外主流浓度（$c_{A\infty}$）的差值，即 $\Delta c_A = c_{Aw} - c_{A\infty}$；$k_c$ 为对流传质系数，单位为 m/s，是一个宏观参数，而非物性参数。

式（12-1）给出了对流传质系数 k_c 的定义式，是指单位时间通过单位面积在单位浓度下的对流传质通量，但并没揭示影响对流传质系数的各种复杂因素。流体流动包括自然对流和强制对流，因此对流传质有自然对流传质与强制对流传质的区别。对流传质系数与传质过程中的诸多因素有关，既受流体主体运动影响，也受流体分子扩散影响。对流传质通量取决于流体的物理性质、传质表面形状、流体流动状态、流动产生的原因等因素。由于对流传质机理的复杂性，研究对流传质的基本目的就是要通过理论分析或实验方法，来具体给出各种场合下计算式（12-1）中 k_c 的关系式。

当运动流体流过固体表面时，在流体的黏性力作用下，越靠近固体表面，流速越低，通常紧贴固体壁面处流体的流速等于零。即贴壁处流体静止不动，在静止流体中质量传递只有分子扩散，因此对流传质通量就等于贴壁处流体的扩散传质通量。扩散传质通量可用菲克第一定律表示，在无总体流动、物质的浓度 c 为常数的条件下，壁面处流体的传质通量有

$$N_A = -D_{AB} \frac{\partial c_A}{\partial z} \bigg|_w \tag{12-2}$$

同一问题中壁面处的传质通量相等，结合式（12-1）和式（12-2），可得出对流传质系数，即

$$k_c = \frac{-D_{AB}}{\Delta c_A} \frac{\partial c_A}{\partial z} \bigg|_w \tag{12-3}$$

式（12-3）将对流传质系数与流体组元 A 的浓度场建立关联，因此要确定对流传质系数就需要确定组元的浓度场。如果确定了体系中组元 A 的浓度场，根据式（12-3）就可求出对流传质系数。

从浓度边界层的形成及传质微分方程可知，浓度场与速度场紧密相关，对流传质与对流换热没有差别。在第 2 篇中求解温度场是通过联立求解传热微分方程和动量微分方程，因此要求解浓度场分布需将传质微分方程和动量微分方程叠加求解。

由于对流传质的复杂性和传质机理尚不十分清楚，理论也不完善，故与对流换热一样，也没有一种方法能够解决所有的对流传质问题。目前常用方法有：分析解法、类比法、在相似理论指导下的实验法和数值解法。各种方法在第二篇对流换热中已作了详细的介绍，这里不再重复。

12.2 传质系数模型

对流传质系数是计算对流传质速率的重要参数，但对流传质问题很难用理论分析求解，多数情况下通过实验研究获得的经验系数来求解，这些经验系数只是在某一特定的实验条件下得出来的，也仅适用于一定的范围。因此，人们希望能够建立某种理论来阐述传质机理，并提出相应的传质系数模型，目前有薄膜理

补频4

论、渗透理论和表面更新理论。

12.2.1　传质系数薄膜模型

薄膜理论最早由惠特曼（Whitman）于 1923 年提出，是对流传质的最早理论模型。基本观点是：当流体流经固体或不相容的液体表面时，由于摩擦阻力的存在，靠近表面处的流体中有一厚度为 δ 的薄流，称为"有效边界层"（图 12-1）。在有效边界层内，只存在层流流动，且不与浓度均匀的主体湍流相混合，层内流体传质属扩散传质，薄层内浓度分布稳定。这种把对流传质的阻力归结于界面上所形成的流体薄膜的观点，称为薄膜理论模型（图 12-2）。

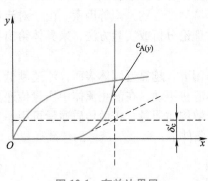

图 12-1　有效边界层

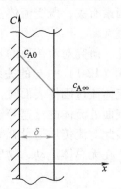

图 12-2　对流传质系数薄膜模型

由于流体的黏性作用，界面处流体的速度为零，所以界面处只存在分子扩散传质，根据菲克第一定律，传质通量为

$$N_A = -D_{AB}\left(\frac{\partial c_A}{\partial x}\right)\bigg|_{x=0} \tag{12-4}$$

$$= \frac{D_{AB}}{\delta}(c_{A0} - c_{A\infty})$$

在界面处，其传质通量如果用对流传质系数表示，则

$$N_A = k_c(c_{A0} - c_{A\infty})$$

由此可见，$k_c = \dfrac{D_{AB}}{\delta}$，即 k_c 与 D_{AB} 的一次方成正比，与有效边界层厚度成反比。

对流传质系数薄膜理论奠定了对流传质的初步基础，但此理论过于简化，事实上边界层内浓度分布并非线性分布，也不是稳态，且靠近表面的层流底层中也并非是单纯的分子扩散，忽略了主流湍流扩散的影响。实际中浓度有效边界层厚度 δ 不易确定，流体薄膜与界面间的传质也很难稳定，因此对流传质系数薄膜理论只适用于在黏性较大且不受强烈搅动情况下与固体表面间的传质。

12.2.2　传质系数渗透模型

实验表明对流传质系数 k_c 并不是与 D_{AB} 的一次方成正比，为此提出了渗透理论。希格比（Higbie）于1935年提出了渗透理论。他认为：在边界层内进行稳态传质是不可能的，经估算，在工业传质设备中流体与壁面接触的时间很短，为 $0.01 \sim 1s$，扩散过程不可能达到稳定态，而是处于非稳定的渗透阶段，故应用非稳态扩散模型来处理。

Higbie 的渗透模型如图 12-3 所示。

当流体以湍流流过壁面时，液相主体中的某个流体微团运动到壁面便停滞下来，在其与壁面接触前（$\tau_e = 0$），微团中溶质组元 A 的浓度与主体的浓度相等，即 $c_A = c_{A\infty}$。

当 $\tau_e > 0$，在 $x = 0$ 处，$c_A = c_{A0}$；而另一处则是溶质不能达到处，即相当于半无限大的物体，在此处的微元体任何时间下其浓度都等于主体流体的浓度，即 $c_A = c_{A\infty}$。在流体与壁面接触的一段时间内，溶质 A 通过非稳态扩散传质方式不断向微团中渗透，

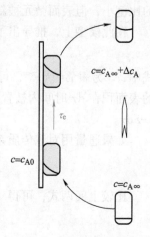

图 12-3　对流传质渗透模型

时间越长，渗透越深，但由于微团在表面停滞的时间有限，故经 τ_e 时间后，旧的微团即被新的微团代替，而回到主流中去。Higbie 假定每批流体微团停滞时间是一样的，均为 τ_e，因而在壁面处形成一层静止的膜，相当于半无限厚的平板，在此膜内进行非稳态扩散传质。

$$t = 0, x \geqslant 0, c_A = c_{A\infty}$$
$$0 \leqslant t \leqslant \tau_e, x = 0, c_A = c_{A0}$$
$$x \to \infty, c_A = c_{A\infty}$$

对于半无限大的非稳态扩散，由菲克第二定律导出单位时间的平均传质通量 N_A 为

$$N_A = \frac{2(c_{A0} - c_{A\infty})\sqrt{D_{AB}\tau_e/\pi}}{\tau_e} = 2(c_{A0} - c_{A\infty})\sqrt{\frac{D_{AB}}{\pi\tau_e}} \tag{12-5}$$

如果通量用对流传质系数表示，则

$$N_A = k_c(c_{A0} - c_{A\infty})$$

在此模型的基础上，可得出对流传质系数

$$k_c = 2\sqrt{\frac{D_{AB}}{\pi\tau_e}} \tag{12-6}$$

由此可见，对流传质系数 k_c 与 $D_{AB}^{\frac{1}{2}}$ 成正比。从式（12-6）可知，尽量缩短流体在壁面上的停滞时间可使 k_c 增加。但此模型的缺点是实际中 τ_e 很难确定。

12.2.3　表面更新理论

Higbie 的渗透理论认为流体微元体与界面的接触时间相同，提出后并未被重视。1951年丹克维尔茨（Danckwerts）对其进行研究，提出了表面更新理论，被称为渗透-表面更新理论。该理论认为流体的湍流脉动会一直延伸到壁面，因此会有漩涡不断地将新鲜液体带到壁面，这些液体与壁面接触一段时间后被新鲜液体替换，这些与 Higbie 的理论并无不同。

但丹克维尔茨提出流体微团与界面接触时间是各不相同的观点，流体微团变动的范围为从零到无穷大，并按统计规律分布。即界面上存在不同停留时间的微元体，只是停留时间长

的比例小，但表面微元被新鲜漩涡代替的概率是一样的，且是非稳态传质问题。

在此模型上，推导出了单位时间的平均传质通量 N_A 为

$$N_A = (c_{A0} - c_{A\infty}) \sqrt{D_{AB}S} \tag{12-7}$$

式中，S 为表面更新率，可通过实验确定，与流体动力学条件有关，其含义为任何停留时间的表面积在 $\mathrm{d}\tau$ 时间内被置换的百分率为 $S\mathrm{d}\tau$，即 τ 经 $\mathrm{d}\tau$ 时间后，原暴露的面积由 1 下降为 $1-S\mathrm{d}\tau$。

如果通量用对流传质系数表示，则

$$N_A = k_c(c_{A0} - c_{A\infty})$$

比较上面两式，可得对流传质系数

$$k_c = \sqrt{D_{AB}S} \tag{12-8}$$

当湍流脉动增强时，表面更新率必然增大，故可推知 k_c 与 $\sqrt{S}$ 成正比是合理的。

渗透-表面更新理论提出后，获得了较快的发展。起初仅是针对吸收中液相内传质提出的，后来又应用于讨论伴有化学反应的吸收问题，现在已发展到用于解释对流换热机理，还可用来说明液-固界面的传质及液-液界面的传热和传质问题。

12.3　气体与下降液膜间的稳态层流传质

使金属液在真空中沿斜面连续往下流动是对金属液进行除气处理的一种方法，此时溶入金属液的气体 A 的浓度在界面上与所接触的气相中 A 的分压处于不平衡状态，金属液中的气体会被转移到真空中，被抽走。工业中也有气体中组分进入下降液膜的传质现象，如有害气体净化系统中的液膜吸收塔中吸收过程。所以搞清楚气体与下降液膜间的传质特点具有现实的意义。

图 12-4 所示为沿斜面下降的层流液膜，液膜外侧为静止的气相 A，液体内原来含有组分 A 的浓度为 c_{Ai}，气-液界面处 A 组分的平衡浓度为 c_{A0}，并总能在传质过程中保持不变，组分进入液膜不影响液膜的流动状态。

在 3.4 节中已对此种液膜下降的流动情况进行了分析，最大流速的液层是液膜的自由表面，即相界面，其流速如下

$$v_{max} = \frac{\rho g \delta^2}{2\eta} \cos\theta$$

此种传质情况为稳态 $\left(\dfrac{\partial c_A}{\partial t}=0\right)$、一维流动（$v_y = 0$，$v_z = 0$）流体中的 A 物质的一维传质，即不考虑 y 方向、z 方向上的扩散传质，$\dfrac{\partial^2 c_A}{\partial x^2}=\dfrac{\partial^2 c_A}{\partial y^2}=0$，因 x 方向上的摩尔通量只由液膜下降流动引起。

将这些条件代入对流传质微分方程，即得

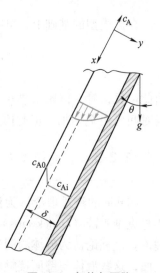

图 12-4　气体与下降
液膜间的传质

$$v_x \frac{\partial c_A}{\partial x} = D_A \frac{\partial^2 c_A}{\partial y^2}$$

由于 A 组元渗入液膜的深度很小，即只有液膜自由表面层受扩散传质的影响，故可将上式中的 v_x 采用液膜自由表面的流速，即 v_{max}，得

$$v_{max} \frac{\partial c_A}{\partial x} = D_A \frac{\partial^2 c_A}{\partial y^2} \tag{12-9}$$

当 $x=0$ 时，$c_A = c_{A\infty}$；$x>0$，$y=0$ 时，$c_A = c_{A0}$；$x>0$，$y=\delta$ 时，$c_A = c_{A\infty}$。

此为半无限大物体扩散问题的求解，故由式（12-9）得

$$\frac{c_A - c_{A\infty}}{c_{A0} - c_{A\infty}} = \mathrm{erf} \frac{y}{2\sqrt{Dx/v_{max}}} \tag{12-10}$$

由此可推导得到气体 A 通过液膜自由表面的摩尔通量为

$$J_A = -D_A \left(\frac{\partial c_A}{\partial y} \right)_{y=0} = (c_{A0} - c_{A\infty}) \sqrt{\frac{D_A \cdot v_{max}}{\pi x}} \tag{12-11}$$

在整个流动液膜与气相接触的长度上（$x=0 \sim L$），平均传质摩尔通量应为

$$J_A = \frac{1}{L} \int_0^L N_A \mathrm{d}x = 2(c_{A0} - c_{A\infty}) \sqrt{\frac{D_A v_{max}}{\pi L}} \tag{12-12}$$

与对流传质通量公式（12-1）相比较，可得气体与下降液膜时的传质系数。

考虑局部长度上的对流传质，可得局部对流传质系数

$$k_x = \sqrt{\frac{D_A v_{max}}{\pi x}} \tag{12-13}$$

考虑整个传质长度上的对流传质，可得平均对流传质系数为

$$\bar{k}_{0 \sim L} = 2\sqrt{\frac{D_A v_{max}}{\pi L}} \tag{12-14}$$

12.4　浓度边界层中的传质

浓度边界层中的传质是指流体平行流过固体表面时，与平板表面间的传质过程。由动量传输可知流体流过固体表面时会出现紧贴表面的速度边界层（动量边界层），在边界层内存在速度梯度。对流传质系数薄膜模型中的论述表明在固体表面还存在一个层流浓度边界层，通常情况下浓度边界层厚度小于速度边界层厚度，本节主要采用类似速度边界层的解析法求解边界层中的传质问题。

12.4.1　浓度边界层

当流体流过固体壁面时，在固体壁面上形成速度边界层 δ。如果流动中伴有表面蒸发、溶解等现象时，组分 A 将从表面进入流体，在物体壁面上进行质量传递。溶质组分 A 在流体主体中的浓度为 c_{Af}，而固体壁面处流体中组分 A 的浓度为 c_{Aw}，由于在流体主体中与壁面

处的浓度不同，就会产生质量传递而形成浓度分布。壁面附近的流体将建立组分 A 的浓度梯度，离开壁面一定距离的流体中，组分 A 的浓度是均匀的，等于流体主体中的浓度 c_{Af}。浓度边界层的结构和发展与对流换热中热边界层类似，其厚度用 δ_c 来表示。

如图 12-5 所示，浓度边界层是逐步形成的，并具有充分发展的过程。通常情况下，速度边界层厚度和浓度边界层厚度不一样，达到充分发展的长度也不相等。与温度边界层厚度 δ_T 的定义类似，通常规定浓度边界层外缘处流体与壁面处的浓度差（$c_A - c_{Aw}$）达到最大浓度差（$c_{Af} - c_{Aw}$）的 99% 时的垂直距离为浓度边界层厚度 δ_c。也就是说，浓度边界层通常以（$c_A - c_{Aw}$）= 0.99($c_{Af} - c_{Aw}$）作为其边界层外缘。显然，浓度边界层、温度边界层和速度边界层三者的定义是类似的，它们均是流动方向距离 x 的函数。

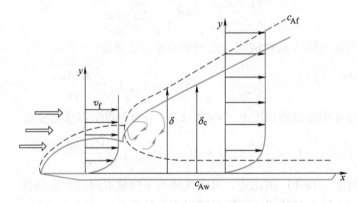

图 12-5　速度边界层和浓度边界层

速度边界层厚度 δ 和浓度边界层厚度 δ_c，均随着 x 方向距离的增加而增大。若 $\delta > \delta_c$，根据浓度边界层定义可知，在 x_L 处，$y = \delta_c$ 时，浓度已达到主体浓度 c_{Af}，而此时速度尚未达到主体速度 v_f，表明在 δ_c 到 δ 之间虽存在速度梯度，但该速度梯度对传质并无影响；反之，若 $\delta < \delta_c$，根据速度边界层定义，在 x_L 处，$y = \delta$ 时，速度已达 v_f，而浓度尚未达到 c_{Af}，表明在 δ 到 δ_c 之间虽已不存在速度梯度，但流体流动对传质仍有影响。

对照速度边界层和热边界层，浓度边界层的结构与速度边界层一样，在流动方向上也分为层流区、过渡区和充分发展的湍流区。引入浓度边界层后就将整个流场分为两个大的区域，一部分是浓度边界层区，质量的传递集中在此区域里面，而浓度边界层以外的区域就是等浓度区域，在此区域里面由于流体的浓度均匀，为来流的浓度，故此区域里面没有质量的传递；然后利用边界层特征，对微分方程化简，从而求得对流传质系数。

12.4.2　平板层流边界层中的对流传质

根据式（12-3）可知，对流传质系数的计算涉及浓度分布，为此需求解传质微分方程来获得浓度分布。而传质微分方程中含有流速项，故需先利用纳维尔-斯托克斯（Navier-Stokes）方程和连续性方程，获得速度分布。因此，对流传质系数整个求解过程与表面传热系数类似，首先建立边界层对流传质微分方程组，即边界层质量微分方程、边界层动量微分方程、连续性方程、边界层对流传质微分方程和相应的边界条件。下面通过类推法，以流体沿平板的二维稳定流动为例，求解对流传质时浓度分布及对流传质系数。

假设不可压缩流体，以均匀速度 v_f 流过长度为 L 的平板，流动方向与板面平行，这时将发生垂直于平板的动量传输，于是在贴近平板的表面上产生一速度边界层，速度梯度集中在这一层中，而层外可视为理想流体，如图 12-5 所示。

如果此时流体与平板间存在着浓度差，流体中溶质 A 的浓度为 c_{Af}，平板表面溶质 A 的浓度为 c_{Aw}，且 $c_{Af} > c_{Aw}$，这时将发生垂直于平板的质量传输。

对流传质微分方程组应该包括以下内容：

（1）边界层动量方程　在稳态情况下，二维平面层流流动时的速度边界层的微分方程式简化为

$$v_x \frac{\partial v_x}{\partial x} + v_y \frac{\partial v_y}{\partial y} = \eta \frac{\partial^2 v_x}{\partial x^2} \tag{12-15}$$

（2）连续性方程

$$\frac{\partial v_x}{\partial x} + \frac{\partial v_y}{\partial y} = 0 \tag{12-16}$$

（3）边界层传质微分方程　类似地，在稳态情况下，二维平面流动时的传质微分方程式简化为

$$v_x \frac{\partial c_A}{\partial x} + v_y \frac{\partial c_A}{\partial y} = D_{AB} \frac{\partial^2 c_A}{\partial y^2} \tag{12-17}$$

上述三个方程与式（12-3）共四个微分方程组成了一个边界层的对流传质微分方程组，可解出 v_x、v_y、c_A、k_c 四个未知数。

以无因次量 $\dfrac{v_x}{v_f}$ 及 $\dfrac{c_{Aw} - c_A}{c_{Aw} - c_{Af}}$ 来代替 v_x 和 c_A，这时边界条件变为

在 $y = 0$ 处，$v_x = 0, \dfrac{v_x}{v_f} = 0, c_A = c_{Aw}, \dfrac{c_{Aw} - c_A}{c_{Aw} - c_{Af}} = 0$

在 $y \to \infty$ 处，$v_x = v_f, \dfrac{v_x}{v_f} = 1, c_A = c_{Af}, \dfrac{c_{Aw} - c_A}{c_{Aw} - c_{Af}} = 1$

在 $x = 0$ 处，$v_x = v_f, \dfrac{v_x}{v_f} = 1, c_A = c_{Af}, \dfrac{c_{Aw} - c_A}{c_{Aw} - c_{Af}} = 1$

用与求解层流流动时速度边界层相似的办法，可以求得浓度分布表达式

$$\frac{c_{Aw} - c_A}{c_{Aw} - c_{Af}} = 0.332 \frac{y}{x} Re_x^{\frac{1}{2}} Sc^{\frac{1}{3}} \tag{12-18}$$

式中，$Re_x = \dfrac{v_f x}{\nu}$ 为局部雷诺数；Sc 为施密特数，反映了层流流动时速度边界层厚度 δ 与浓度边界层厚度 δ_c 之间的关系，即

$$\frac{\delta}{\delta_c} = Sc^{\frac{1}{3}} \tag{12-19}$$

将式（12-18）对 y 求导数并取壁面上的值得

$$\left(\frac{\partial c_A}{\partial y} \right)_{y=0} = 0.332(c_{Af} - c_{Ax}) \frac{1}{x} Re^{\frac{1}{3}} Sc^{\frac{1}{3}} \tag{12-20}$$

边界层内在 y 方向由流体宏观运动产生的质量通量为零，在平壁上任一位置（如 x 处），壁面与边界层间的传质通量源于分子扩散，代入式（12-3）得层流时对流流动传质系数 k_{cx} 为

$$k_{cx} = 0.332 \frac{D_{AB}}{x} Re_x^{\frac{1}{2}} Sc^{\frac{1}{3}} \tag{12-21}$$

由式（12-21）可知，对流传质系数 k_{cx} 值随离开平板前端距离 x 而变化，称为局部对流传质系数；对长度为 L 的平板，其平均对流传质系数 k_c 为

$$k_c = \frac{1}{L} \int_0^L k_{cx} dx = 0.664 \frac{D_{AB}}{x} Re_L^{\frac{1}{2}} Sc^{\frac{1}{3}} \tag{12-22}$$

式中，$Re_L = \dfrac{v_f L}{\nu}$，是特征尺寸为 L 的雷诺准数。

将式（12-21）整理成准数形式，即

$$Sh_x = \frac{k_{cx} x}{D_{AB}} = 0.332 Re_x^{\frac{1}{2}} Sc^{\frac{1}{3}} \tag{12-23}$$

式中，Sh_x 称为局部舍伍德数，下角标表示为 x 处的舍伍德数。

沿整个平板的平均舍伍德数为

$$Sh = \frac{k_c L}{D_{AB}} = 0.664 Re_L^{\frac{1}{2}} Sc^{\frac{1}{3}} \tag{12-24}$$

从动量方程中已经导出了雷诺数 Re，从平板层流对流传质的结果中可知，对流传质的准数方程式中也包含了雷诺数。显然，无论是对流换热还是对流传质，Re 的物理意义完全相同。

对流传质和对流换热相似，表征对流传质过程的相似准数，与对流换热有相对应的组成形式。对应于对流换热中的普朗特数 Pr，在对流传质中是施密特数 Sc。

Pr 数为联系动量传输和热量传输的相似准数，由流体的运动黏度 ν 与物体的热扩散率 α 之比构成，即 $Pr = \nu/a$。与 Pr 数相对应的 Sc 数则对应为联系动量传输与质量传输的相似准数，其值由流体的运动黏度 ν 与物体的扩散系数 D_{AB} 之比构成。即

$$S_c = \frac{\nu}{D_{AB}} = \frac{\eta}{\rho D_{AB}} \tag{12-25}$$

ν 值越大，黏性力影响的范围就越大，速度边界层就越厚，速度分布曲线也越陡峭。D_{AB} 越大，质量传输的范围就越大，浓度边界层就越厚，浓度分布就越陡峭。不同流体的 Pr 和 Sc 值（见表 12-1）。

表 12-1　不同流体的 Pr 和 Sc 值

流体	气体	一般液体	金属液
Pr	$0.6 \sim 1.0$	$1 \sim 10$	$10^{-3} \sim 2 \times 10^{-1}$
Sc	$0.1 \sim 2.0$	$10^2 \sim 10^3$	10^3

流体流过平板时，可能同时出现速度边界层（δ）、温度边界层（δ_T）和浓度边界层（δ_c），它们的厚度对不同流体而言不一样，与 Pr 和 Sc 有关。

δ 和 δ_T 的关系由 Pr 数决定：

1）如果 $Pr>1$，则 $\delta>\delta_{\mathrm{T}}$，说明速度边界层厚度大于温度边界层厚度。

2）如果 $Pr<1$，则 $\delta<\delta_{\mathrm{T}}$，此时温度边界层厚度大于速度边界层厚度。

3）当 $Pr=1$，则 $\delta=\delta_{\mathrm{T}}$，此时两个边界层完全重合，速度分布曲线和温度分布曲线也完全一样。

δ 和 δ_{c} 的关系由 Sc 数决定：

1）如果 $Sc>1$，则 $\delta>\delta_{\mathrm{c}}$，说明速度边界层厚度大于浓度边界层厚度。

2）若 $Sc<1$，则 $\delta<\delta_{\mathrm{c}}$，此时浓度边界层厚度大于速度边界层厚度。

3）当 $Sc=1$，则 $\delta=\delta_{\mathrm{c}}$，此时两个边界层完全重合，速度分布曲线和浓度分布曲线也完全一样。动量传输方程和质量传输方程的形式也完全一致，这表明在此情况下只需求解动量方程即可得到速度分布和浓度分布。

与对流换热中努塞尔数 Nu 对应的是舍伍德数 Sh。Nu 数由表面传热系数 h、物体的导热系数 λ 和定型尺寸 l 组成，即 $Nu=\dfrac{hl}{\lambda}$，其物理意义是流体的导热热阻与对流换热热阻之比。Sh 准数则为流体的扩散传质阻力与对流传质阻力之比，其值由对流传质系数 k_{c}、物体的互扩散系数 D_{AB} 和定型尺寸 l 组成，即 $Sh=\dfrac{k_{\mathrm{c}}l}{D_{\mathrm{AB}}}$。对流传质的阻力越小，对流传质系数就越大。

12.4.3 平板湍流边界层中的对流传质

与湍流对流换热一样，在研究湍流对流传质时，由于数学处理上的局限性，很难用分析解方法求解，但由于对流传质与对流换热的类似性，可以根据参数对应关系，借用表面传热系数 h 和努塞尔 Nu 的表达式来写出对流传质系数 k_{c} 和舍伍德数 Sh 的表达式。在此基础上，可导出平板壁面湍流状态下局部对流传质系数表达式为

$$k_{\mathrm{cx}}=0.0292\,\frac{D_{\mathrm{AB}}}{x}Re_x^{\frac{4}{5}}Sc^{\frac{1}{3}} \tag{12-26}$$

或

$$Sh_x=\frac{k_{\mathrm{cx}}x}{D_{\mathrm{AB}}}=0.0292Re_x^{\frac{4}{5}}Sc^{\frac{1}{3}} \tag{12-27}$$

对长度为 L 的一段平板而言，平均传质系数或舍伍德数为

$$k_{\mathrm{cm}}=0.0365\,\frac{D_{\mathrm{AB}}}{L}Re_L^{\frac{4}{5}}Sc^{\frac{1}{3}} \tag{12-28}$$

或

$$Sh_{\mathrm{m}}=\frac{k_{\mathrm{cm}}L}{D_{\mathrm{AB}}}=0.0365Re_L^{\frac{4}{5}}Sc^{\frac{1}{3}} \tag{12-29}$$

实际计算时，当平板足够长，会出现层流边界层和湍流边界层段，应按照层流段与湍流段分别计算对流传质系数，流体流入深度 x 应分段考虑。因此，在计算平均传质系数时，应考虑湍流边界层形成之前的一段边界层（包括层流段和过渡段）的影响，通常将这段边界层均视作层流边界层处理，可由下式计算平均传质系数

$$k_{\mathrm{cm}}=\frac{1}{L}\int_0^L k_{\mathrm{cx}}\,\mathrm{d}x=\frac{1}{L}\Big[\int_0^{x_i}k_{\mathrm{cx1}}\,\mathrm{d}x+\int_{x_i}^L k_{\mathrm{cx2}}\,\mathrm{d}x\Big] \tag{12-30}$$

式中，k_{cx1} 和 k_{cx2} 分别为层流边界层和湍流边界层的局部传质系数，积分整理得

$$k_{cm} = 0.0365 \frac{D_{AB}}{L} [Re_L^{\frac{4}{5}} - (Re_{xc}^{\frac{4}{5}} - 18.19 Re_{xc}^{\frac{1}{2}})] Sc^{\frac{1}{3}} \qquad (12\text{-}31)$$

式（12-31）表明，湍流传质的平均传质系数不仅与湍流段雷诺数有关，而且与临界雷诺数有关。

【例 12-1】 将一个盛水的正方形盘子放在风速为 4.59m/s 的风洞中，总压为 101.325kPa，盘内水深均匀一致，其值为 0.01m，盘子边长为 4.0m，水温为 298K，水的饱和蒸气压为 2.0kPa，水在空气中的扩散系数为 $2.634×10^{-5} m^2/s$，空气的运动黏度为 $1.53×10^{-5} m^2/s$，临界雷诺数为 $Re_{xc} = 3.0×10^5$。若忽略过渡段的影响，试求盘内的水全部蒸发完所需时间。

解：依题意，这是一个湍流传质问题，先根据所给临界雷诺数，计算湍流边界层的转变位置 x 为

$$Re_{xc} = \frac{v_0 x}{\nu}$$

$$x = \frac{\nu}{v_0} Re_{xc} = \left(\frac{1.53 × 10^{-5}}{4.59} × 3.0 × 10^5 \right) m = 1.0 m$$

这就是说，在气流方向上，从盘子边上 1.0~4.0m 内为湍流边界层，根据式（12-31），可得整个盘子上方的平均传质系数为

$$k_{cm} = 0.0365 \frac{D_{AB}}{L} [Re_L^{\frac{4}{5}} - (Re_{xc}^{\frac{4}{5}} - 18.19 Re_{xc}^{\frac{1}{2}})] Sc^{\frac{1}{3}}$$

式中

$$Re_L = \frac{v_0 L}{\nu} = \frac{4.59 × 4.0}{1.53 × 10^{-5}} = 1.2 × 10^6$$

$$Sc = \frac{\nu}{D_{AB}} = \frac{1.53 × 10^{-5}}{2.634 × 10^{-5}} = 0.581$$

$$k_{cm} = 0.0365 × \frac{2.634 × 10^{-5}}{4.0} × [(1.2 × 10^6)^{\frac{4}{5}} - (3.0 × 10^5)^{\frac{4}{5}} +$$

$$18.19×(3.0×10^5)^{\frac{1}{2}}]×0.581^{\frac{1}{3}} m/s$$

$$= 0.01181 m/s$$

盘内水分蒸发速率 N_A 为

$$N_A = k_{cm} (c_{Aw} - c_{A0})$$

式中，$c_{A0} ≈ 0$，c_{Aw} 可通过水的饱和蒸气压 p_{As} 来计算。因气相中水的浓度很小，可近似认为：$c = c_{Aw} + c_{Bw} ≈ c_{Bw}$。则有：

$$\frac{p_{Aw}}{p} = \frac{c_{Aw}}{c_{Bw}} = \frac{\rho_{Aw}}{M_A} \cdot \frac{M_B}{\rho}$$

$$\rho_{Aw} = \frac{p_{Aw}}{p} \frac{M_A}{M_B} \rho = \left(\frac{2.0}{101.3} × \frac{18}{29} × 1.173 \right) kg/m^3 = 0.01437 kg/m^3$$

$$c_{Aw} = \frac{\rho_{Aw}}{M_A} = \frac{0.01437}{18} kmol/m^3 = 7.9858 \times 10^{-4} kmol/m^3$$

$$N_A = k_{cm}(c_{Aw} - c_{A0}) = (0.01181 \times 7.9858 \times 10^{-4})mol/(m^2 \cdot s) = 9.43 \times 10^{-6} mol/(m^2 \cdot s)$$

盘内水全部蒸发完所需时间 t 为

$$t = \frac{n_A}{N_A A}$$

式中，n_A 为水的总物质的量；A 为盘子的总面积，它们分别为 $A = 4.0m \times 4.0m = 16.0m^2$，

$$n_A = \frac{Ah\rho_A}{M_A} = \frac{16 \times 0.01 \times 1000}{18} mol = 8.889 mol$$

$$t = \frac{8.889}{9.43 \times 10^{-6} \times 16} s = 58914s = 16.36h$$

12.5 圆管内稳态层流传质

设圆管内二元不可压缩流体沿轴向作一维稳态流动，并与管壁发生对流传质，组分 A 的轴向扩散可忽略，且无化学反应，柱坐标系内的通用传质方程便可简化为

$$v_z \frac{\partial c_A}{\partial z} = D_{AB} \left[\frac{1}{r} \frac{\partial}{\partial r} \left(r \frac{\partial c_A}{\partial r} \right) \right] \tag{12-32}$$

式中，v_z 为圆管截面上的速度分布函数，当流动充分发展后，v_z 只是 r 的函数，与 z 无关。但在圆管进口段，速度边界层和浓度边界层均处于发展状态之中，v_z 既是 r 的函数，也是 z 的函数，而且由于流体的 Sc 不一定为 1.0，两个边界层的厚度不一定相等，导致进口段的传质问题复杂化。本节只讨论速度边界层充分发展了的层流传质，主要有以下两种情况：

1）速度边界层充分发展后再进行的传质。

2）速度边界层和浓度边界层都已充分发展的传质。

对于速度边界层已充分发展的层流，v_z 可由下式表达

$$v_z = 2v_b \left[1 - \left(\frac{r}{r_i} \right)^2 \right] \tag{12-33}$$

将式（12-33）代入式（12-32），即可获得圆管内的层流传质方程

$$\frac{\partial c_A}{\partial z} = \frac{D_{AB}}{2v_b \left[1 - \left(\frac{r}{r_i} \right)^2 \right]} \left[\frac{\partial c_A}{\partial r^2} + \frac{1}{r} \frac{\partial c_A}{\partial r} \right] \tag{12-34}$$

该方程的边界条件可分为两种：

1）管壁浓度 c_{Aw} 维持恒定。

2）管壁处传质通量 N_{Aw} 维持恒定。

针对不同边界条件，分别求解方程（12-34），求解过程与管内层对流换热情况相似，其结果分别为

$$c_{Aw} = 常数, Sh = \frac{k_c d}{D_{AB}} = 3.66 \tag{12-35}$$

$$N_{Aw} = 常数, Sh = \frac{k_c d}{D_{AB}} = 4.36 \tag{12-36}$$

式（12-35）和式（12-36）的适用条件是，远离进口的管内层流传质，即 z 值必须大于流动进口段距离 L_c 和传质进口段距离 L_C，L_c 和 L_C 分别由下列两式估算

$$L_c = 0.05dRe \tag{12-37}$$

$$L_C = 0.05dReSc \tag{12-38}$$

实际计算中，往往需要考虑进口段对传质的影响，可采用如下经验公式估算 Sh

$$Sh = Sh_\infty + \frac{K_1\left(\dfrac{d}{x}\right)Re \cdot Sc}{1 + K_2\left[\left(\dfrac{d}{x}\right)Re \cdot Sc\right]^n} \tag{12-39}$$

式（12-39）中的参数见表 12-2。计算 Re 和 Sc 时，各物性参数可根据流体进出口的平均温度和平均浓度来估算。

表 12-2　式（12-39）中的参数值

边界条件	速度分布	Sc	Sh	Sh_∞	K_1	K_2	n
$c_{Aw}=$ 常数	已发展完全	任意值	平均	3.66	0.0668	0.04	2/3
		0.7	平均	3.66	0.104	0.016	0.8
$N_{Aw}=$ 常数		任意值	局部	4.36	0.023	0.0012	1.0
		0.7	局部	4.36	0.036	0.0011	1.0

12.6　流体流过单个球体时的传质

当流体流过球形固体颗粒、液滴进行传质时，其对流流动传质系数的准数方程可表示为

$$Sh = \frac{k_c d_p}{D_{AB}} = 2 + BRe^m Sc^n \tag{12-40}$$

式中，B 为实验常数；m 反映对流速度对传质的影响；n 反映速度边界层厚度与浓度边界层厚度之比对传质的影响。

当流体静止时，在 $Re=0$ 时，得 $Sh=2$。它表示球形物体在静止流体中径向扩散的情况。

如果流体为气体，在 $0.6<Sc<2.7$ 及 $1<Re<48000$ 的条件下，对流流动传质系数可按下式计算

$$Sh = \frac{k_c d_p}{D_{AB}} = 2 + 0.552Re^{0.53} Sc^{\frac{1}{3}} \tag{12-41}$$

如果流体为液体，在 $2<Re<2000$ 的条件下，可采用下式计算对流传质系数

$$Sh = 2 + 0.95Re^{0.5} Sc^{\frac{1}{3}} \tag{12-42}$$

而当 $2000<Re<17000$ 时，则按下式计算对流流动传质系数

$$Sh = 0.347Re^{0.62}Sc^{\frac{1}{3}} \tag{12-43}$$

以上各式中，雷诺数中的特征尺寸 d_p，均采用球形颗粒的直径。

12.7 流体流过填充床时的传质

冶金过程中经常遇到流体流过填充床时的传质，如矿石及耐火材料的焙烧、高炉冶炼、化铁炉化铁、煤粉流态化气化、矿石流态化还原等。

当流体流过固定床或流化床对填充物进行传质时，对流流动传质系数与流体流速、床层的孔隙度、雷诺数及施密特数有关。

当气体流过球形粒子固定床进行传质时，在 $90<Re<4000$ 条件下，可采用下式计算对流流动传质系数

$$k_c = 2.06 \frac{v_{空}}{\varepsilon}Re^{-0.575}Sc^{-0.666} \tag{12-44}$$

当流体流过球形粒子固定床进行传质时，在 $0.006<Re<55$，$165<Sc<70600$ 及 $0.35<\varepsilon<0.75$ 条件下，可采用下式计算对流流动传质系数

$$k_c = 1.09 \frac{v_{空}}{\varepsilon}Re^{-0.666}Sc^{-0.666} \tag{12-45}$$

式中，$v_{空}$ 是空隙截面流速，单位为 m/s；ε 是孔隙度。

在 $55<Re<1500$，$165<Sc<10690$ 及 $0.35<\varepsilon<0.75$ 条件下，则用下式

$$k_c = 0.250 \frac{v_{空}}{\varepsilon}Re^{-0.31}Sc^{-0.666} \tag{12-46}$$

当气体和液体通过球形颗粒流化床时，在 $20<Re<3000$ 条件下可采用下式计算对流流动传质系数

$$k_c = \left(0.01 + \frac{0.863}{Re^{0.58} - 0.483}\right)v_{空}Sc^{-0.666} \tag{12-47}$$

习　题

12-1　简述对流传质的基本概念，并讨论影响对流传质的因素。

12-2　何为浓度边界层？对研究对流传质有何实际意义？

12-3　对流传质系数理论模型有哪些？比较其异同点。

12-4　一敞口圆形容器 $d=15$cm，内盛 25℃ 的水，水面距容器口 7.5cm，置于 25℃ 的静止空气中，空气相对湿度为 50%，已知 $D=0.188$cm²/s，试计算其蒸发速率。

12-5　干空气以 5m/s 的速度吹过 0.3m×0.3m 的浅盛水盘，在空气温度 20℃、水温 15℃ 的条件下，已知 $D=0.244$cm²/s，试问水的蒸发速率是多少？

12-6　25℃、1atm 干空气以 3m/s 的速度在内径 $d=5$cm 的管中流动，管壁附有一层水膜，壁温维持 25℃，计算 3m 长管子的出口处蒸汽含量（25℃ 时空气中水的饱和蒸气压力为 3230Pa，$D=0.188$cm²/s）。

12-7　空气以 3m/s 速度平行于水表面流动，水表面沿气流方向长为 0.1m，水面温度为 $T_W=15$℃，空气温度 $T_f=20$℃，空气总压力 p 为 101.3kPa，其中水蒸气的分压力 p_{A1} 为 710Pa（相当于空气相对湿度为

30%），试计算对流传质系数 k_c 和水的蒸发速率。

12-8 在一敞口槽中，纯氮气体平行流过 $0.6m^2$ 的丙酮液体表面，丙酮的温度保持在 290K，该温度下丙酮的蒸气压为 $2.148 \times 10^4 Pa$，丙酮传递进入氮气的平均传质系数 $k_c = 0.0324m/s$，试计算丙酮传递的总速率（单位为 kmol/s）。

12-9 压力为 1atm 的空气流过乙醇表面，其速度为 8m/s，温度保持为 16℃，试计算流过 1m 时，单位面积上乙醇的汽化速率？已知乙醇在 16℃ 的饱和蒸气压为 4000Pa，乙醇-空气混合物的运动黏度 $\nu = 1.48 \times 10^{-5}m^2/s$，乙醇在空气中的扩散系数 $D = 1.26 \times 10^{-5}m^2/s$。

12-10 一气流以 6m/s 的流速从一装有水的容器表面平行流过，空气的运动黏度为 $\nu = 1.55 \times 10^{-5}m^2/s$，水在该系统温度和压力下向空气中的扩散系数为 $2.60 \times 10^{-5}m^2/s$，试计算：

（1）距最前端 1m 处的薄膜传质系数 k_{cm}。

（2）距表面 $0.1 \sim 0.3m$ 的薄膜传质系数平均值 $\overline{k}_{cm}$。

（3）如果容器长 3m，整个表面的薄膜传质系数平均值 $\overline{k}_c$。

第13章
相间传质

本章知识结构图：

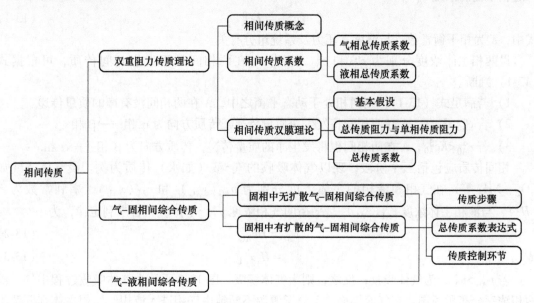

第 13 章知识结构图

13.1 双重阻力传质理论

前面已经讨论了单相传质，如气膜和液膜内的扩散传质、层流和湍流流体传质等，在这些情况下，传质是在相界面和流体中进行的，传质通量与单相对流传质系数有关。然而在材料加工与制备、冶金生产等实际中，许多传质过程都涉及物质在两相相互接触的相间进行传质，例如，钢件渗碳是气-固相之间的传质，金属液吹气精炼是气-液相间的传质，精馏塔内气-液之间传质，萃取操作中两个互不相溶的液相之间传质等。这些传质可能是气体与液体接触，两种不相溶的液体接触，还可能是一种流体流过固体。相间传质通常包含三个步骤，首先是物质在某一相内从主体迁移到界面，然后是跨过界面传输到第二相，最后再进一步传输到第二相的主体。相间传质过程很复杂，既有原子或分子扩散，又可能同时出现对流传质，而且在界面上还可能发生化学反应，因此相间传质是多种传质的综合过程。

13.1.1 相间传质基本概念

1. 相平衡与相间传质

所谓相间传质，是指组分 A 在具有浓度差的两相之间，由高浓度相向低浓度相转移的现象。但这里所说的浓度差并非组分 A 在两相的绝对浓度之差，而是指相平衡意义上的浓度差，即化学位之差。

设 α 相和 β 相都含有组分 A，且两相中 A 的化学位分别为 μ_A^α 和 μ_A^β，若 $\mu_A^\alpha \neq \mu_A^\beta$，则两相接触时就会发生化学位迁移，直至达到平衡态，即 $\mu_A^\alpha = \mu_A^\beta$。化学位 μ_A 与浓度 c_A 之间的关系可根据热力学理论关联起来。对于 β 相中的任一个浓度值 c_A^β，在 α 相中都对应着一个与之相平衡的浓度 $c_A^{\alpha *}$，即

$$c_A^{\alpha *} = Kc_A^\beta \tag{13-1}$$

式中，K 为相平衡常数，与温度、压力及系统组分有关。

设两相主体浓度分别为 c_{A0}^α 和 c_{A0}^β，组分 A 在两相间是否发生相间传质，可根据式 (13-1) 判断。

1）若满足式 (13-1)，则两相处于动态平衡之中，A 在两相间没有净的质量传递。

2）若 $c_{A0}^\alpha > Kc_{A0}^\beta$，A 在两相间将发生净质量传递，传质方向为 α 相——→β 相。

3）若 $c_{A0}^\alpha < Kc_{A0}^\beta$，A 在两相间也将发生净的质量传递，传质方向为 β 相——→α 相。

相间传质应包括三个阶段，现以气体吸收的气-液（如水）传质为例。设气体 A（如 CO_2、NH_3 等）在气相和液相的主体浓度分别为 $p_{AG}(y_{AG})$ 和 $c_{AL}(x_{AL})$，亨利常数为 H（H_x），与液相主体浓度 $c_{AL}(x_{AL})$ 呈平衡的气相浓度 $p_A^*(y_A^*)$ 应符合亨利定律，为

$$p_A^* = Hc_{AL} \tag{13-2}$$

或

$$y_A^* = H_x x_{AL} \tag{13-3}$$

若 $p_{AG} > p_A^*$，为气体吸收；反之，则为气体解吸。图 13-1 所示为气体吸收过程中气、液两相浓度分布示意图。在气液界面，A 分子源源不断地由气相进入液相，气相主体则源源不断地向界面补充 A 分子，在气相主体与界面之间就产生了浓度梯度。在液相，由于气体分子的进入，使得界面浓度高于主体浓度，A 从界面向主体传递。这是一个典型的相间传质过程，并可从数学上描述这一相间传质过程。为便于讨论，下面先介绍一些与相间传质有关的基本概念。

2. 相间传质系数

对于一维稳态相间传质，组分 A 在任一截面（包括气相、气液界面和液相）的传质通量都相等，且符合下式

$$N_A = k_G(p_{AG} - p_{Ai}) = k_y(y_{AG} - y_{Ai}) \tag{13-4}$$

或

$$N_A = k_L(c_{Ai} - c_{AL}) = k_x(x_{Ai} - x_{AL}) \tag{13-5}$$

式中，$k_G(k_y)$ 和 $k_L(k_x)$ 分别为气相和液相传质系数；$p_{AG}(y_{AG})$ 和 $p_{Ai}(y_{Ai})$ 分别为以分压（摩尔分数）表示的气相主体浓度和界面浓度；$c_{AL}(x_{AL})$ 和 $c_{Ai}(x_{Ai})$ 分别为以物质的量

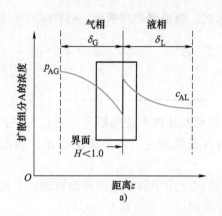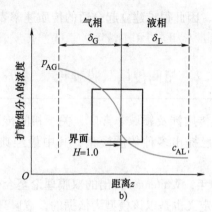

图 13-1 吸收过程气液两相浓度分布示意图

浓度（摩尔分数）表示的液相主体浓度和界面浓度。

由此可见，相间传质通量既可表达为气相传质系数与气相分压梯度之积，又可表达为液相传质系数与液相浓度梯度之积。在稳态条件下，通过这两相的传质通量应相等，即

$$N_A = k_G(p_{AG} - p_{Ai}) = k_L(c_{Ai} - c_{AL}) \qquad (13\text{-}6)$$

整理式（13-6）得到

$$-\frac{k_G}{k_L} = \frac{c_{AL} - c_{Ai}}{p_{Ai} - p_{AG}} \qquad (13\text{-}7)$$

由式（13-4）、式（13-5）和式（13-6）可见，相间传质通量用单相传质系数表达时，必须已知界面浓度，但实际中很难测量界面上的分压和浓度。因此，更常用的简便方法是由相间传质系数来表达。

相间传质系数又称总传质系数，是基于两相主体浓度之间的总推动力定义的，与总传热系数相似，可分为气相总传质系数 $K_{OG}(K_{oy})$ 和液相总传质系数 $K_{OL}(K_{ox})$。当温度和压力一定时，在稳定相间传质时，一个相中 A 物质的浓度必定可以在另一相中找到与之相对应的平衡浓度，分别介绍如下。

（1）气相总传质系数 $K_{OG}(K_{oy})$ 当总推动力用气相浓度差表示时，总传质系数定义为

$$N_A = K_{OG}(p_{AG} - p_A^*) = K_{oy}(y_{AG} - y_A^*) \qquad (13\text{-}8)$$

式中，$p_{AG}(y_{AG})$ 为气相主体浓度；$p_A^*(y_A^*)$ 为与液相主体浓度 $c_{AL}(x_{AL})$ 呈平衡的气相分压（或摩尔分数）；$K_{OG}(K_{oy})$ 为气相总传质系数，又称为基于气相分压（摩尔分数）的相间传质系数，其倒数为相间传质总阻力（气相阻力和液相阻力之和）。

（2）液相总传质系数 $K_{OL}(K_{ox})$ 同样地，当总推动力为液相浓度差时，总传质系数又可定义为

$$N_A = K_{OL}(c_A^* - c_{AL}) = K_{ox}(x_A^* - x_{AL}) \qquad (13\text{-}9)$$

式中，$c_A^*(x_A^*)$ 为与气相主体浓度 $p_{AG}(y_{AG})$ 呈平衡的液相浓度，是 $p_{AG}(y_{AG})$ 在液相的具体表达；$K_{OL}(K_{ox})$ 为液相总传质系数，又称为基于液相浓度（摩尔分数）的相间传质系数，其倒数即表示相间传质总阻力（气相阻力和液相阻力之和）。

这样就创造了把两相间的传质归结到一个相中进行讨论的可能性。例如，原来两相中的传质是由气相中的主体浓度和液相中的主体浓度之间的浓度差引起的，但因在两相中的传质

系数不同，因此很难建立起合适的传质速率表达式。而根据相间平衡，可将两相中浓度差引起的传质归结为同一相中浓度差引起的传质。

13.1.2 相间传质双膜理论

相间传质涉及领域非常广，关于相间传质机理及传质理论的研究一直是人们关注的热点，至今已提出多种传质模型，其中最经典的有双膜理论、溶质渗透理论、表面更新理论等。

1923 年，Whiteman 提出的双膜理论至今仍被广泛用于解释相间传质机理，上述相间传质系数的定义也是以该模型为依据的，双膜理论提出了以下三点重要假设。

1）两个互不相溶的流体之间进行传质时，无论各流体主体运动状况如何，在靠近相界面两侧，各存在一层薄层，膜内流体处于静止状态，如图 13-1 所示。每一相的传质阻力都集中在本相那层静止膜内；设膜外为主体浓度（c_{Ab}^{α} 和 c_{Ab}^{β}），界面浓度则为 c_{Ai}^{α} 和 c_{Ai}^{β}，且两相在界面呈平衡态（界面阻力为零），即 $c_{Ai}^{\alpha} = Kc_{Ai}^{\beta}$。

2）双膜内的传质机理均为分子扩散，传质通量可用菲克定律描述。

3）由于膜很薄，可近似认为膜内无组分积累，传质已稳态。

根据上述假设，组分 A 在 α 相和 β 相的传质通量相等，且分别为

$$N_A = k_c^{\alpha}(c_{Ab}^{\alpha} - c_{Ai}^{\alpha}) = D_{AB}\frac{(c_{Ab}^{\alpha} - c_{Ai}^{\alpha})}{\delta_{\alpha}} \qquad (13\text{-}10)$$

$$N_A = k_c^{\beta}(c_{Ab}^{\beta} - c_{Ai}^{\beta}) = D'_{AB}\frac{(c_{Ab}^{\beta} - c_{Ai}^{\beta})}{\delta_{\beta}} \qquad (13\text{-}11)$$

由此可导出单相传质系数与扩散系数 $D_{AB}(D'_{AB})$ 成正比，即

$$k_c^{\alpha} = \frac{D_{AB}}{\delta_{\alpha}} \qquad (13\text{-}12)$$

$$k_c^{\beta} = \frac{D'_{AB}}{\delta_{\beta}} \qquad (13\text{-}13)$$

如果上述两相分别代表气相和液相，并根据气-液相浓度的习惯表示方法，可将组分 A 的扩散通量，表示成多种形式，如

$$N_A = k_G(p_{AG} - p_{Ai}) = k_y(y_{AG} - y_{Ai}) \qquad (13\text{-}14)$$

$$N_A = k_L(c_{Ai} - c_{AL}) = k_x(x_{Ai} - x_{AL}) \qquad (13\text{-}15)$$

在以上各式中，都出现了界面浓度，如 p_{Ai}、c_{Ai}、y_{Ai}、x_{Ai} 等，而在实际中，界面浓度很难通过实验测定，因此，按照式（13-8）或式（13-9）定义一个相间传质系数是比较方便的。

若气-液平衡符合线性关系（如低浓度下），亨利定律适用，有下式成立

$$p_{Ai} = Hc_{Ai}, \quad p_{AG} = Hc_A^*, \quad p_A^* = Hc_{AL} \qquad (13\text{-}16)$$

将式（13-16）代入式（13-8），经整理可得

$$\frac{1}{K_{OG}} = \frac{p_{AG} - p_{Ai}}{N_A} + \frac{H(c_{Ai} - c_{AL})}{N_A} \qquad (13\text{-}17)$$

即

$$\frac{1}{K_{OG}} = \frac{1}{k_G} + \frac{H}{k_L}$$ (13-18)

同理，可导出 K_{OL} 的表达式为

$$\frac{1}{K_{OL}} = \frac{1}{Hk_G} + \frac{1}{k_L}$$ (13-19)

相间传质的阻力由两相的阻力组成，如果两相的传质系数相差不大，传质与两相都有关。但在某些情况下，总传质阻力只与单相传质阻力有关。

1）当气体易溶于液体时，H 值很小，由式（13-18）可知，液相传质阻力可以忽略。总传质阻力近似于气相传质阻力，称为气相控制体系。例如，NH_3 在水中的吸收速率就是由气相阻力控制的。

2）当气体难溶于液体时，H 值很大，由式（13-19）可知，气相传质阻力可以忽略。总传质阻力近似于液相传质阻力，称为液相控制体系。例如，用水吸收 O_2 或从水中解吸 O_2 的速率均由液相阻力控制。

双膜理论中关于相间传质机理的假定过于简单，只有极少数具有稳定相界面的传质设备（如湿壁塔）存在虚拟静止膜；而对于大多数传质设备（如填料塔、筛板塔等），由于塔内相界面积大，气液界面不稳定，相间并不存在虚拟静止膜。双膜理论并不能正确地描述传质装置内的真实情况。尽管如此，建立在双膜理论基础上的总传质系数的概念在实际应用中仍然具有应用价值。

[例 13-1] 在一湿壁塔中进行氨气吸收实验，吸收剂为水，塔温为 20℃，塔压为 101.3kPa，已测得气相总传质系数 K_{OG} 为 $2.6357 \times 10^{-3} \text{mol}/(\text{m}^2 \cdot \text{s} \cdot \text{kPa})$，塔内某处氨气的气相摩尔分数为 0.08，液相浓度为 $0.158 \text{mol}/\text{m}^3$。已知气相传质阻力为总阻力的 70%，$H = 0.43 \text{kPa}/(\text{mol} \cdot \text{m}^{-1})$，试求：①气膜传质系数和液膜传质系数；②界面浓度 p_{Ai} 和 c_{Ai}。

解：1）依题意，总阻力为

$$\frac{1}{K_{OG}} = \frac{1}{2.6357 \times 10^{-3}} \text{kPa} \cdot \text{s} \cdot \text{m}^2/\text{mol} = 379.4 \text{kPa} \cdot \text{s} \cdot \text{m}^2/\text{mol}$$

气相传质系数 k_G 为

$$\frac{1}{k_G} = 0.70\left(\frac{1}{K_{OG}}\right) = 0.7 \times 379.4 \text{kPa} \cdot \text{s} \cdot \text{m}^2/\text{mol} = 265.6 \text{kPa} \cdot \text{s} \cdot \text{m}^2/\text{mol}$$

$$k_G = 3.765 \times 10^{-3} \text{mol}/(\text{m}^2 \cdot \text{s} \cdot \text{kPa})$$

根据式（13-18）液相传质系数 k_L 有

$$\frac{1}{K_{OG}} = \frac{1}{k_G} + \frac{H}{k_L}$$

$$\frac{1}{k_L} = \frac{1}{H}\left(\frac{1}{K_{OG}} - \frac{1}{k_G}\right) = \left[\frac{1}{0.43} \times (379.4 - 265.6)\right] \text{kPa} \cdot \text{s} \cdot \text{m}^2/\text{mol}$$

$$= 264.65 \text{kPa} \cdot \text{s} \cdot \text{m}^2/\text{mol}$$

则 $k_L = 0.003778 \text{mol}/(\text{m}^2 \cdot \text{s} \cdot \text{kPa})$

2）对于塔中给定的点，两相主体浓度分别为

$$p_{AG} = y_A p = 0.08 \times 101.3 \text{kPa} = 8.104 \text{kPa}, c_{AL} = 0.158 \text{mol/m}^3$$

与液相主体对应的平衡气相浓度为

$$p_A^* = H c_{AL} = (0.43 \times 0.158) \text{mol/m}^3 = 0.0632 \text{kPa}$$

由式（13-8）和式（13-14），有

$$N_A = K_{OG}(p_{AG} - p_A^*) = k_G(p_{AG} - p_{Ai})$$

即
$$N_A = 2.6357 \times 10^{-3} \times (8.104 - 0.0632) = 0.003765 \times (8.104 - p_{Ai})$$

$$p_{Ai} = 2.4750 \text{kPa}$$

$$c_{Ai} = \frac{p_{Ai}}{H} = 2.4750/0.43 \text{mol/m}^3 = 5.8 \text{mol/m}^3$$

13.2 气-固相间的综合传质

材料加工与制备、冶金工程中许多反应都属于气-固相反应。例如，焦炭的燃烧、高炉中铁矿石的还原、石灰石的分解、热处理炉中钢件的气体渗碳等。双膜传质理论不仅对两流体相间的传质适用，同样可推广于气-固相间以及在界面上有化学反应的相间传质过程。本节主要分析传质时固相中有扩散或无扩散的气-固相间传质过程。

13.2.1 固相中无扩散的气-固相间综合传质

固相中无扩散的气-固相间传质的具体实例如炭粒燃烧，其传质步骤为：

1）某组分由流体主体向界面传输。

2）在界面上被吸附，发生化学反应。

3）反应生成物解吸，并反向向流体主体传输。

某组分由流体主体（浓度为 c_∞）向界面（浓度为 c_0）的传输速率为

$$N_1 = k_c(c_\infty - c_0) = \frac{c_\infty - c_0}{1/k_c} \tag{13-20}$$

可取对流传质系数 $k_c = D/\delta_c$。

界面上的化学反应速度与反应物浓度 c_0 和化学反应级数 ν 有关。如化学反应为一级，则生成反应产物的速率与 c_0 成正比，即

$$N_2 = k_r c_0 = \frac{c_0}{1/k_r} \tag{13-21}$$

式中，k_r 为化学反应速率常数，单位为 cm/s。

稳定传质时，$N_1 = N_2 = N$，可得

$$N = \frac{c_\infty}{\dfrac{1}{k_c} + \dfrac{1}{k_r}} = K c_\infty \tag{13-22}$$

式中，K 为界面上有化学反应时相间传质的总传质系数

$$K = \cfrac{1}{\cfrac{1}{k_c} + \cfrac{1}{k_r}} = \cfrac{1}{\cfrac{\delta_c}{D} + \cfrac{1}{k_r}} \tag{13-23}$$

或

$$\frac{1}{K} = \frac{1}{k_c} + \frac{1}{k_r} \tag{13-24}$$

此式说明界面上有化学反应时，气-固相间传质的总阻力由气相传质阻力和化学反应阻力组成，当 $k_c \ll k_r$ 时，整个传质过程由气相传质速率所控制，这种过程为传质控制型过程；当 $k_r \ll k_c$ 时，整个过程速率由化学反应速率所控制，称为化学动力学控制型过程。

k_r（cm/s）值与温度等因素有关

$$k_r = Z\exp\left(-\frac{\Delta E}{RT}\right) \tag{13-25}$$

式中，Z 是频率因子，单位为 cm/s；ΔE 是活化能，单位为 J/mol；R 是摩尔气体常数，单位为 J/(mol·K)；T 是热力学温度，单位为 K。

温度低时，k_r 值很小，可能呈现 $k_r \ll k_c$。若温度很高，k_r 值呈指数规律增大，而气体的扩散系数 D 随 $T^{1.5}$ 增大，可能出现 $k_r \gg k_c$。

下面以炭粒燃烧为例，应用上述理论推导炭粒燃烧时间表达式。

炭粒燃烧时，在炭粒表面的化学反应可为 $C + O_2 \xrightarrow{\hspace{1cm}} CO_2$，此时气相中氧向炭表面扩散，而反应产物 CO_2 则反向扩散到气相主体中去，属于等分子逆向传质。每 1mol 氧的扩散传质等于 1mol 碳的燃烧，故碳的消耗速率为

$$N_C = N_{O_2} \tag{13-26}$$

设炭粒为纯碳，烧后不产生灰分，则燃烧速率与炭粒半径 R 变化的关系为

$$N_C = \frac{dR}{dt} \cdot \frac{\rho_C}{M_C} \tag{13-27}$$

式中，ρ_C、M_C 分别为碳的密度和摩尔质量。

又由式（13-22）可知氧向炭粒表面的扩散速率为

$$N_{O_2} = \cfrac{c_\infty}{\cfrac{1}{k_c} + \cfrac{1}{k_r}}$$

氧对炭粒的传质系数为

$$k_c = Sh\frac{D}{d} = Sh\frac{D}{2R}$$

故由上面四个式子可得

$$\cfrac{c_\infty}{\cfrac{2R}{Sh \cdot D} + \cfrac{1}{k_r}} = -\frac{\rho_C}{M_C}\frac{dR}{dt}$$

式中，等号右边的负号表示炭粒燃烧时半径变小。

将此式移项积分，可得炭粒燃烧时间表达式

$$t = \frac{\rho_C}{M_C c_\infty}\left(\frac{R_0^2}{Sh \cdot D} + \frac{R_0}{k_r}\right) \tag{13-28}$$

式中，R_0 是炭粒初始半径。

如炭燃烧时生成 CO，即 $2C+O_2 \Longrightarrow 2CO$，此时由气相主体传质至炭粒表面 $1mol$ 氧，可消耗 $2mol$ 碳，即碳的燃烧速率增加一倍，因此有 $-N_C = 2N_{O_2}$。把前述 N_C、N_{O_2} 等式代入式（13-28），可得

$$t = \frac{\rho_C}{2M_C c_\infty}\left(\frac{R_0^2}{Sh \cdot D} + \frac{R_0}{k_r}\right) \tag{13-29}$$

【例 13-2】 求煤粉燃料炉中半径 $R_0 = 10\mu m$ 的炭粒完全燃烧时间为多少？已知气流温度 $T_1 = 1200℃$，气体总压力 $P = 1atm$，炭粒表面温度 $T_2 = 1600℃$，鼓入空气中含氧摩尔分数浓度 $x_{O_2} = 0.02$，碳燃烧反应速率常数 $k_r = 1.8 \times 10^7 \exp\left(-\frac{138 \times 10^3}{RT}\right)$，炭粒密度 $\rho_C = 2000kg/m^3$。已知氧气和空气的扩散体积分别为 $V_{O_2} = 16.6cm^3/mol$，$V_{空气} = 20.1cm^3/mol$。

解： 先计算 D、Sh 和 k_r。

而
$$M_{O_2} = 32g/mol, \quad M_{空气} = 28.9g/mol$$

边界层温度
$$T = \frac{1}{2}(T_1 + T_2) = \frac{1}{2} \times (1200 + 1600)℃ = 1400℃ = 1673K$$

所以根据富勒等人提出的扩散系数半经验计算公式，可得

$$D = \frac{1 \times 10^{-3}(T)^{1.75}}{P(V_{O_2}^{\frac{1}{3}} + V_{空气}^{\frac{1}{3}})^2}\sqrt{\frac{1}{M_{O_2}} + \frac{1}{M_{空气}}}$$

$$= \left[\frac{10^{-3} \times (1673)^{1.75}}{1 \times (16.6^{\frac{1}{3}} + 20.1^{\frac{1}{3}})^2} \times \sqrt{\frac{1}{32} + \frac{1}{28.9}}\right]cm^2/s = 4.07cm^2/s$$

由于炭粒很小，且悬浮在气流中与气流一起流动，气流相对炭粒流速很小，故 $Sh = 2$。而由题意取 $R = 8.314$，$T = T_2 + 273 = 1873$，计算得 $k_r = 0.253 \times 10^4 cm/s$。

计算炭粒燃料时间 t 之前，先设炭粒燃烧生成物中 $V_{CO_2} : V_{CO} = 1 : 2$，即 $-N_c = 1.5N_{O_2}$，故由式（13-28）和式（13-29）推导过程可知

$$t = \frac{\rho_C}{1.5M_C c_\infty}\left(\frac{R_0^2}{Sh \cdot D} + \frac{R_0}{k_r}\right)$$

而
$$M_C = 12kg/kmol, R_0 = 10\mu m = 10 \times 10^{-4}cm$$

$$c_\infty = \frac{px_{O_2}}{RT_1} = \frac{1 \times 10^5 \times 0.02}{8.314 \times 10^3 \times (1200 + 273)}kmol/m^3 = 1.63 \times 10^{-4}kmol/m^3$$

所以
$$t = \frac{2000}{1.5 \times 12 \times 1.63 \times 10^{-4}} \times \left[\frac{(10 \times 10^{-4})^2}{2 \times 4.07} + \frac{10 \times 10^{-4}}{0.253 \times 10^4}\right]s = 0.365s$$

13.2.2 固相中有扩散的气-固相间综合传质

固相中有扩散的气-固相间传质的具体实例如氧化铁颗粒的气相还原，其传质模型如图 13-2 所示，扩散传质和化学反应过程由以下三个环节组成，即

1）气体还原剂通过颗粒表面的气膜（边界层）迁移至颗粒表面。

2）气体还原剂渗入颗粒内部与固相颗粒发生化学反应。

3）反应生成的气相产物自固相颗粒内部向外迁移。

单位时间通过气膜的颗粒表面传输的气体还原剂摩尔数为

$$N_g = 4\pi r_0^2 k_g (c_\infty - c_0) \qquad (13\text{-}30)$$

式中，r_0 是球形颗粒外半径；k_g 是传质系数；c_∞、c_0 分别为气相原始浓度和在界面上的摩尔浓度。

气体还原剂通过反应固相产物层扩散传输的摩尔数为

$$N_s = D_{eff} 4\pi r^2 \frac{dc}{dr} \qquad (13\text{-}31)$$

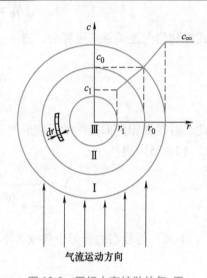

图 13-2 固相中有扩散的气-固相间传质模型

Ⅰ—气膜区（边界层）　Ⅱ—固相化学反应生成物区　Ⅲ—未反应区

式中，D_{eff} 是气体还原剂在固相反应生成物中的扩散系数，此值还考虑了固相层中的孔隙度；r 是固相中所观察球壳状微元体的半径。

稳定传质时，N_s 为常数，可对此式移项积分，最后得

$$N_s = 4\pi D_{eff} \frac{r_i r_0}{r_0 - r_i} (c_i - c_0) \qquad (13\text{-}32)$$

式中，r_i 为固体层半径。

如果不考虑气相与固相的化学反应，稳定传质时，则 $N_g = N_s = N$，所以

$$N = \frac{4\pi(c_\infty - c_i)}{\dfrac{1}{r_0^2 k_g} + \dfrac{r_0 - r_i}{r_0 r_i D_{eff}}} \qquad (13\text{-}33)$$

但气体还原剂在固体层（颗粒）的 r_i 球面上与固相发生了化学反应，故可视 c_i 为化学反应时气体还原剂的平衡浓度 $c_平$，计算时近似地取 $c_i = c_平$。

如在固相中 r_i 处有等分子数可逆反应，且反应平衡常数为

$$K = \frac{c'_平}{c_平} = \frac{k_+}{k_-} \qquad (13\text{-}34)$$

式中，$c'_平$ 为反应平衡时气相反应产物的浓度；k_+、k_- 为正、逆反应速度常数。

等分子反应中，总浓度不变，即

$$c_i + c'_i = c_平 + c'_平, \quad c'_i = c_平(1 + K) - c_i$$

式中，c_i'为化学反应产物的浓度。

而等分子反应时的传质速率为

$$N_0 = 4\pi r_i^2 (k_+ c_i - k_- c_i')$$

此式经利用上述关系式运算后，得

$$N_0 = \frac{4\pi (c_i - c_{\Psi})}{\dfrac{K}{r_i^2 k_+ (1 + K)}} \tag{13-35}$$

因此，对在固相内部有化学反应的气-固相间稳定传质而言，$N_0 = N_g = N_s = N$，由式（13-34）和式（13-35）得

$$N = \frac{4\pi r_0 (c_{\infty} - c_{\Psi})}{\dfrac{1}{k_g} + \dfrac{r_0 (r_0 - r_i)}{r_i D_{eff}} + \left(\dfrac{r_0}{r_i}\right)^2 \dfrac{K}{k_+ (1 + K)}} \tag{13-36}$$

式（13-36）等号右边分母中各项为不同传质阻力，与传热中的串联热阻相对应。

13.3　气-液相间综合传质

金属在焊接、熔炼和热处理时，尤其在真空熔炼和真空焊接、热处理时，常有金属组分通过表面蒸发汽化的现象。此时的传质步骤有：①某组分在液体或固体内向表面扩散。②在表面上组分蒸发。③在气相中扩散，如具有真空，则组分在气相中的浓度会很小，故可忽略传质在气相中所遇阻力。

根据气体分子运动理论，克努森得到了真空条件下表面无化学反应时分子（或原子）流的蒸发传质速率的计算式

$$J_A = \frac{\gamma_A p_{A0} c_{A0}}{c \sqrt{2\pi M_A R T}} \tag{13-37}$$

式中，γ_A 是蒸发组分 A 的活度系数；p_{A0} 是纯蒸发组分 A 在一定温度下的蒸气压；c_{A0} 是蒸发组分 A 在金属表面的浓度；c 是合金的物质的量浓度，单位为 $\mathrm{mol/cm^3}$；M_A 是组分 A 的摩尔质量；R 是气体常数；T 是热力学温度。

此外，真空条件下的液（固）、气相间蒸发传质速率还可用下式表示，即

$$J_A = k_{蒸} c_{A0} \tag{13-38}$$

式中，$k_{蒸}$ 是蒸发传质系数。

比较式（13-37）和式（13-38），得

$$k_{蒸} = \frac{\gamma_A p_{A0}}{c \sqrt{2\pi M_A R T}} \tag{13-39}$$

组分 A 在表面上蒸发的同时，合金内部也有传质过程，在稳定传质情况下，传质摩尔通量可写成

$$J_A = k_{金} (c_{A\infty} - c_{A0}) \tag{13-40}$$

式中，$c_{A\infty}$ 是合金整体中 A 的浓度；$k_{金}$ 是合金中 A 的传质系数。

如合金为液态，$k_{金}$ 可按式 $Sh = f(Re, Sc)$ 计算，但是在感应熔化下合适的 $Sh = f(Re, Sc)$ 尚未求得，故只能假设合金液流过表面的流层内无剪应力梯度，组分 A 在表面层内部靠扩散进行传输，表面液体更新时间 t 等于液体从中心到坩埚壁的距离除以表面流速，可按对流传质渗透模型计算 $k_{金}$，即

$$k_{金} = 2\sqrt{\frac{D}{\pi t}} \tag{13-41}$$

在蒸发条件下 $t \approx 1$。

因式（13-38）表示的 J_A 等于式（13-40）表示的 J_A，所以

$$c_{A0} = \frac{k_{金}}{k_{蒸} + k_{金}} c_{A\infty}$$

将此式代入式（13-38），得

$$J_A = \frac{k_{金} k_{蒸}}{k_{蒸} + k_{金}} c_{A\infty} = \frac{1}{\dfrac{1}{k_{蒸}} + \dfrac{1}{k_{金}}} c_{A\infty} = K c_{A\infty} \tag{13-42}$$

所以具有蒸发的综合传质阻力为

$$\frac{1}{K} = \frac{1}{k_{蒸}} + \frac{1}{k_{金}} \tag{13-43}$$

由式（13-43）可知，如 $\dfrac{1}{k_{蒸}} \gg \dfrac{1}{k_{金}}$，则整个传质过程由蒸发传质过程控制；反之，则金属的扩散过程成为控制过程。

蒸发扩散过程中，金属中 A 组分浓度不断降低，此时金属中单位时间失去的 A 物质数量应等于蒸发传质的 A 物质数量，即

$$-V \frac{dc_{A\infty}}{dt} = A K c_{A\infty} \tag{13-44}$$

式中，V 是金属体积；A 是金属蒸发表面积。

将式（13-44）积分，得

$$\ln \frac{c_{A\infty}}{c_{A0}} = \frac{A}{V} K t \tag{13-45}$$

由于 $k_{金}$ 与 $k_{蒸}$ 都与外部压力无关，当金属表面上真空度足够高时，即气相中传质很快时，K 应与外界压力无关。但如金属表面上有一定的气压，如惰性气体保护下的金属焊接、熔炼或热处理，气相中的传质系数便会变小。例如，金属表面上的气相浓度边界层厚度保持不变，K 值会随气体压力的升高而变小，所以惰性气体保护下的金属焊接、熔炼或热处理时，金属中元素的损失可减少或消失。

【例 13-3】 锰铁合金在真空感应炉中熔化时存在锰烧损。已知锰在金属液内扩散系数 $D = 9 \times 10^{-5}$ cm²/s，锰的分子质量 $M = 54.9$ g/mol，纯锰在温度 $T = 1600$℃时的蒸气压 $p_0 = 46.65 \times 10^3$ g/(cm²·s)，锰活度系数 $\gamma_{Mn} = 1.0$，合金中锰的浓度 $c = 0.128$ mol/cm³，试确定锰烧损速度的控制环节。

解：计算在液相中锰的传质系数，取熔炉表面停留时间 $t=1s$。则由式（13-41）有

$$k_{\text{金}} = 2\sqrt{\frac{D}{\pi t}} = 2\sqrt{\frac{9\times10^{-5}}{\pi\times1}}\text{cm/s} = 1.08\times10^{-2}\text{cm/s}$$

用式（13-39）计算金属液表面蒸发传质系数

$$k_{\text{蒸}} = \frac{p_0\gamma_{\text{Mn}}}{c\sqrt{2\pi MRT}} = \frac{46.65\times10^3\times1.0}{0.128\times\sqrt{2\times3.14\times54.9\times(8.31\times10^7)\times(1600+273)}}\text{cm/s}$$

$$=4.98\times10^{-2}\text{cm/s}$$

故综合传质阻力为

$$\frac{1}{K} = \frac{1}{k_{\text{金}}} + \frac{1}{k_{\text{蒸}}} = \left(\frac{1}{1.08\times10^{-2}} + \frac{1}{4.98\times10^{-2}}\right)\text{s/cm} = 113.9\text{s/cm}$$

传质系数为

$$K = 8.8\times10^{-3}\text{cm/s}$$

可见 $\frac{1}{k_{\text{金}}} > \frac{1}{k_{\text{蒸}}}$，故金属液内传质是控制环节。

如果加强对金属液搅拌，可使 t 值变小，$k_{\text{金}}$ 值变大，金属液内传质控制作用会减弱，同时提高 K 值，锰的烧损速度将会增大。

习　题

13-1　什么是两相间传质的双膜理论？其基本论点是什么？

13-2　固相中有扩散的气-固相间传质，其相间传质和反应包括哪三个基本步骤？

13-3　碳颗粒燃烧可看作是固相中无扩散的气-固间综合传质，其传质步骤包括哪三个基本步骤？

13-4　在对一湿壁塔中用水对氨进行吸收的实验研究中，测定 $k_G = 2.74\times10^{-9}\text{kmol}/(\text{m}^2\cdot\text{s}\cdot\text{Pa})$。在塔内某一点上，气体中氨的摩尔分数为 8%，液相氨的浓度为 0.064kmol/m^3，温度为 293K，总压力为 1atm。已知气相中的传质阻力为总阻力的 85%。若亨利常数值在 293K 时为 $1.358\times10^3\text{Pa}/(\text{kmol/m})$，试求单相膜传质系数和界面浓度。

13-5　使 1150℃ 的铜液表面与 1atm 纯氩接触进行除氢，铜中氢扩散至氩气中时出现 $\text{H} \xrightleftharpoons{} \frac{1}{2}\text{H}_2$ 的反应。1150℃ 和 1atm 氢气压力下，氢在铜液中的溶解度为 $7\text{cm}^3(\text{H}_2)_{(\text{标态})}/100\text{gCu}$，如氢在氢气和铜液中的传质系数 k 都大致相等，试确定氢由铜液移至气相中的传质速率决定于气相传质还是液相传质。

附 录

附表 1 干空气的物理性质参数 ($p = 1.01325 \times 10^5 \text{Pa}$)

温度 T /℃	密度 ρ /kg·m^{-3}	比定压热容 c_p /kJ·(kg·℃)$^{-1}$	导热系数 λ /W·(m·℃)$^{-1}$	热扩散率 a /m^2·s^{-1}	动力黏度 η /Pa·s	运动黏度 ν /m^2·s^{-1}	普朗特数 Pr
−50	1.584	1.013	2.034×10^{-2}	1.27×10^{-5}	1.46×10^{-5}	9.23×10^{-6}	0.727
−40	1.515	1.013	2.115×10^{-2}	1.38×10^{-5}	1.52×10^{-5}	10.04×10^{-6}	0.723
−30	1.453	1.013	2.196×10^{-2}	1.49×10^{-5}	1.57×10^{-5}	10.80×10^{-6}	0.724
−20	1.395	1.009	2.278×10^{-2}	1.62×10^{-5}	1.62×10^{-5}	11.60×10^{-6}	0.717
−10	1.342	1.009	2.359×10^{-2}	1.74×10^{-5}	1.67×10^{-5}	12.43×10^{-6}	0.714
0	1.293	1.005	2.440×10^{-2}	1.88×10^{-5}	1.72×10^{-5}	13.28×10^{-6}	0.708
10	1.247	1.005	2.510×10^{-2}	2.01×10^{-5}	1.77×10^{-5}	14.16×10^{-6}	0.708
20	1.205	1.005	2.591×10^{-2}	2.14×10^{-5}	1.81×10^{-5}	15.06×10^{-6}	0.686
30	1.165	1.005	2.673×10^{-2}	2.29×10^{-5}	1.86×10^{-5}	16.00×10^{-6}	0.701
40	1.128	1.005	2.754×10^{-2}	2.43×10^{-5}	1.91×10^{-5}	16.69×10^{-6}	0.696
50	1.093	1.005	2.824×10^{-2}	2.57×10^{-5}	1.96×10^{-5}	17.95×10^{-6}	0.697
60	1.060	1.005	2.893×10^{-2}	2.72×10^{-5}	2.01×10^{-5}	18.97×10^{-6}	0.698
70	1.029	1.009	2.963×10^{-2}	3.86×10^{-5}	2.06×10^{-5}	20.02×10^{-6}	0.701
80	1.000	1.009	3.044×10^{-2}	3.02×10^{-5}	2.11×10^{-5}	21.08×10^{-6}	0.699
90	0.972	1.009	3.126×10^{-2}	3.19×10^{-5}	2.15×10^{-5}	22.10×10^{-6}	0.693
100	0.966	1.009	3.207×10^{-2}	3.36×10^{-5}	2.19×10^{-5}	23.13×10^{-6}	0.695
120	0.898	1.009	3.335×10^{-2}	3.68×10^{-5}	2.29×10^{-5}	25.45×10^{-6}	0.692
140	0.854	1.013	3.486×10^{-2}	4.03×10^{-5}	2.37×10^{-5}	27.80×10^{-6}	0.688
160	0.815	1.017	3.637×10^{-2}	4.39×10^{-5}	2.45×10^{-5}	30.09×10^{-6}	0.685
180	0.779	1.022	3.777×10^{-2}	4.75×10^{-5}	2.53×10^{-5}	32.49×10^{-6}	0.684
200	0.746	1.026	3.928×10^{-2}	5.14×10^{-5}	2.60×10^{-5}	34.85×10^{-6}	0.679
250	0.674	1.038	4.625×10^{-2}	6.10×10^{-5}	2.74×10^{-5}	40.61×10^{-6}	0.666
300	0.615	1.047	4.602×10^{-2}	7.16×10^{-5}	2.97×10^{-5}	48.33×10^{-6}	0.675
350	0.566	1.059	4.904×10^{-2}	8.19×10^{-5}	3.14×10^{-5}	55.46×10^{-6}	0.677
400	0.524	1.068	5.206×10^{-2}	9.31×10^{-5}	3.31×10^{-5}	63.09×10^{-6}	0.679
500	0.456	1.093	5.740×10^{-2}	11.53×10^{-5}	3.62×10^{-5}	79.38×10^{-6}	0.689
600	0.404	1.114	6.217×10^{-2}	13.83×10^{-5}	3.91×10^{-5}	96.89×10^{-6}	0.700
700	0.362	1.135	6.700×10^{-2}	16.34×10^{-5}	4.18×10^{-5}	115.4×10^{-6}	0.707
800	0.329	1.156	7.170×10^{-2}	18.88×10^{-5}	4.43×10^{-5}	134.8×10^{-6}	0.714
900	0.301	1.172	7.623×10^{-2}	21.62×10^{-5}	4.67×10^{-5}	155.1×10^{-6}	0.719
1000	0.277	1.185	8.064×10^{-2}	24.59×10^{-5}	4.90×10^{-5}	177.1×10^{-6}	0.719
1100	0.257	1.197	8.494×10^{-2}	27.63×10^{-5}	5.12×10^{-5}	193.3×10^{-6}	0.721
1200	0.239	1.210	9.145×10^{-2}	31.65×10^{-5}	5.35×10^{-5}	233.7×10^{-6}	0.717

附表 2　几种常见气体的物理性质参数（$p = 1.01325 \times 10^5 \mathrm{Pa}$）

温度 T /℃	密度 ρ /kg·m^{-3}	比定压热容 c_p /kJ·(kg·℃)$^{-1}$	导热系数 λ /W·(m·℃)$^{-1}$	热扩散率 a /m^2·s^{-1}	动力黏度 η /Pa·s	运动黏度 ν /m^2·s^{-1}	普朗特数 Pr
一氧化碳（CO）							
0	1.250	1.040	2.33×10^{-2}	1.79×10^{-5}	16.57×10^{-5}	13.3×10^{-6}	0.740
100	0.916	1.045	3.01×10^{-2}	3.14×10^{-5}	20.69×10^{-5}	22.6×10^{-6}	0.713
200	0.723	1.058	3.65×10^{-2}	4.97×10^{-5}	24.42×10^{-5}	33.9×10^{-6}	0.708
300	0.596	1.080	4.26×10^{-2}	6.61×10^{-5}	27.95×10^{-5}	47.0×10^{-6}	0.709
400	0.508	1.106	4.85×10^{-2}	8.64×10^{-5}	31.19×10^{-5}	61.8×10^{-6}	0.711
500	0.442	1.132	5.41×10^{-2}	10.80×10^{-5}	24.42×10^{-5}	78.0×10^{-6}	0.726
600	0.392	1.157	5.97×10^{-2}	13.17×10^{-5}	37.36×10^{-5}	96.0×10^{-6}	0.727
700	0.351	1.179	6.50×10^{-2}	15.72×10^{-5}	40.40×10^{-5}	115×10^{-6}	0.732
800	0.317	1.190	7.01×10^{-2}	18.53×10^{-5}	43.25×10^{-5}	135×10^{-6}	0.739
900	0.291	1.216	7.55×10^{-2}	21.33×10^{-5}	45.99×10^{-5}	157×10^{-6}	0.740
1000	0.268	1.230	8.06×10^{-2}	24.47×10^{-5}	48.74×10^{-5}	180×10^{-6}	0.744
二氧化碳（CO$_2$）							
0	1.977	0.815	1.47×10^{-2}	0.91×10^{-5}	14.02×10^{-5}	7.09×10^{-6}	0.780
100	1.447	0.914	2.28×10^{-2}	1.72×10^{-5}	18.24×10^{-5}	12.6×10^{-6}	0.733
200	1.143	0.993	3.09×10^{-2}	2.73×10^{-5}	22.36×10^{-5}	19.2×10^{-6}	0.715
300	0.944	1.057	3.91×10^{-2}	3.92×10^{-5}	26.78×10^{-5}	27.3×10^{-6}	0.712
400	0.802	1.110	4.72×10^{-2}	5.31×10^{-5}	30.20×10^{-5}	36.7×10^{-6}	0.709
500	0.698	1.155	5.49×10^{-2}	6.83×10^{-5}	33.93×10^{-5}	47.2×10^{-6}	0.713
600	0.618	1.192	6.21×10^{-2}	8.56×10^{-5}	37.66×10^{-5}	58.3×10^{-6}	0.723
700	0.555	1.223	6.88×10^{-2}	10.17×10^{-5}	41.09×10^{-5}	71.4×10^{-6}	0.730
800	0.502	1.249	7.51×10^{-2}	12.00×10^{-5}	44.62×10^{-5}	85.3×10^{-6}	0.741
900	0.460	1.272	8.09×10^{-2}	13.86×10^{-5}	48.15×10^{-5}	100×10^{-6}	0.757
1000	0.423	1.290	8.63×10^{-2}	15.81×10^{-5}	51.48×10^{-5}	116×10^{-6}	0.770
二氧化硫（SO$_2$）							
0	2.926	0.607	0.84×10^{-2}	0.47×10^{-5}	12.06×10^{-5}	4.12×10^{-6}	0.874
100	2.140	0.661	1.23×10^{-2}	0.87×10^{-5}	16.08×10^{-5}	7.52×10^{-6}	0.863
200	1.690	0.712	1.66×10^{-2}	1.24×10^{-5}	20.00×10^{-5}	11.8×10^{-6}	0.856
300	1.395	0.754	2.12×10^{-2}	2.01×10^{-5}	23.83×10^{-5}	17.1×10^{-6}	0.848
400	1.187	0.783	2.58×10^{-2}	2.78×10^{-5}	27.53×10^{-5}	23.3×10^{-6}	0.834
500	1.033	0.808	3.07×10^{-2}	3.67×10^{-5}	31.26×10^{-5}	30.4×10^{-6}	0.822
600	0.916	0.825	3.58×10^{-2}	4.72×10^{-5}	35.00×10^{-5}	38.3×10^{-6}	0.806
700	0.892	0.837	4.10×10^{-2}	5.97×10^{-5}	38.64×10^{-5}	46.8×10^{-6}	0.788
800	0.743	0.850	4.63×10^{-2}	7.33×10^{-5}	42.17×10^{-5}	56.7×10^{-6}	0.774
900	0.681	0.858	5.19×10^{-2}	8.89×10^{-5}	45.70×10^{-5}	67.2×10^{-6}	0.755
1000	0.626	0.867	5.76×10^{-2}	10.61×10^{-5}	49.23×10^{-5}	78.6×10^{-6}	0.740

附表 3　饱和水的热物理性质参数

T /℃	p /MPa	ρ /kg·m^{-3}	h /kJ·kg^{-1}	c_p /kJ·(kg·℃)$^{-1}$	λ /W·(m·℃)$^{-1}$	a /m^2·s^{-1}	η /kg·(m·s)$^{-1}$	ν/m^2·s^{-1}	Pr
0	0.00061	999.5	0.05	4.212	55.1×10^{-2}	13.4×10^{-8}	1788×10^{-6}	1.789×10^{-6}	13.67
10	0.00123	999.7	12.00	4.391	57.4×10^{-2}	13.7×10^{-8}	1306×10^{-6}	1.366×10^{-6}	9.52
20	0.00234	998.2	83.00	4.183	59.9×10^{-2}	14.3×10^{-8}	1004×10^{-6}	1.006×10^{-6}	7.02
30	0.00424	995.6	125.7	4.174	61.8×10^{-2}	14.9×10^{-8}	801.5×10^{-6}	0.805×10^{-6}	5.42
40	0.00738	992.2	167.5	4.174	63.5×10^{-2}	15.3×10^{-8}	653.3×10^{-6}	0.659×10^{-6}	4.31
50	0.01234	988.8	209.3	4.174	64.8×10^{-2}	15.7×10^{-8}	549.4×10^{-6}	0.556×10^{-6}	3.54
60	0.01992	983.2	251.1	4.174	65.9×10^{-2}	16.0×10^{-8}	469.9×10^{-6}	0.478×10^{-6}	2.99
70	0.03116	977.7	293.0	4.187	66.8×10^{-2}	16.3×10^{-8}	406.1×10^{-6}	0.445×10^{-6}	2.55
80	0.04736	971.8	354.9	4.195	67.4×10^{-2}	16.6×10^{-8}	355.1×10^{-6}	0.365×10^{-6}	2.21
90	0.0701	965.3	376.9	4.208	68.0×10^{-2}	16.8×10^{-8}	314.9×10^{-6}	0.326×10^{-6}	1.95
100	0.1013	958.4	419.1	4.220	68.3×10^{-2}	16.9×10^{-8}	282.5×10^{-6}	0.295×10^{-6}	1.75
110	0.143	950.9	461.3	4.233	68.5×10^{-2}	17.0×10^{-8}	259.0×10^{-6}	0.272×10^{-6}	1.60
120	0.198	943.1	503.8	4.250	68.6×10^{-2}	17.1×10^{-8}	237.4×10^{-6}	0.252×10^{-6}	1.47
130	0.270	934.9	546.4	4.266	68.6×10^{-2}	17.2×10^{-8}	217.8×10^{-6}	0.233×10^{-6}	1.36
140	0.361	926.2	589.2	4.287	68.5×10^{-2}	17.2×10^{-8}	201.1×10^{-6}	0.217×10^{-6}	1.26
150	0.476	917.0	632.3	4.313	68.4×10^{-2}	17.3×10^{-8}	186.4×10^{-6}	0.203×10^{-6}	1.17
160	0.618	907.5	675.6	4.346	68.3×10^{-2}	17.3×10^{-8}	173.6×10^{-6}	0.191×10^{-6}	1.10
170	0.791	807.3	719.3	4.380	67.9×10^{-2}	17.3×10^{-8}	162.8×10^{-6}	0.181×10^{-6}	1.05
180	1.002	887.1	763.2	4.417	67.4×10^{-2}	17.2×10^{-8}	153.0×10^{-6}	0.173×10^{-6}	1.00
190	1.254	876.6	807.6	4.459	67.0×10^{-2}	17.1×10^{-8}	144.2×10^{-6}	0.165×10^{-6}	0.96
200	1.554	864.8	852.3	4.505	66.3×10^{-2}	17.0×10^{-8}	136.4×10^{-6}	0.158×10^{-6}	0.93
210	1.906	852.8	897.6	4.555	65.5×10^{-2}	16.9×10^{-8}	130.5×10^{-6}	0.153×10^{-6}	0.91
220	2.318	840.3	943.5	4.614	64.5×10^{-2}	16.6×10^{-8}	124.6×10^{-6}	0.148×10^{-6}	0.89
230	2.795	827.3	990.0	4.681	63.7×10^{-2}	16.4×10^{-8}	119.7×10^{-6}	0.145×10^{-6}	0.88
240	3.345	813.6	1037.2	4.756	62.8×10^{-2}	16.2×10^{-8}	114.8×10^{-6}	0.141×10^{-6}	0.87
250	3.974	799.0	1085.3	4.844	61.8×10^{-2}	15.9×10^{-8}	109.9×10^{-6}	0.137×10^{-6}	0.86
260	4.689	783.8	1134.3	4.949	60.5×10^{-2}	15.6×10^{-8}	105.9×10^{-6}	0.135×10^{-6}	0.87
270	5.500	767.7	1184.5	5.070	59.0×10^{-2}	15.1×10^{-8}	102.0×10^{-6}	0.133×10^{-6}	0.88
280	6.413	750.5	1236.0	5.230	57.4×10^{-2}	14.6×10^{-8}	98.1×10^{-6}	0.131×10^{-6}	0.90
290	7.437	732.2	1289.1	5.485	55.8×10^{-2}	13.9×10^{-1}	94.2×10^{-6}	0.129×10^{-6}	0.93
300	8.583	712.4	1344.0	5.736	54.0×10^{-2}	13.2×10^{-8}	91.2×10^{-6}	0.128×10^{-6}	0.97
310	9.860	691.0	1401.2	6.071	52.3×10^{-2}	12.5×10^{-8}	88.3×10^{-6}	0.128×10^{-6}	1.03
320	11.278	667.4	1461.2	6.574	50.6×10^{-2}	11.5×10^{-8}	85.3×10^{-6}	0.128×10^{-6}	1.11
330	12.651	641.0	1524.9	7.244	48.4×10^{-2}	10.4×10^{-8}	81.4×10^{-6}	0.127×10^{-6}	1.22
340	14.593	610.8	1593.1	8.165	45.7×10^{-2}	9.17×10^{-8}	77.5×10^{-6}	0.127×10^{-6}	1.39
350	16.521	574.7	1670.3	9.504	43.0×10^{-2}	7.88×10^{-8}	72.6×10^{-6}	0.126×10^{-6}	1.60
360	18.637	527.9	1761.1	13.984	39.5×10^{-2}	5.36×10^{-8}	66.7×10^{-6}	0.126×10^{-6}	2.35
370	21.033	451.5	1891.7	40.321	33.7×10^{-2}	1.86×10^{-8}	56.9×10^{-6}	0.126×10^{-6}	6.79

注：γ—表面张力

附表4　干饱和水蒸气的热物理性质参数

T /℃	p /MPa	ρ /kg·m^{-3}	h /kJ·kg^{-1}	c_p /kJ·(kg·℃)$^{-1}$	λ /W·(m·℃)$^{-1}$	a /m^2·s^{-1}	η /kg·(m·s)$^{-1}$	ν/m^2·s^{-1}	Pr
0	0.00061	0.004851	2500.5	1.8543	18.3×10^{-2}	7313.0×10^{-3}	8.022×10^{-6}	1655.01×10^{-6}	0.815
10	0.00123	0.09404	2518.9	1.8594	1.88×10^{-2}	3881.3×10^{-3}	8.424×10^{-6}	8965.4×10^{-6}	0.831
20	0.00234	0.01731	2537.2	1.8661	1.94×10^{-2}	2167.2×10^{-3}	8.84×10^{-6}	509.90×10^{-6}	0.847
30	0.00424	0.03040	2555.4	1.8744	2.00×10^{-2}	1265.1×10^{-3}	9.218×10^{-6}	303.53×10^{-6}	0.863
40	0.00738	0.05121	2573.4	1.8853	2.06×10^{-2}	798.45×10^{-3}	9.620×10^{-6}	188.04×10^{-6}	0.883
50	0.01234	0.08308	2591.2	1.8987	2.12×10^{-2}	483.59×10^{-3}	10.022×10^{-6}	120.72×10^{-6}	0.896
60	0.01992	0.1303	2608.8	1.9155	2.19×10^{-2}	315.55×10^{-3}	10.424×10^{-6}	80.07×10^{-6}	0.9132
70	0.03116	0.1982	2626.1	1.9364	2.25×10^{-2}	210.57×10^{-3}	10.817×10^{-6}	54.57×10^{-6}	0.930
80	0.04736	0.2934	2643.1	1.9615	2.33×10^{-2}	145.53×10^{-3}	11.219×10^{-6}	38.25×10^{-6}	0.947
90	0.0701	0.4234	2659.6	1.9921	2.40×10^{-2}	102.22×10^{-3}	11.621×10^{-6}	27.44×10^{-6}	0.966
100	0.1013	0.5975	2675.7	2.0281	2.48×10^{-2}	73.57×10^{-3}	12.023×10^{-6}	20.12×10^{-6}	0.984
110	0.143	0.8260	2691.3	2.0704	2.56×10^{-2}	53.83×10^{-3}	12.425×10^{-6}	15.03×10^{-6}	1.00
120	0.198	1.121	2703.2	2.1198	2.65×10^{-2}	40.15×10^{-3}	12.798×10^{-6}	11.40×10^{-6}	1.02
130	0.270	1.495	2720.4	2.1768	2.76×10^{-2}	30.46×10^{-3}	13.170×10^{-6}	8.80×10^{-6}	1.04
140	0.361	1.965	2733.8	2.2408	2.85×10^{-2}	23.28×10^{-3}	13.543×10^{-6}	6.89×10^{-6}	1.06
150	0.476	2.545	2746.4	2.3145	2.97×10^{-2}	18.10×10^{-3}	13.896×10^{-6}	5.54×10^{-6}	1.08
160	0.618	3.256	2757.9	2.3974	3.08×10^{-2}	14.20×10^{-3}	14.249×10^{-6}	4.37×10^{-6}	1.11
170	0.791	4.118	2768.4	2.4911	3.21×10^{-2}	11.25×10^{-3}	14.612×10^{-6}	3.54×10^{-6}	1.13
180	1.002	5.154	2777.7	2.5958	3.36×10^{-2}	9.03×10^{-3}	14.965×10^{-6}	2.90×10^{-6}	1.15
190	1.254	6.390	2785.8	2.7126	3.51×10^{-2}	7.29×10^{-3}	15.298×10^{-6}	2.39×10^{-6}	1.18
200	1.554	7.854	2792.5	2.8428	3.68×10^{-2}	5.92×10^{-3}	15.651×10^{-6}	1.09×10^{-6}	1.20
210	1.906	9.580	2797.7	2.9877	3.87×10^{-2}	4.86×10^{-3}	15.995×10^{-6}	1.67×10^{-6}	1.24
220	2.318	11.61	2801.2	3.1497	4.07×10^{-2}	4.00×10^{-3}	16.338×10^{-6}	1.41×10^{-6}	1.26
230	2.795	13.98	2803.0	3.3310	4.30×10^{-2}	3.32×10^{-3}	16.701×10^{-6}	1.19×10^{-6}	1.29
240	3.345	16.74	2802.9	3.5366	4.54×10^{-2}	2.76×10^{-3}	17.073×10^{-6}	1.02×10^{-6}	1.33
250	3.974	19.96	2800.7	3.7723	4.84×10^{-2}	2.31×10^{-3}	17.446×10^{-6}	0.873×10^{-6}	1.36
260	4.689	23.70	2796.1	4.0470	5.18×10^{-2}	1.94×10^{-3}	17.848×10^{-6}	0.752×10^{-6}	1.40
270	5.500	28.06	2789.1	4.3735	5.55×10^{-2}	1.63×10^{-3}	18.280×10^{-6}	0.651×10^{-6}	1.44
280	6.413	33.15	2779.1	4.7675	6.00×10^{-2}	1.37×10^{-3}	18.750×10^{-6}	0.565×10^{-6}	1.49
290	7.437	39.12	2765.8	5.2528	6.55×10^{-2}	1.15×10^{-3}	19.270×10^{-6}	0.492×10^{-6}	1.54
300	8.583	46.15	2748.7	5.8632	7.22×10^{-2}	0.96×10^{-3}	19.839×10^{-6}	0.430×10^{-6}	1.61
310	9.860	54.52	2727.0	6.6503	8.06×10^{-2}	0.80×10^{-3}	20.691×10^{-6}	0.380×10^{-6}	1.71
320	11.278	64.60	2690.7	7.7217	8.65×10^{-2}	0.62×10^{-3}	21.691×10^{-6}	0.336×10^{-6}	1.94
330	12.651	77.00	2665.3	9.3613	9.61×10^{-2}	0.48×10^{-3}	23.093×10^{-6}	0.300×10^{-6}	2.21
340	14.593	92.68	2621.3	12.2108	10.70×10^{-2}	0.34×10^{-3}	24.692×10^{-6}	0.266×10^{-6}	2.82
350	16.521	113.5	2563.4	17.1504	11.90×10^{-2}	0.22×10^{-3}	26.594×10^{-6}	0.234×10^{-6}	3.83
360	18.637	143.7	2481.7	25.1126	13.70×10^{-2}	0.14×10^{-3}	29.193×10^{-6}	0.203×10^{-6}	5.84
370	21.033	200.7	2338.8	76.9157	16.60×10^{-2}	0.04×10^{-3}	33.989×10^{-6}	0.169×10^{-6}	15.7
373.99	220.64	321.9	2085.9	∞	23.79×10^{-2}	0	44.992×10^{-6}	0.143×10^{-6}	∞

附表 5　液态金属的热物理性质参数

金属名称	$T/℃$	$\rho/kg \cdot m^{-3}$	λ /W·(m·℃)$^{-1}$	c_p /kg·(m·s)$^{-1}$	a /m^2·s^{-1}	ν /m^2·s^{-1}	Pr
水银 熔点 −38.9℃ 沸点 357℃	20	13550	7.90	0.1390	4.36×10^{-6}	11.4×10^{-8}	2.72×10^{-2}
	100	13350	8.95	0.1373	4.89×10^{-6}	9.4×10^{-8}	1.92×10^{-2}
	150	13230	9.65	0.1373	5.30×10^{-6}	8.6×10^{-8}	1.62×10^{-2}
	200	13120	10.3	0.1373	5.72×10^{-6}	2.0×10^{-8}	1.40×10^{-2}
	300	12880	11.7	0.1373	6.64×10^{-6}	7.1×10^{-8}	1.07×10^{-2}
锡 熔点 231.9℃ 沸点 2270℃	250	6980	34.1	0.255	19.2×10^{-6}	27.0×10^{-8}	1.41×10^{-2}
	300	6940	33.7	0.255	19.0×10^{-6}	24.0×10^{-8}	1.26×10^{-2}
	400	6860	33.1	0.255	18.9×10^{-6}	20.0×10^{-8}	1.06×10^{-2}
	500	6790	32.6	0.255	18.8×10^{-6}	17.3×10^{-8}	0.92×10^{-2}
铋 熔点 271℃ 沸点 1477℃	300	10030	13.0	0.151	8.61×10^{-6}	17.1×10^{-8}	1.98×10^{-2}
	400	9910	14.4	0.151	9.72×10^{-6}	14.2×10^{-8}	1.46×10^{-2}
	500	9785	15.8	0.151	10.8×10^{-6}	12.2×10^{-8}	1.13×10^{-2}
	600	9660	17.2	0.151	11.9×10^{-6}	10.8×10^{-8}	0.91×10^{-2}
锂 熔点 179℃ 沸点 1317℃	200	515	37.2	4.187	17.2×10^{-6}	111.0×10^{-8}	6.43×10^{-2}
	300	505	39.0	4.187	18.3×10^{-6}	92.7×10^{-8}	5.03×10^{-2}
	400	495	41.9	4.187	20.3×10^{-6}	81.7×10^{-8}	4.04×10^{-2}
	500	484	45.3	4.187	22.3×10^{-6}	73.4×10^{-8}	3.28×10^{-2}
铋铅（$w_{Bi}=56.5\%$） 熔点 123.5℃ 沸点 1670℃	150	10550	9.8	0.146	6.39×10^{-6}	28.9×10^{-8}	4.50×10^{-2}
	200	10490	10.3	0.146	6.67×10^{-6}	24.3×10^{-8}	3.64×10^{-2}
	300	10360	11.4	0.146	7.5×10^{-6}	18.7×10^{-8}	2.50×10^{-2}
	400	10240	12.6	0.146	8.33×10^{-6}	15.7×10^{-8}	1.87×10^{-2}
	500	10120	14.0	0.146	9.44×10^{-6}	13.6×10^{-8}	1.44×10^{-2}
钠钾（$w_{Na}=25\%$） 熔点 −11℃ 沸点 784℃	100	851	23.2	1.143	23.9×10^{-6}	60.7×10^{-8}	2.51×10^{-2}
	200	828	24.5	1.072	27.6×10^{-6}	45.2×10^{-8}	1.64×10^{-2}
	300	808	25.8	1.038	31.0×10^{-6}	36.6×10^{-8}	1.18×10^{-2}
	400	778	27.1	1.005	34.7×10^{-6}	30.8×10^{-8}	0.89×10^{-2}
	500	753	28.4	0.967	39.0×10^{-6}	26.7×10^{-8}	0.69×10^{-2}
	600	729	29.6	0.934	43.6×10^{-6}	23.7×10^{-8}	0.54×10^{-2}
	700	704	30.9	0.900	48.8×10^{-6}	21.4×10^{-8}	0.44×10^{-2}
钠 熔点 97.8℃ 沸点 883℃	150	916	87.9	1.356	68.3×10^{-6}	59.4×10^{-8}	0.87×10^{-2}
	200	903	81.4	1.327	67.8×10^{-6}	50.6×10^{-8}	0.75×10^{-2}
	300	878	70.9	1.281	63.0×10^{-6}	39.4×10^{-8}	0.63×10^{-2}
	400	854	63.9	1.273	58.9×10^{-6}	33.0×10^{-8}	0.56×10^{-2}
	500	829	57.0	1.273	54.2×10^{-6}	28.9×10^{-8}	0.53×10^{-2}
钾 熔点 64℃ 沸点 760℃	100	819	46.6	0.805	70.7×10^{-6}	55×10^{-8}	0.78×10^{-2}
	250	783	44.8	0.783	93.1×10^{-6}	38.5×10^{-8}	0.53×10^{-2}
	400	747	39.4	0.769	68.6×10^{-6}	29.6×10^{-8}	0.43×10^{-2}
	750	678	28.4	0.775	54.2×10^{-6}	20.2×10^{-8}	0.37×10^{-2}

附表6　常用材料的表面发射率

材料名称及表面状态		温度/℃	发射率 ε
铝	抛光，纯度98%	200~600	0.04~0.06
	工业用板	100	0.09
	粗糙板	40	0.07
	严重氧化	100~550	0.20~0.33
	箔，光亮	100~300	0.06~0.07
黄铜	高度抛光	250	0.03
	抛光	40	0.07
	无光泽度	40~250	0.22
	氧化	40~250	0.46~0.56
铬	抛光薄板	40~250	0.08~0.27
纯铜	高度抛光的电解铜	100	0.02
	抛光	40	0.04
	轻度抛光	40	0.12
	无光泽	40	0.15
	氧化发黑	40	0.76
金	高度抛光、纯金	100~600	0.02~0.035
钢铁	低碳钢、抛光	150~550	0.14~0.32
	钢、抛光	40~250	0.70~0.10
	钢板、轧制	40	0.66
	钢板、粗糙、严重氧化	40	0.80
	铸铁、有处理表面皮	40	0.70~0.80
	铸铁、新加工面	40	0.44
	铸铁、氧化	40~250	0.57~0.66
	铸铁、抛光	200	0.21
	锻铁、光洁	40	0.35
	锻铁、暗色氧化	20~360	0.94
	不锈钢、抛光	40	0.07~0.17
	不锈钢、重复加热冷却后	230~930	0.50~0.70
石棉	石棉板	40	0.96
	石棉水泥	40	0.96
	石棉瓦	40	0.97
砖	粗糙红砖	40	0.93
	耐火黏土砖	1000	0.75
黏土	烧结	100	0.91
混凝土	粗糙表面	40	0.94
玻璃	平面玻璃	40	0.94
	石英玻璃（厚2mm）	250~550	0.96~0.66
	硼硅酸玻璃	250~550	0.94~0.75
石膏		40	0.80~0.90
雪		-3	0.82
冰	光滑面	0	0.97
水	厚大于0.1mm	40	0.96
云母		40	0.75
油漆	各种油漆	40	0.92~0.96

（续）

材料名称及表面状态		温度/℃	发射率 ε
油漆	白色油漆	40	0.80~0.95
	光亮黑漆	40	0.9
纸	白纸	40	0.95
	粗糙雾面焦油纸毡	40	0.90
瓷	上釉	40	0.93
橡胶	硬质	40	0.94
雪		-12~-6	0.82
人的皮肤		32	0.98
锅炉炉渣		0~1000	0.97~0.70
抹灰的墙		20	0.94
各种木材		40	0.80

附表 7　高斯误差函数值

N	erf (N)	N	erf (N)	N	erf (N)
0.00	0.00000	0.76	0.71754	1.52	0.6841
0.02	0.02256	0.78	0.73001	1.54	0.97059
0.04	0.04511	0.80	0.74210	1.56	0.97263
0.06	0.06762	0.82	0.75381	1.58	0.97455
0.08	0.09008	0.84	0.76514	1.60	0.97635
0.10	0.11246	0.86	0.77610	1.62	0.97804
0.12	0.13476	0.88	0.78669	1.64	0.97962
0.14	0.15695	0.90	0.79691	1.66	0.98110
0.16	0.17901	0.92	0.80677	1.68	0.98249
0.18	0.20094	0.94	0.81627	1.70	0.98379
0.20	0.22270	0.96	0.82542	1.72	0.98500
0.22	0.24430	0.98	0.83423	1.74	0.98613
0.24	0.26570	1.00	0.84270	1.76	0.98719
0.26	0.28590	1.02	0.85084	1.78	0.98817
0.28	0.30788	1.04	0.85865	1.80	0.98909
0.30	0.32863	1.06	0.86614	1.82	0.98994
0.32	0.34913	1.08	0.87333	1.84	0.99074
0.34	0.36936	1.10	0.88020	1.86	0.99147
0.36	0.38933	1.12	0.88679	1.88	0.99216
0.38	0.40901	1.14	0.89308	1.90	0.99279
0.40	0.42839	1.16	0.89910	1.92	0.99338
0.42	0.44749	1.18	0.90484	1.94	0.99392
0.44	0.46622	1.20	0.91031	1.96	0.99443
0.46	0.48466	1.22	0.91553	1.98	0.99489
0.48	0.50275	1.24	0.92050	2.00	0.995322
0.50	0.52050	1.26	0.92524	2.10	0.997020
0.52	0.53790	1.28	0.92973	2.20	0.998137
0.54	0.55494	1.30	0.93401	2.30	0.998857
0.56	0.57162	1.32	0.93806	2.40	0.999311
0.58	0.68792	1.34	0.94191	2.50	0.999593
0.60	0.60386	1.36	0.94556	2.60	0.999764
0.62	0.61941	1.38	0.94902	2.70	0.999866
0.64	0.63459	1.40	0.95228	2.80	0.999925
0.66	0.64938	1.42	0.95538	2.90	0.999959
0.68	0.66378	1.44	0.95830	3.00	0.999978
0.70	0.67780	1.46	0.96105	3.20	0.999994
0.72	0.69143	1.48	0.96365	3.40	0.999998
0.74	0.70468	1.50	0.96610	3.60	1.000000

附表8　几种保温、耐火材料的导热系数与温度的关系

材料名称	材料最高允许温度 $T/℃$	密度 $\rho/(kg/m^3)$	导热系数 $\lambda/[W/(m \cdot ℃)]$
超细玻璃棉毡、管	400	18~20	$0.033+0.00023T$
矿渣棉	500~600	350	$0.0674+0.000215T$
水泥硅石制品	800	420~450	$0.103+0.000198T$
水泥珍珠岩制品	600	300~400	$0.065+0.000105T$
粉煤灰泡沫砖	300	500	$0.099+0.0002T$
水泥泡沫砖	250	450	$0.1+0.0002T$
A级硅藻土制品	900	500	$0.0395+0.00019T$
B级硅藻土制品	900	550	$0.0477+0.0002T$
膨胀珍珠岩	1000	55	$0.0424+0.000137T$
微孔碳酸钙制品	650	≤250	$0.041+0.0002T$
耐火黏土砖	1350~1450	1800~2040	$(0.7~0.84)+0.00058T$
轻质耐火黏土砖	1250~1300	800~1300	$(0.29~0.41)+0.00026T$
超轻质耐火黏土砖	1150~1300	540~610	$0.093+0.00016T$
	1100	270~330	$0.058+0.00017T$
硅砖	1700	1900~1950	$0.93+0.0007T$
镁砖	1600~1700	2300~2600	$2.1+0.00019T$
铬砖	1600~1700	2600~2800	$4.7+0.00017T$

参 考 文 献

[1] 林柏年，魏尊杰．金属热态成形传输原理［M］．哈尔滨：哈尔滨工业大学出版社，2000.

[2] 陈卓如．工程流体力学［M］．3 版．北京：高等教育出版社，2013.

[3] 李文科．工程流体力学［M］．合肥：中国科学技术大学出版社，2017.

[4] 张兆顺，崔桂香．流体力学［M］．北京：清华大学出版社，2006.

[5] 韩国军．流体力学基础与应用［M］．北京：机械工业出版社，2011.

[6] 许贤良，王开松，孟利民．流体力学［M］．2 版．北京：国防工业出版社，2011.

[7] 吴树森．材料加工冶金传输原理．［M］．2 版．北京：机械工业出版社，2019.

[8] 邬田华，王晓墨，许国良．工程传热学［M］．2 版．武汉：华中科技大学出版社，2020.

[9] 方达宪，张红亚，王艳华．流体力学［M］．2 版．武汉：武汉大学出版社，2018.

[10] 张靖周，常海萍，谭晓茗．传热学［M］．3 版．北京：科学出版社，2019.

[11] 威尔特，威克斯，威尔逊，等．动量、热量和质量传递原理［M］．4 版．马紫峰，吴卫生，等，译．
     北京：化学工业出版社，2018.

[12] 贾冯睿．工程传热学［M］．北京：中国石化出版社，2017.

[13] 龙天渝，童思陈．流体力学［M］．2 版．重庆：重庆大学出版社，2018.

[14] 英克鲁佩勒，德维特，伯格曼，等．传热和传质基本原理［M］．6 版．葛新石，叶宏，译．北京：化
     学工业出版社，2007.

[15] 英克鲁佩勒，德维特，伯格曼，等．传热和传质基本原理习题详解［M］．6 版．叶宏，葛新石，徐
     斌，译．北京：化学工业出版社，2007.

[16] 王秋旺．传热学重点难点及典型题精解［M］．西安：西安交通大学出版社，2001.

[17] 曾作祥．传递过程原理［M］．上海：华东理工大学出版社，2013.

[18] 吉泽升、朱荣凯、李丹．传输原理［M］．哈尔滨：哈尔滨工业大学出版社，2017.

[19] 李汝辉．传质学基础［M］．北京：北京航空学院出版社，1987.

[20] 王厚华，周根明，周杰．传热学习题解答［M］．重庆：重庆大学出版社，2009.

[21] 时海芳、高志玉．材料工程传输原理［M］．徐州：中国矿业大学出版社，2012.

[22] 李日．材料科学与工程中的传输原理［M］．北京：化学工业出版社，2010.

[23] 朱光俊．传输原理［M］．2 版．北京：冶金工业出版社，2020.

[24] 朱光俊．传输原理应用实例［M］．北京：冶金工业出版社，2017.

[25] 王振峰．材料传输工程基础［M］．北京：冶金工业出版社，2008.

[26] 吴铿．冶金传输原理［M］．北京：冶金工业出版社，2016.

[27] 刘坤，冯亮花，刘颖杰，等．冶金传输原理［M］．北京：冶金工业出版社，2015.